"十四五"职业教育国家规划教材　　工业和信息化精品系列教材

微课版

信息技术基础

(Windows 10+ WPS Office 2019)

程远东｜主编

人民邮电出版社

北京

图书在版编目（CIP）数据

信息技术基础：Windows 10+WPS Office 2019：微课版 / 程远东主编. -- 北京：人民邮电出版社，2021.11（2024.7重印）
工业和信息化精品系列教材
ISBN 978-7-115-20238-3

Ⅰ. ①信… Ⅱ. ①程… Ⅲ. ①Windows操作系统－高等学校－教材②办公自动化－应用软件－高等学校－教材 Ⅳ. ①TP316.7②TP317.1

中国版本图书馆CIP数据核字(2021)第261759号

内 容 提 要

本书围绕微型计算机，全面系统地介绍计算机的基础知识及基本操作。全书共 12 个项目，包括了解并使用计算机、了解计算机新技术、学习操作系统知识、管理计算机中的资源、编辑文档、排版文档、制作表格、计算和分析数据、制作幻灯片、设置并放映演示文稿、认识并使用计算机网络、做好计算机维护与安全防护等。

本书参考全国计算机等级考试一级计算机基础及 WPS Office 应用考试大纲（2021 版）要求，采用任务驱动式的编写模式，旨在提高学生的计算机操作能力，培养学生的信息技术素养。书中各任务以"任务要求+相关知识+任务实现"的结构组织内容，每个项目最后设置课后练习，以便学生练习和巩固所学知识。

本书适合作为普通高等学校、高等职业院校计算机基础课程的教材，也适合作为计算机培训班的教材或全国计算机等级考试的参考书。

- ◆ 主　　编　程远东
  责任编辑　马小霞
  责任印制　王　郁　焦志炜
- ◆ 人民邮电出版社出版发行　　北京市丰台区成寿寺路 11 号
  邮编　100164　电子邮件　315@ptpress.com.cn
  网址　https://www.ptpress.com.cn
  北京市艺辉印刷有限公司印刷
- ◆ 开本：787×1092　1/16
  印张：17　　　　　　　　2021 年 11 月第 1 版
  字数：488 千字　　　　　2024 年 7 月北京第 8 次印刷

定价：59.80 元

读者服务热线：(010)81055256　印装质量热线：(010)81055316
反盗版热线：(010)81055315
广告经营许可证：京东市监广登字 20170147 号

前言 PREFACE

随着经济和科技的不断发展，计算机在人们的工作和生活中发挥着越来越重要的作用，已成为一种必不可少的工具。计算机技术被广泛应用于军事、科研、经济和文化等领域，其作用和意义已超出了科学和技术层面，达到了社会文化的层面。因此，能够熟练运用计算机进行信息处理是大学生的必备素养。

"信息技术基础"作为普通高校的一门公共基础课程，具有较高的学习意义和价值。本书在写作时综合考虑目前信息技术基础教育的实际情况和计算机技术的发展状况，结合全国计算机等级考试一级计算机基础及 WPS Office 的操作要求，采用任务驱动式的编写模式，提高学生的学习兴趣，注重实用性。

本书的内容

本书紧跟当下的主流技术，主要内容如下。

- 信息技术基础知识（项目一～项目四）。该部分主要包括计算机的发展历程、计算机中信息的表示和存储形式、计算机硬件、计算机的软件系统、使用鼠标和键盘、人工智能、云计算、大数据、其他新兴技术、认识操作系统、Windows 10 操作界面与"开始"菜单、定制 Windows 10 工作环境、设置汉字输入法、管理文件和文件夹资源、管理程序和硬件资源等内容。
- WPS 文字办公应用（项目五、项目六）。该部分主要通过编辑学习计划、制作招聘启事、编辑公司简介、制作会议邀请函、制作产品入库单、排版考勤管理规范、排版和打印毕业论文等文档，详细讲解 WPS 文字的基本编辑方法，包括文本格式的设置、段落格式的设置、图片的插入与设置、表格的使用和图文混排的方法，以及编辑目录和长文档等的相关知识。
- WPS 表格办公应用（项目七、项目八）。该部分主要通过制作学生成绩表、产品价格表、产品销售测评表、业务人员提成表、销售分析表和分析固定资产统计表等表格，详细讲解 WPS 表格的基本操作、输入数据、设置工作表格式、使用公式与函数进行运算、筛选和数据分类汇总、用图表分析数据和打印工作表的相关知识。
- WPS 演示办公应用（项目九、项目十）。该部分主要通过制作工作总结演示文稿、编辑产品上市策划演示文稿、设置市场分析演示文稿和放映并输出课件演示文稿，详细讲解 WPS 演示的基本操作，包括为幻灯片添加文字、编辑图片和表格等对象、设置演示文稿、设置幻灯片的切换、添加动画效果、设置放映效果和打包演示文稿等知识。
- 网络应用（项目十一）。该部分主要讲解计算机网络基础、Internet 基础和 Internet 的应用等知识。
- 计算机维护与安全防护（项目十二）。该部分主要讲解维护磁盘与计算机系统，以及防治计算机病毒等知识。

本书的特色

本书具有以下特色。

（1）立德树人，提升综合素养

党的二十大报告指出"用党的创新理论武装全党是党的思想建设的根本任务。"本书精心设计，植根中华优秀传统文化，着力培养学生的文化自信和创新意识，为推动中华传统文化向创造性转化、创新性发展储蓄人才。

（2）任务驱动，目标明确。每个项目分为几个任务，讲解每个任务时，先结合情景式教学模式给出任务要求，便于学生了解实际工作需求并明确学习目的，然后指出完成任务需要具备的相关知识，再将操作实施过程分为几个具体的操作阶段来介绍。

（3）讲解深入浅出，实用性强。本书在注重系统性和科学性的基础上，突出实用性及可操作性，对重点概念和操作技能进行详细讲解，语言流畅，深入浅出，符合信息技术基础教学的规律，并满足社会人才培养的要求。

本书在讲解过程中，还通过"提示"和"注意"小栏目来提供更多解决问题的方法和更为全面的知识，引导学生更好、更快地完成当前工作任务及类似工作任务。

（4）配有微课视频，配套上机指导与习题集。本书所有操作讲解内容均已录制成视频，学生只需扫描书中的二维码即可观看，轻松掌握相关知识。本书还同步推出配套的《信息技术基础上机指导与习题集（Windows 10+WPS Office 2019）（微课版）》，以提高学生的实际应用技能。

本书的平台支撑

"微课云课堂"（www.ryweike.com）目前包含 50000 多个微课视频，其主要特点如下。

- 微课资源海量，持续不断更新。"微课云课堂"充分利用了出版社在信息技术领域的优势，以人民邮电出版社 60 多年的发展积累为基础，将资源经过分类、整理、加工及微课化之后提供给用户。
- 资源精心分类，方便自主学习。"微课云课堂"相当于一个庞大的微课视频资源库，按照门类进行一级和二级分类。

读者可以扫描封面上的二维码或者直接登录"微课云课堂"→用手机号码注册→在用户中心输入本书激活码（248288d8），将本书包含的微课资源添加到个人账户，获取永久在线观看本课程微课视频的权限。

本书还提供实例素材、效果文件、课后练习答案等教学资源，均可在人邮教育社区（www.ryjiaoyu.com）下载。

编　者
2023 年 5 月

目录 CONTENTS

项目十二

做好计算机维护与安全
防护 ……………………… 249

项目一
了解并使用计算机

计算机的出现使人类迅速步入了信息社会。计算机是一门科学，同时也是一种能够按照指令对各种数据和信息进行自动加工和处理的电子设备。因此，掌握计算机相关技术已成为各行业对从业人员的基本要求之一。本项目将通过 5 个任务来介绍计算机的基础知识，包括了解计算机的发展历程、认识计算机中信息的表示和存储形式、了解并连接计算机硬件、了解计算机的软件系统、使用鼠标和键盘等，为后面内容奠定学习基础。

课堂学习及素养目标

- 了解计算机的发展历程。
- 认识计算机中信息的表示和存储形式。
- 了解并连接计算机硬件。

- 了解计算机的软件系统。
- 使用鼠标和键盘。
- 技术的发展需要传承，培养使命感。

任务一　了解计算机的发展历程

任务要求

肖磊上大学时选择了与计算机相关的专业，虽然他平时在生活中也会使用计算机，但是他知道计算机的功能远不止目前所了解的那么简单。作为一名计算机相关专业的学生，肖磊迫切地想要了解计算机是如何诞生与发展的、计算机有哪些功能和分类，以及计算机的未来发展是怎样的。

本任务要求了解计算机的诞生及发展阶段，认识计算机的特点、应用和分类，了解计算机的发展趋势等相关知识。

任务实现

（一）了解计算机的诞生及发展阶段

17 世纪，德国数学家莱布尼茨发明了二进制计数法。20 世纪初，电子技术得到飞速发展。1904 年，英国电气工程师弗莱明研制出真空二极管。1906 年，美国科学家福雷斯特发明真空三极管，为计算机的诞生奠定了基础。

20 世纪 40 年代，西方国家的工业技术得到迅猛发展，相继出现了雷达和导弹等高科技产品，原有的计算工具难以满足大量科技产品对复杂计算的需要，迫切需要在计算技术上有所突破。1943 年，美国宾夕法尼亚大学电子工程系的教授莫奇利和他的研究生埃克特计划采用电子管（真空管）建造一台通用电子计算机。1946 年 2 月，由美国宾夕法尼亚大学研制的世界上第一台通用电子计算机——电子数字积分计算机（Electronic Numerical Integrator And Computer，ENIAC）诞生了，如图 1-1 所示。

ENIAC 的主要元件是电子管，每秒可完成约 5000 次加法运算、300 多次乘法运算。ENIAC 重 30 多吨，占地约 170m^2，采用了 17000 多个电子管、1500 多个继电器、70000 多个电阻器和 10000 多个电容器，每小时耗电量约为 150kW。虽然 ENIAC 的体积庞大、性能不佳，但它的出现具有跨时代的意义，它开创了电子技术发展的新时代——"计算机时代"。

图 1-1　世界上第一台通用电子计算机 ENIAC

同一时期，离散变量自动电子计算机（Electronic Discrete Variable Automatic Computer，EDVAC）研制成功，这是当时理论上最快的计算机，其主要设计理论是采用二进制和存储程序工作方式。

从第一台通用电子计算机 ENIAC 诞生至今，计算机技术已成为发展最快的现代技术之一。根据计算机所采用的物理器件，可以将计算机的发展划分为 4 个阶段，如表 1-1 所示。

表 1-1　计算机发展的 4 个阶段

阶段	划分年代	采用的元器件	运算速度（每秒执行的指令数）	主要特点	应用领域
第一代计算机	1946—1957 年	电子管	几千条	主存储器采用磁鼓，体积庞大、耗电量大、运行速度低、可靠性较差、内存容量小	国防及科学研究工作
第二代计算机	1958—1964 年	晶体管	几万至几十万条	主存储器采用磁芯，开始使用高级程序及操作系统，运算速度提高、体积减小	工程设计、数据处理
第三代计算机	1965—1970 年	中小规模集成电路	几十万至几百万条	主存储器采用半导体存储器，集成度高、功能增强、价格下降	工业控制、数据处理
第四代计算机	1971 年至今	大规模、超大规模集成电路	上千万至万亿条	计算机走向微型化，性能大幅度提高，软件也越来越丰富，为网络化创造了条件。同时计算机逐渐走向人工智能化，并采用了多媒体技术，具有听、说、读和写等功能	工业、生活等各个方面

（二）认识计算机的特点、应用和分类

随着科学技术的发展，计算机已被广泛应用于各个领域，在人们的生活和工作中起着重要的作用。下面介绍计算机的特点、应用和分类。

1. 计算机的特点

计算机主要有以下 5 个特点。

- 运算速度快。计算机的运算速度指的是计算机在单位时间内执行指令的条数，一般以每秒能执行多少条指令来描述。早期的计算机由于技术的原因，工作效率较低，而随着集成电路技术的发展，计算机的运算速度得到飞速提升，目前世界上已经有运算速度超过"每秒亿亿次"的超级计算机。

- 计算精度高。计算机的计算精度取决于其采用的机器码（二进制码）的字长，即常说的 8 位、16 位、32 位和 64 位等。机器码的字长越长，有效位数就越多，计算精度也就越高。

- 逻辑判断准确。除了计算功能外，计算机还具备数据分析和逻辑判断能力，高级计算机还具有推理、诊断和联想等模拟人类思维的能力。因此，计算机俗称"电脑"。而具有准确、可靠的逻辑判断能力是计算机能够实现自动化信息处理的重要保证。

- 存储能力强大。计算机具有许多存储信息的载体，可以将运行的数据、指令程序和运算的结果存储起来，供计算机本身或用户使用，还可即时输出文字、图像、声音和视频等各种形式的信息。例如，要在一个大型图书馆使用人工查阅的方法查找图书可能会比较复杂，而采用计算机管理后，所有的图书及索引信息都被存储在计算机中，这时查找一本图书非常快。
- 自动化程度高。计算机内具有运算单元、控制单元、存储单元和输入输出单元。计算机可以按照编写的程序（一组指令）实现工作自动化，不需要人的干预，而且可以反复执行。例如，正是因为企业生产车间及流水线管理中的各种自动化生产设备植入了计算机控制系统，工厂生产自动化才成为可能。

 提示 除了以上主要特点外，计算机还具有可靠性高和通用性强等特点。

2. 计算机的应用

在诞生初期，计算机主要应用于科研和军事等领域，负责的工作内容主要是大型的高科技研发活动。近年来，随着基础研究和原始创新不断加强，超级计算机等核心技术取得重大突破，计算机的功能不断扩展，计算机在社会各个领域的运用越发广泛。

计算机的应用可以概括为以下 7 个方面。

- 科学计算。科学计算即通常所说的数值计算，是指利用计算机来完成科学研究和工程设计中提出的数学问题的计算。计算机不仅可以进行数值计算，还可以解微积分方程及不等式。由于计算机运算速度较快，因此以往人工难以完成甚至无法完成的数值计算，使用计算机都可以完成，如气象资料分析和卫星轨道的测算等。目前，基于互联网的云计算甚至可以达到 10 万亿次/秒的超高运算速度。
- 数据处理和信息管理。数据处理和信息管理是指使用计算机来完成对大量数据进行的分析、加工和处理等工作。这些数据不仅包括"数"，还包括文字、图像和声音等。现代计算机运算速度快、存储容量大，因此在数据处理和信息加工方面的应用十分广泛，如企业的财务管理、事务管理、资料和人事档案的文字处理等。计算机在数据处理和信息管理方面的应用为实现办公自动化和管理自动化创造了有利条件。
- 过程控制。过程控制也称实时控制，是利用计算机对生产过程和其他过程进行自动监测，以及自动控制设备工作状态的一种控制方式，被广泛应用于各种工业环境中，还可以取代人在危险、有害的环境中作业。计算机作业不受疲劳等因素的影响，可完成大量有高精度和高速度要求的操作，从而节省大量的人力、物力，大大提高经济效益。
- 人工智能。人工智能（Artificial Intelligence，AI）是指智能的计算机系统。人工智能具备人才具有的智能特性，能模拟人类的智能活动，如"学习""识别图形和声音""推理过程""适应环境"等。目前，人工智能主要应用于智能机器人、机器翻译、医疗诊断、故障诊断、案件侦破和经营管理等方面。
- 计算机辅助。计算机辅助也称为计算机辅助工程应用，是指利用计算机协助人们完成各种设计工作的技术。计算机辅助是目前正在迅速发展并不断取得成果的重要应用领域，主要包括计算机辅助设计（Computer-Aided Design，CAD）、计算机辅助制造（Computer-Aided Manufacturing，CAM）、计算机辅助工程（Computer-Aided Engineering，CAE）、计算机辅助教学（Computer-Aided Instruction，CAI）和计算机辅助测试（Computer-Aided Testing，CAT）等。

微课：计算机
辅助

- 网络通信。网络通信利用通信设备和线路将地理位置不同的、功能独立的多个计算机系统连接起来，从而形成计算机网络。随着 Internet 技术的快速发展，人们通过计算机网络可以在不同地区和国家间进行数据的传递，还可以开展各种商务活动。
- 多媒体技术。多媒体技术（Multimedia Technology）是指通过计算机对文字、数据、图形、图像、动画和声音等多种媒体信息进行综合处理和管理，使用户可以通过多种感官与计算机进行实时信息交互的技术。多媒体技术拓宽了计算机的应用领域，使计算机广泛应用于教育、广告宣传、视频会议、服务业和文化娱乐业等领域。

3. 计算机的分类

计算机的种类非常多，划分的方法也有很多种。

微课：计算机的分类

按用途不同，计算机分为专用计算机和通用计算机两种。其中，专用计算机是指为适应某种特殊需要而设计的计算机，如计算导弹弹道的计算机等。因为这类计算机都强化了计算机的某些特定功能，忽略了一些次要功能，所以有高速度、高效率、使用面窄和专机专用等特点。通用计算机广泛适用于一般科学运算、学术研究、工程设计和数据处理等领域，具有功能多、配置全、用途广和通用性强等特点。目前市场上销售的计算机大多属于通用计算机。

按性能、规模和处理能力不同，计算机可以分为巨型机、大型机、中型机、小型机和微型机 5 种，具体介绍如下。

- 巨型机。巨型机也称为超级计算机或高性能计算机，如图 1-2 所示。巨型机是运算速度最快、处理能力最强的计算机之一，是为满足特殊需要而设计的。巨型机多用于国家高科技领域和尖端技术研究，是国家科研实力的体现。现有的巨型机运算速度大多可以达到 1 万亿次/秒以上。
- 大型机。大型机也称为大型主机，如图 1-3 所示。大型机的特点是运算速度快、存储量大和通用性强，主要针对计算量大、信息流通量大、通信需求大的用户，如银行、政府部门和大型企业等。目前，生产大型机的公司主要有国际商业机器（IBM）和富士通等。

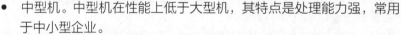

图 1-2　巨型机

- 中型机。中型机在性能上低于大型机，其特点是处理能力强，常用于中小型企业。
- 小型机。小型机是指采用精简指令集处理器，性能和价格上介于微型机与大型机之间的一种高性能 64 位计算机。小型机的特点是结构简单、可靠性高和维护费用低，它常用于中小型企业。随着微型计算机的飞速发展，小型机被微型机取代的趋势已非常明显。
- 微型机。微型计算机简称微型机，是应用普遍的机型。微型机价格便宜、功能齐全，被广泛应用于机关、学校、企业和家庭中。按结构和性能不同，微型机可以划分为单片机、单板机、个人计算机（Personal Computer，PC）、工作站和服务器等。其中，个人计算机又可分为台式计算机和便携式计算机（如笔记本电脑）两类，分别如图 1-4 和图 1-5 所示。

图 1-3　大型机

图 1-4　台式计算机

图 1-5　便携式计算机

> **提示** 工作站是一种高端的通用微型计算机，它具有比个人计算机更强大的性能，通常配有高分辨率的大屏、多屏显示器及容量很大的内存储器和外存储器，并具有极强的信息处理功能和高性能的图形、图像处理功能，主要用于图像处理和计算机辅助设计等领域。服务器是提供计算服务的设备，它可以是大型机、小型机或高性能的微型机。在网络环境下，根据提供服务的类型不同，服务器可分为文件服务器、数据库服务器、应用程序服务器和 Web 服务器等。

（三）了解计算机的发展趋势

下面从计算机的发展方向和未来新一代计算机芯片技术这两个方面对计算机的发展趋势进行介绍。

1. 计算机的发展方向

计算机未来的发展呈现巨型化、微型化、网络化和智能化的趋势。

- 巨型化。巨型化是指计算机的运算速度更快、存储容量更大、功能更强和可靠性更高。巨型化计算机的应用领域主要包括天文、天气预报、军事和生物仿真等。这些领域需进行大量的数据处理和运算，这些数据处理和运算只有性能强的计算机才能完成。

- 微型化。随着超大规模集成电路的进一步发展，个人计算机将更加微型化。膝上型、书本型、笔记本型和掌上型等微型化计算机将不断涌现，并会受到越来越多用户的喜爱。

- 网络化。随着计算机的普及，计算机网络也逐步深入人们的工作和生活。人们通过计算机网络可以连接分散在全球的计算机，然后共享各种分散的计算机资源。计算机网络逐步成为人们工作和生活中不可或缺的事物，它可以让人们足不出户就获得大量的信息，并能与世界各地的人进行网络通信、网上贸易等。

- 智能化。早期的计算机只能按照人的意愿和指令去处理数据，而智能化的计算机能够代替人进行脑力劳动，具有类似人的智能，如能听懂人类的语言、能看懂各种图形、可以自己学习等。智能化的计算机可以代替人的部分工作，未来的智能化计算机将会代替甚至超越人类在某些方面的脑力劳动。

2. 未来新一代计算机芯片技术

由于计算机的核心部件是芯片，因此计算机芯片技术的不断发展也是推动计算机未来发展的动力。英特尔（Intel）公司的创始人之一戈登·摩尔在 1965 年曾预言了计算机集成技术的发展规律，即摩尔定律，那就是每 18 个月在同样面积的芯片中集成的晶体管数量将翻一番，而其成本将下降一半。几十年来，计算机芯片中集成的晶体管数量按照摩尔定律发展，不过其发展并不是无限的。现有计算机采用电流作为数据传输的信号，而电流主要靠电子的迁移产生，电子基本的通路是原子，按现在的发展趋势，传输电流的导线直径将达到一个原子的直径长度，但这样的电流极易造成原子迁移，十分容易出现断路的情况。因此，世界上许多国家在很早的时候就开始了对各种非晶体管计算机的研究，如 DNA 生物计算机、光计算机、量子计算机等。这类计算机也被称为第五代计算机或新一代计算机，它们能在更大程度上模仿人类的智能。这类技术也是目前世界各国计算机技术研究的重点。

- DNA 生物计算机。DNA 生物计算机以脱氧核糖核酸（DeoxyriboNucleic Acid，DNA）作为基本的运算单元，通过控制 DNA 分子间的生化反应来完成运算。DNA 生物计算机具有体积小、存储量大、运算快、耗能低、可并行等优点。

- 光计算机。光计算机是以光子作为载体来进行信息处理的计算机。光计算机具有光器件的带宽非常大、传输和处理的信息量极大、信息传输中畸变和失真小、信息运算速度高、光传输和转换时能量消耗极低等优点。

- 量子计算机。量子计算机是遵循物理学的量子规律来进行数学计算和逻辑计算，并进行信息处理的计算机。量子计算机具有运算速度快、存储量大、功耗低等优点。

任务二　认识计算机中信息的表示和存储形式

任务要求

肖磊知道利用计算机技术可以采集、存储和处理各种信息，也可将这些信息转换成人类可以识别的文字、声音或视频进行输出。然而让肖磊疑惑的是，这些信息在计算机内部又是如何表示的呢？该如何对信息进行量化呢？肖磊认为，只有学习好这方面的知识，才能更好地使用计算机。

本任务要求认识计算机中的数据及其单位，了解数制及其转换、二进制数的运算、计算机中字符的编码规则和多媒体技术的相关知识。

任务实现

（一）计算机中的数据及其单位

在计算机中，各种信息都是以数据的形式呈现的。数据经过处理后产生的结果为信息，因此数据是计算机中信息的载体。数据本身没有意义，只有经过处理和描述，才能有实际意义。例如，单独一个数据"32℃"并没有什么实际意义，但将其描述为"今天的气温是32℃"时，这条信息就有意义了。

计算机中处理的数据可分为数值数据和非数值数据（如字母、汉字和图形等）两大类，无论什么类型的数据，在计算机内部都是以二进制代码的形式存储和运算的。计算机在与外部"交流"时会采用人们熟悉和便于阅读的形式，如十进制数据、文字和图形等，它们之间的转换由计算机系统来完成。

在计算机内存储和运算数据时，通常要涉及的数据单位有以下3种。

- 位（bit）。计算机中的数据都以二进制码来表示，二进制代码只有0和1两个数码，需采用多个数码（0和1的组合）来表示一个数。其中每一个数码称为一位，位是计算机中最小的数据单位。
- 字节（Byte，B）。字节是计算机中组织和存储信息的基本单位，也是计算机体系结构的基本单位。在存储二进制数据时，以8位二进制码为一个单元存放在一起，称为一字节，即1 Byte=8 bit。在计算机中，通常用B、KB（千字节）、MB（兆字节）、GB（吉字节）或TB（太字节）为单位来表示存储器（如内存、硬盘和U盘等）的存储容量或文件的大小。所谓存储容量，是指存储器中能够容纳的字节数。存储单位B、KB、MB、GB和TB间的换算关系如下。

  1 KB（千字节）=1024 B（字节）=2^{10}B（字节）

  1 MB（兆字节）=1024 KB（千字节）=2^{20}B（字节）

  1 GB（吉字节）=1024 MB（兆字节）=2^{30}B（字节）

  1 TB（太字节）=1024 GB（吉字节）=2^{40}B（字节）
- 字长。人们将计算机一次能够并行处理的二进制码的位数称为字长。字长是衡量计算机性能的一个重要指标，字长越长，数据所包含的位数越多，计算机的数据处理速度越快。计算机的字长通常是字节的整数倍，如8位、16位、32位、64位和128位等。

（二）数制及其转换

数制是指用一组固定的数字符号和统一的规则来表示数值的方法。其中，按照进位方式计数的

微课：计算机中
常用的几种进位
数制的表示

数制称为进位计数制。在日常生活中，人们习惯用的进位计数制是十进制，而计算机则使用二进制。除此以外，进位计数制还包括八进制和十六进制等。顾名思义，二进制就是"逢二进一"的数制；以此类推，十进制就是"逢十进一"，八进制就是"逢八进一"，等等。

进位计数制中，每个数码的数值大小不仅取决于数码本身，还取决于该数码在数中的位置。如十进制数 828.41，整数部分的第 1 个数码"8"处在百位，表示800；第 2 个数码"2"处在十位，表示 20；第 3 个数码"8"处在个位，表示 8；小数点后第 1 个数码"4"处在十分位，表示 0.4；小数点后第 2 个数码"1"处在百分位，表示 0.01。也就是说，同一数码处在不同位置所代表的数值是不同的。数码在一个数中的位置称为数制的数位，数制中数码的个数称为数制的基数，十进制数有 0、1、2、3、4、5、6、7、8、9 共 10 个数码，其基数为 10。每个数位上的数码符号代表的数值等于该数位上的数码乘一个固定值，该固定值称为数制的位权数，数码所在的数位不同，其位权数也有所不同。

无论在何种进位计数制中，数值都可写成按位权展开的形式，如十进制数 828.41 可写成

$$828.41 = 8 \times 100 + 2 \times 10 + 8 \times 1 + 4 \times 0.1 + 1 \times 0.01$$

或者

$$828.41 = 8 \times 10^2 + 2 \times 10^1 + 8 \times 10^0 + 4 \times 10^{-1} + 1 \times 10^{-2}$$

微课：常用数制
对照关系表

上式为将数值按位权展开的表达式，其中 10^i 称为十进制数的位权数，其基数为 10。使用不同的基数，可得到不同的进位计数制。设 R 表示基数，则称为 R 进制，可使用 R 个基本的数码，R^i 就是位权，其加法运算规则是"逢 R 进一"。任意一个 R 进制数 D 均可以展开表示为

$$(D)_R = \sum_{i=-m}^{n-1} K_i \times R^i$$

上式中的 K_i 为第 i 位的系数，i 的取值范围是 $[-m, n-1]$（m 是小数部分的位数，n 是整数部分的位数），R^i 表示第 i 位的权。

在计算机中，可以用括号加数制基数下标的方式来表示不同数制的数。例如，$(492)_{10}$ 表示十进制数，$(1001.1)_2$ 表示二进制数，$(4A9E)_{16}$ 表示十六进制数；也可以用带有字母的形式分别将其表示为 $(492)_D$、$(1001.1)_B$ 和 $(4A9E)_H$。在程序设计中，常在数字后直接加英文字母来区别不同的进制数，如 492D、1001.1B 等。

下面将具体介绍 4 种常用数制之间的转换方法。

1．非十进制数转换为十进制数

将二进制数、八进制数和十六进制数转换成十进制数时，只需用该数制的各位数乘各自对应的位权数，然后将乘积相加。用按位权展开的方法即可得到对应的结果。

（1）将二进制数 10110 转换成十进制数。

先将二进制数 10110 按位权展开，然后将乘积相加，转换过程如下所示。

$$(10110)_2 = (1 \times 2^4 + 0 \times 2^3 + 1 \times 2^2 + 1 \times 2^1 + 0 \times 2^0)_{10}$$
$$= (16 + 4 + 2)_{10}$$
$$= (22)_{10}$$

（2）将八进制数 232 转换成十进制数。

先将八进制数 232 按位权展开，然后将乘积相加，转换过程如下所示。

$$(232)_8 = (2 \times 8^2 + 3 \times 8^1 + 2 \times 8^0)_{10}$$
$$= (128 + 24 + 2)_{10}$$
$$= (154)_{10}$$

（3）将十六进制数 232 转换成十进制数。

先将十六进制数 232 按位权展开，然后将乘积相加，转换过程如下所示。

$$(232)_{16}=(2 \times 16^2+3 \times 16^1+2 \times 16^0)_{10}$$
$$=(512+48+2)_{10}$$
$$=(562)_{10}$$

2. 十进制数转换成其他进制数

将十进制数转换成二进制数、八进制数和十六进制数时，可将数值分成整数和小数部分再分别进行转换，然后拼接起来。

例如，将十进制数转换成二进制数时，对整数部分和小数部分分别进行转换。整数部分采用"除 2 取余倒读"法，即将该十进制数除以 2，得到一个商和余数（K_0），再用商除以 2，又得到一个新的商和余数（K_1）；如此反复，直到商为 0 时得到余数（K_{n-1}）。然后将各次得到的余数，以最后一次的余数为最高位，第一次的余数为最低位依次排列，即 $K_{n-1}\cdots K_1 K_0$，这就是该十进制数对应的二进制数的整数部分。

小数部分采用"乘 2 取整正读"法，即将十进制数的小数乘 2，取乘积中的整数部分作为相应二进制数小数点后的最高位 K_{-1}，取乘积中的小数部分反复乘 2，逐次得到 $K_{-2},K_{-3},\cdots,K_{-m}$，直到乘积的小数部分为 0 或位数达到所需的精确度要求为止。然后把每次乘积所得的整数部分从小数点后自左往右依次排列（$K_{-1} K_{-2}\cdots K_{-m}$），即所求二进制数的小数部分。

同理，将十进制数转换成八进制数时，整数部分"除 8 取余"，小数部分"乘 8 取整"。将十进制数转换成十六进制数时，整数部分"除 16 取余"，小数部分"乘 16 取整"。

> **提示** 在进行小数部分的转换时，有些十进制小数不能转换为有限位的二进制小数，此时只能用近似值表示。例如，$(0.57)_{10}$ 不能用有限位的二进制小数表示，如果要求 5 位小数近似值，则得到 $(0.57)_{10} \approx (0.10010)_2$。

例如，将十进制数 225.625 转换成二进制数。用"除 2 取余倒读"法对整数部分进行转换，再用"乘 2 取整正读"法对小数部分进行转换，转换过程如下所示。

$(225.625)_{10} = (11100001.101)_2$

整数部分			小数部分		
2 | 225			0.625		
2 | 112	余 1	低位	× 2	取整	高位
2 | 56	余 0		1.250	1	
2 | 28	余 0		× 2		
2 | 14	余 0		0.500	0	
2 | 7	余 0		× 2		
2 | 3	余 1		1.000	1	低位
2 | 1	余 1				
1	余 1	高位			

3. 二进制数转换成八进制数、十六进制数

（1）二进制数转换成八进制数。

二进制数转换成八进制数所采用的转换原则是"3 位分一组"，即以小数点为界，整数部分从右向左每 3 位分为一组，若最后一组不足 3 位，则在最高位前面添 0 补足 3 位，然后将每组中的二进

制数按权相加，得到对应的八进制数；小数部分从左向右每 3 位分为一组，最后一组不足 3 位时，尾部添 0 补足 3 位，然后按照顺序写出每组二进制数对应的八进制数即可。

将二进制数 1101001.101 转换为八进制数，转换过程如下所示。

二进制数　　　001　　101　　001　．　101

八进制数　　　　1　　　5　　　1　．　5

得到的结果为：$(1101001.101)_2 = (151.5)_8$

（2）二进制数转换成十六进制数。

二进制数转换成十六进制数采用的转换原则与上面的类似——"4 位分一组"，即以小数点为界，整数部分从右向左、小数部分从左向右每 4 位分为一组，不足 4 位时添 0 补齐即可。

将二进制数 10.1.110.0.110.0.011.1011 转换为十六进制数，转换过程如下所示。

二进制数　　0010　　1110　　0110　　0011　　1011

十六进制数　　2　　　E　　　6　　　3　　　B

得到的结果为：$(10111001100011011)_2 = (2E63B)_{16}$

4．八进制数、十六进制数转换成二进制数

（1）八进制数转换成二进制数。

八进制数转换成二进制数的转换原则是"一分为三"，即从八进制数的低位开始，将每一位上的八进制数写成对应的 3 位二进制数；如有小数部分，则从小数点开始，按上述方法分别向左右两边进行转换。

将八进制数 162.4 转换为二进制数，转换过程如下所示。

八进制数　　　1　　　6　　　2　．　4

二进制数　　001　　110　　010　．　100

得到的结果为：$(162.4)_8 = (1110010.1)_2$

（2）十六进制数转换成二进制数。

十六进制数转换成二进制数的转换原则是"一分为四"，即把每一位上的十六进制数写成对应的 4 位二进制数。

将十六进制数 3B7D 转换为二进制数，转换过程如下所示。

十六进制数　　3　　　B　　　7　　　D

二进制数　　0011　　1011　　0111　　1101

得到的结果为：$(3B7D)_{16} = (11101101111101)_2$

（三）二进制数的运算

计算机内部采用二进制数表示数据，主要原因是其技术实现简单、易于转换。二进制数的运算规则简单，可以方便地用于逻辑代数分析以及用于设计计算机的逻辑电路等。下面将对二进制数的算术运算和逻辑运算进行简要介绍。

1．二进制数的算术运算

二进制数的算术运算也就是通常所说的四则运算，包括加、减、乘、除，运算规则比较简单，具体介绍如下。

- 加法运算。按"逢二进一"法，向高位进位，运算规则为：0+0=0、0+1=1、1+0=1、1+1=10。例如，$(10011.01)_2+(100011.11)_2=(110111.00)_2$。

- 减法运算。减法运算实质上是加上一个负数，主要应用于补码运算，运算规则为：0-0=0、1-0=1、0-1=1（向高位借位，结果本位为 1）、1-1=0。例如，$(110011)_2-(001101)_2=(100110)_2$。

- 乘法运算。乘法运算与我们常见的十进制数对应的运算规则类似，运算规则为：$0 \times 0=0$、$1 \times 0=0$、$0 \times 1=0$、$1 \times 1=1$。例如，$(1110)_2 \times (1101)_2 = (10110110)_2$。
- 除法运算。除法运算也与十进制数对应的运算规则类似，运算规则为：$0 \div 1=0$、$1 \div 1=1$，而 $0 \div 0$ 和 $1 \div 0$ 是无意义的。例如，$(1101.1)_2 \div (110)_2 = (10.01)_2$。

2. 二进制数的逻辑运算

计算机采用的二进制数 1 和 0 可以代表逻辑运算中的"真"与"假"、"是"与"否"和"有"与"无"。二进制数的逻辑运算包括"与""或""非""异或"4 种，具体介绍如下。

- "与"运算。"与"运算又被称为逻辑乘，通常用符号"$\times$""$\wedge$"或"$\cdot$"来表示。其运算规则为：$0 \wedge 0=0$、$0 \wedge 1=0$、$1 \wedge 0=0$、$1 \wedge 1=1$。通过上述运算规则可以看出，当两个参与运算的数中有一个数为 0 时，其结果也为 0，此时是没有意义的。只有当数中的数值都为 1 时，其结果才为 1，即所有的条件都符合时，逻辑结果才为肯定值。
- "或"运算。"或"运算又被称为逻辑加，通常用符号"$+$"或"$\vee$"来表示。其运算规则为：$0 \vee 0=0$、$0 \vee 1=1$、$1 \vee 0=1$、$1 \vee 1=1$。该运算规则表明，只要有一个数为 1，则运算结果就是 1。例如，假定某一个公益组织规定加入该组织的成员可以是女性或慈善家，那么只要符合其中任意一个条件或两个条件都符合就可加入该组织。
- "非"运算。"非"运算又被称为逻辑否运算，通常通过在逻辑变量上加上画线来表示，如变量为 A，则其"非"运算结果用 $\overline{A}$ 表示。其运算规则为：$\overline{0}=1$、$\overline{1}=0$。例如，假定 A 变量表示男性，$\overline{A}$ 就表示非男性，即女性。
- "异或"运算。"异或"运算通常用符号"$\oplus$"表示。其运算规则为：$0 \oplus 0=0$、$0 \oplus 1=1$、$1 \oplus 0=1$、$1 \oplus 1=0$。该运算规则表明，当逻辑运算中变量的值不同时，结果为 1；当变量的值相同时，结果为 0。

（四）计算机中字符的编码规则

编码就是利用计算机中的 0 和 1 两个数码的不同长度表示不同信息的一种约定方式。由于计算机是以二进制编码的形式存储和处理数据的，因此只能识别二进制编码信息。数字、字母、符号、汉字、语音和图形等非数值信息都要用特定规则进行二进制编码后才能存储在计算机中。西文与中文字符由于形式不同，使用的编码也不同。

1. 西文字符的编码

计算机通常采用 ASCII 和 Unicode 两种编码方式对字符进行编码。

标准 7 位
ASCII

- ASCII。美国信息交换标准代码（American Standard Code for Information Interchange，ASCII）是基于拉丁字母的一套编码系统，主要用于显示现代英语和其他欧洲语言，它被国际标准化组织指定为国际标准（ISO 646 标准）。标准 ASCII 使用 7 位二进制编码来表示所有的大写和小写字母、数字 0~9、标点符号，以及在美式英语中使用的特殊控制字符，共有 $2^7=128$ 个不同的编码值，可以表示 128 个不同字符的编码。

其中，低 4 位编码 $b_3b_2b_1b_0$ 用作行编码，高 3 位编码 $b_6b_5b_4$ 用作列编码。在 128 个不同字符的编码中，95 个编码对应计算机键盘上的符号或其他可显示或打印的字符，另外 33 个编码被用作控制码，用于控制计算机某些外部设备的工作特性和某些计算机软件的运行情况。例如，字母 A 的编码为二进制数 1000001，对应十进制数 65 或十六进制数 41。

- Unicode。Unicode 也是一种国际标准编码，采用两个字节编码，几乎能够表示世界上所有的书写语言中可能用于计算机通信的文字和其他符号。目前，Unicode 在网络、Windows

操作系统和大型软件中得到应用。

2. 汉字的编码

在计算机中，汉字信息的传播和交换必须通过统一的编码，才不会造成混乱和差错。因此，计算机能够处理的汉字是包含在国家或国际组织制定的汉字字符集中的汉字，常用的汉字字符集包括 GB 2312、GB 18030、GBK 和 CJK 编码等。为了使每个汉字有一个统一的代码，我国颁布了汉字编码的国家标准，即 GB/T 2312—1980《信息交换用汉字编码字符集　基本集》。这个字符集是目前我国所有汉字系统的统一标准。

汉字的编码方式主要有以下 4 种。

- 输入码。输入码也称外码，是为了将汉字输入计算机而设计的编码，包括音码、形码和音形码等。
- 区位码。将 GB 2312 字符集放置在一个 94 行（每一行称为"区"）、94 列（每一列称为"位"）的方阵中，将方阵中的每个汉字所对应的区号和位号组合起来就可以得到该汉字的区位码。区位码用 4 位数字编码，前两位称为区码，后两位称为位码，如汉字"中"的区位码为 5448。
- 国标码。国标码采用两个字节表示一个汉字。将汉字区位码中的十进制区号和位号分别转换成十六进制数，再分别加上 20H，就可以得到该汉字的国际码。例如，"中"字的区位码为 5448，区码 54 对应的十六进制数为 36，加上 20H，即 56H；而位码 48 对应的十六进制数为 30，加上 20H，即 50H，所以"中"字的国标码为 5650H。
- 机内码。在计算机内部进行存储与处理所使用的编码称为机内码。对汉字系统来说，汉字机内码规定在汉字国标码的基础上，每字节的最高位为 1，每字节的低 7 位为汉字信息。将国标码的两字节编码分别加上 80H（10000000B），便可以得到机内码，如汉字"中"的机内码为 D6D0H。

（五）多媒体技术简介

多媒体（Multimedia）是由单媒体复合而成的，融合了两种或两种以上的人机交互式信息交流和传播媒体。多媒体不仅包含文字、声音、图形、图像、视频、音频和动画这些媒体信息本身，还包含处理和应用这些媒体信息的一整套技术，即多媒体技术。多媒体技术是指能够同时获取、处理、编辑、存储和演示两种以上不同类型的媒体信息的媒体技术。在计算机领域中，多媒体技术就是用计算机实时地综合处理图、文、声和像等信息的技术，这些信息在计算机内都是被转换成由 0 和 1 表示的数字化信息进行处理的。

微课：多媒体技术在工作和生活中的应用

1. 多媒体技术的特点

多媒体技术主要具有以下 5 个特点。

- 多样性。多媒体技术的多样性是指信息载体的多样性。计算机所能处理的信息从最初的数值、文字、图形扩展到音频和视频等多种形式的信息。
- 集成性。多媒体技术的集成性是指以计算机为中心综合处理多种信息，可集文字、声音、图形、图像、音频和视频等于一体。此外，多媒体处理工具和设备的集成性能够为多媒体系统的开发与实现建立理想的集成环境。
- 交互性。多媒体技术的交互性是指用户可以与计算机进行交互操作，并提供多种交互控制功能，使人们在获取信息的同时，将信息的使用行为从被动变为主动，以增强人机操作界面的交互性。
- 实时性。多媒体技术的实时性是指多媒体技术需要同时处理声音、文字和图像等多种信息，其中声音和视频还要实时处理。因此，计算机应具有能够对多媒体信息进行实时处理的软硬件环境。

- 协同性。多媒体技术的协同性是指多媒体中的每一种媒体都有其自身的特性，而各媒体之间必须有机配合，并协调一致。

微课：多媒体
计算机的硬件

2. 多媒体计算机的硬件

多媒体计算机的硬件除了计算机的常规硬件外，还包括声音/视频处理器、多种媒体输入输出设备、信号转换装置、通信传输设备及接口装置等。具体来说，多媒体计算机的硬件主要包括以下 3 种。

- 音频卡。音频卡即声卡，它是多媒体技术中最基本的硬件之一，是实现声波/数字信号相互转换的一种硬件。其基本功能是把来自话筒等的原始声音信息加以转换，将其输出到耳机、扬声器、扩音机和录音机等音响设备中，也可通过乐器数字接口（ Music Instrument Digital Interface，MIDI ）输出声音。

- 视频卡。视频卡也叫视频采集卡，它用于将模拟摄像机、录像机和电视机输出的视频数据或者视频和音频的混合数据输入计算机，并转换成计算机可识别的数值数据。视频卡按照其用途可以分为广播级视频卡、专业级视频卡和民用级视频卡。

- 各种外部设备。多媒体在信息处理过程中会用到的外部设备主要包括摄像机、数码相机、头盔显示器、扫描仪、激光打印机、光盘驱动器、光笔、鼠标、传感器、触摸屏、话筒、音箱（或扬声器）、传真机和可视电话机等。

3. 多媒体计算机的软件

多媒体计算机的软件种类较多，根据功能可以分为多媒体操作系统、多媒体处理系统工具和用户应用软件 3 种。

- 多媒体操作系统。多媒体操作系统应具有实时任务调度、多媒体数据转换和同步控制、对多媒体设备的驱动和控制，以及图形用户界面管理等功能。目前，大部分计算机中安装的Windows 操作系统已完全具备上述功能。

- 多媒体处理系统工具。多媒体处理系统工具主要包括多媒体创作软件、多媒体节目写作工具、多媒体播放工具等，其他各类多媒体处理工具，如多媒体数据库管理系统等。

- 用户应用软件。用户应用软件是根据多媒体系统终端用户的要求而定制的应用软件。国内外已经开发出了很多服务于图形、图像、音频和视频处理的软件，通过这些软件，用户可以创建、收集和处理多媒体素材，制作出丰富多样的图形、图像和动画。比较流行的应用软件有Photoshop、Illustrator、Cinema 4D、Authorware、After Effects 和 PowerPoint 等。这些软件各有所长，在多媒体数据处理过程中可以综合运用。

4. 常见的多媒体文件格式

在计算机中，利用多媒体技术可以将声音、文字和图像等多种媒体信息进行综合式交互处理，并以不同的多媒体文件格式将其存储。下面分别介绍常用的多媒体文件格式。

微课：常见的
多媒体文件
格式

- 声音文件格式。在多媒体系统中，语音和音乐是十分常见的，存储声音信息的文件格式有多种，包括 WAV、MIDI、MP3、AU 和 VOC 等。

- 图像文件格式。图像是多媒体中非常基本和重要的一种数据，包括静态图像和动态图像。其中，静态图像又可分为矢量图和位图两种，动态图像又分为视频和动画两种。常见的图像文件格式有 JPEG、TIFF、BMP、GIF、PNG、WMF 等。

- 视频文件格式。视频文件一般比其他媒体文件要大一些，占用存储空间较多。常见的视频文件格式有 AVI、MOV、MPEG、ASF、WMV 等。

任务三　了解并连接计算机硬件

任务要求

随着计算机的普及，使用计算机的人越来越多。肖磊与很多使用计算机的人一样，并不了解计算机的基本结构、计算机的硬件组成，以及连接计算机硬件的方法。

本任务要求认识计算机的基本结构，并对微型计算机的各硬件组成，如主机及主机内部的硬件、显示器、键盘和鼠标等，有基本的认识和了解，且能将这些硬件连接在一起。

任务实现

（一）计算机的基本结构

尽管各种计算机在性能和用途等方面都有所不同，但是其基本结构都遵循冯·诺依曼体系结构，因此人们便将符合这种设计的计算机称为冯·诺依曼计算机。冯·诺依曼体系结构的计算机主要由运算器、控制器、存储器、输入设备和输出设备 5 个部分组成，计算机的基本结构如图 1-6 所示。

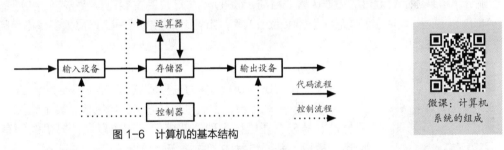

图 1-6　计算机的基本结构

微课：计算机系统的组成

从图 1-6 所示可知，计算机工作的核心部分是控制器、运算器和存储器。其中，控制器是计算机的指挥中心，它根据程序执行每一条指令，并向存储器、运算器及输入输出设备发出控制信号，以达到控制计算机、使其有条不紊地进行工作的目的。运算器在控制器的控制下对存储器提供的数据进行各种算术运算（加、减、乘、除等）、逻辑运算（与、或、非、异或等）和其他处理（存数、取数等）。控制器与运算器构成中央处理器（Central Processing Unit，CPU），中央处理器被称为"计算机的心脏"。存储器是计算机的记忆装置，它以二进制码的形式存储程序和数据，可以分为内存储器和外存储器。内存储器是影响计算机运行速度的主要因素之一。外存储器主要有光盘、硬盘和 U 盘等。存储器中能够存放的最大信息数量称为存储容量，常见的存储容量的单位有 KB、MB、GB 和 TB 等。

输入设备是计算机系统中重要的人机交互设备，用于接收用户输入的命令和程序等信息，它负责将命令转换成计算机能够识别的二进制代码，并放入内存储器。常用的输入设备主要包括键盘、鼠标等。输出设备用于将计算机处理的结果以人们可以识别的信息形式输出。常用的输出设备有显示器、打印机等。

（二）计算机的硬件组成

计算机硬件是指计算机中看得见、摸得着的一些实体设备。从外观上看，微型计算机主要由主机、显示器、鼠标和键盘等组成。主机背面有许多插孔和接口，用于接通电源和连接键盘、鼠标等硬件；而主机箱内则包含主机电源、显卡、CPU、主板、内存储器和硬盘等硬件。图 1-7 所示为微型计算机的外观组成及主机内部的主要硬件。

扫码看彩图

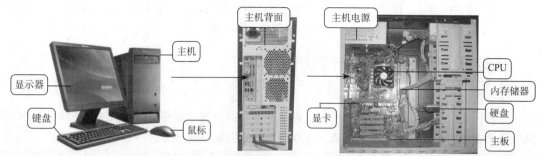

图 1-7　微型计算机的外观组成及主机内部的主要硬件

下面将对微型计算机的主要硬件进行详细介绍。

1. CPU

CPU 是由大规模集成电路组成的，这些电路用于实现控制功能
和算术、逻辑运算的功能。CPU 既是计算机的指令中枢，又是系统
的最高执行单位，如图 1-8 所示。CPU 主要负责执行指令，是计
算机系统的核心组件，在计算机系统中有举足轻重的地位，它也是

图 1-8　CPU

影响计算机系统运算速度的重要因素。目前，CPU 的生产厂商主要有英特尔（Intel）、超威半导体
（AMD）、威盛（VIA）和龙芯（Loongson）等，市场上销售的 CPU 产品大多是由英特尔和超威
半导体公司生产的。

2. 主板

主板（mainboard）也称为主机板或系统板（System Board），如图
1-9 所示。从外观上看，主板是一块方形的电路板，其上布满了各种电子
元器件、插座、插槽和各种外部接口。它可以为计算机的所有部件提供
插槽和接口，并通过其中的线路统一协调所有部件的工作。

图 1-9　主板

随着主板制板技术的发展，CPU、显卡、声卡、网卡、基本输入输出
系统（Basic Input/Output System，BIOS）芯片和南北桥芯片等很多计
算机硬件都可以集成到主板上。其中，BIOS 芯片是一块矩形的存储器，
里面存有与该主板搭配的 BIOS 程序，能够让主板识别各种硬件，还可
以设置引导系统的设备和调整 CPU 外频等，如图 1-10 所示。

3. 总线

总线(bus)是计算机各种功能部件之间传送信息的公共通信干线。
主机的各个部件通过总线相连接，外部设备通过相应的接口电路与总

图 1-10　主板上的 BIOS 芯片

线相连接，从而形成了计算机硬件系统，因此，总线被形象地比喻为"高速公路"。按照为计算机传
输的信息类型，总线可以被分为数据总线、地址总线和控制总线，分别用来传输数据、地址信息和
控制信号。

- 数据总线。数据总线用于在 CPU 与随机存储器（Random Access Memory，RAM）之
  间传输需处理或存储的数据。
- 地址总线。地址总线上传输的是 CPU 向存储器、输入输出接口设备发出的地址信息。
- 控制总线。控制总线用来传输控制信号，这些控制信号包括 CPU 对内存储器和输入输出接
  口的读写信号、输入输出接口对 CPU 提出的中断请求等信号，以及 CPU 对输入输出接口
  的回答与响应信号、输入输出接口的各种工作状态信号和其他各种功能控制信号。

目前，常见的总线标准有工业标准结构（Industry Standard Architecture，ISA）总线、PCI 总线和扩充的工业标准结构（Extended Industry Standary Architecture，EISA）总线等。

4. 存储器

计算机中的存储器包括内存储器和外存储器两种，其中，内存储器简称内存，也叫主存储器，是计算机用来临时存放数据的地方，也是 CPU 处理数据的中转站，内存的容量和存取速度直接影响 CPU 处理数据的速度。图 1-11 所示为 DDR4 内存储器。

图 1-11　DDR4 内存储器

从工作原理上说，内存一般采用半导体存储单元，包括 RAM、只读存储器（Read-Only Memory，ROM）和高速缓存（cache）。平常所说的内存通常是指 RAM，既可以从中读取数据，又可以写入数据，并且当计算机断电时，存于其中的数据会丢失。一般只能从 ROM 中读取数据，不能往 ROM 中写入数据，即使计算机断电，这些数据也不会丢失，如 BIOS ROM。cache 是指介于 CPU 与内存之间的高速存储器，通常由静态随机存储器（Static Random Access Memory，SRAM）构成。

外存储器简称外存，是指除计算机内存及 CPU 缓存以外的存储器。此类存储器一般在计算机断电后仍然能保存数据，常见的外存储器有硬盘和可移动存储设备（如 U 盘）等。

- 硬盘。硬盘是计算机中较大的存储设备，通常用于存放永久性的数据和程序。目前，硬盘有硬盘驱动器（Hard Disk Drive，HDD）和固态盘（Solid State Disk，SSD）两种。硬盘驱动器如图 1-12 所示，其内部结构比较复杂，主要由主轴电机、盘片、磁头和传动臂等组成。在硬盘驱动器中，通常将磁性物质附着在盘片上，并将盘片安装在主轴电机上，当硬盘开始工作时，主轴电机将带动盘片一起转动，盘片表面的磁头将在电路和传动臂的控制下移动，并将指定位置的数据读取出来，或将数据存储到指定的位置。硬盘容量是硬盘驱动器的主要性能指标之一，包括总容量、单片容量和盘片数 3 个参数。其中，总容量是表示硬盘驱动器能够存储多少数据的一项重要指标，通常以 TB 为单位，当前主流硬盘驱动器容量从 1TB 到 10TB 不等。固态盘是用固态电子存储芯片阵列制成的硬盘，如图 1-13 所示。作为热门的硬盘类型，其优点是数据写入和读取的速度快，缺点是容量较小，价格较为昂贵。
- 可移动存储设备。可移动存储设备包括移动通用串行总线（Universal Serial Bus，USB）盘（简称 U 盘，如图 1-14 所示）和移动硬盘等。这类设备即插即用，容量也能基本满足人们的不同需求，是应用计算机办公过程中不可或缺的附属配件之一。

图 1-12　硬盘驱动器　　　　图 1-13　固态盘　　　　图 1-14　U 盘

5. 输入设备

输入设备是向计算机输入数据和信息的设备，是用户和计算机系统之间进行信息交换的主要装置，用于将数据、文本和图形等转换为计算机能够识别的二进制码并将其输入计算机。键盘、鼠标、摄像头、扫描仪、触摸屏、光笔、手写输入板、游戏杆和语音输入装置等都属于输入设备。下面介绍常用的 4 种输入设备。

- 鼠标。鼠标是计算机的主要输入设备之一，因为其外形与老鼠类似，所以被称为"鼠标"。根据按键数量的不同，鼠标可以分为三键鼠标和两键鼠标；根据工作原理不同，鼠标可以分为机械鼠标和光学鼠标。另外，还有无线鼠标和轨迹球鼠标等。

- 键盘。键盘是计算机的另一种主要输入设备，是用户和计算机进行交流的工具，用户可以通过键盘直接向计算机输入各种字符和命令。不同厂商生产出的键盘型号可能不同，目前常用的键盘有 107 个键。

- 扫描仪。扫描仪是利用光敏技术和数字处理技术，以扫描的方式将图形或图像信息转换为数字信号的设备。其主要功能是对文字和图形或图像进行扫描与输入。

- 触摸屏。触摸屏又被称为"触控屏"或"触控面板"，是一种可接收触头等输入信号的感应式液晶显示装置。当用户触摸屏幕上的图形按钮时，屏幕上的触觉反馈系统可根据预先编好的程序驱动各种连接装置，并通过液晶屏显示出生动的效果。触摸屏作为一种新型的计算机输入设备，提供了简单、方便、自然的人机交互方式，主要应用于查询公共信息、工业控制、军事指挥、电子游戏、点歌点菜和多媒体教学等方面。

6. 输出设备

输出设备是计算机硬件系统的终端设备，用于将各种计算结果的数据或信息转换成用户能够识别的数字、字符、图像和声音等形式。常见的输出设备有显示器、音箱、打印机、耳机、投影仪、绘图仪、影像输出系统等。下面介绍常用的 5 种输出设备。

- 显示器。显示器是计算机的主要输出设备，其作用是将显卡输出的信号（模拟信号或数字信号）以肉眼可见的形式表现出来。目前主要有两种显示器：一种是液晶显示（Liquid Crystal Display，LCD）器，如图 1-15 所示；另一种是使用阴极射线管（Cathode Ray Tube，CRT）的显示器，即 CRT 显示器，如图 1-16 所示。液晶显示器是市面上的主流显示器，它具有辐射危害小、工作电压低、功耗小、重量轻和体积小等优点，但液晶显示器的画面颜色逼真度一般不及 CRT 显示器。显示器的常见尺寸包括 17 英寸（1 英寸=2.54 厘米）、19 英寸、20 英寸、22 英寸、24 英寸、26 英寸、29 英寸等。

图 1-15　液晶显示器　　　　　　　　图 1-16　CRT 显示器

- 音箱。音箱在音频设备中的作用类似于显示器，可直接连接声卡的音频输出接口，并将声卡传输的音频信号输出为人们可以听到的声音。需要注意的是，音箱是整个音响系统的终端，只负责声音输出。音响则通常是指声音产生和输出的一整套系统，音箱是音响的一部分。

- 打印机。打印机也是计算机常见的输出设备，在办公中经常会用到，其主要功能是对文字和图像进行打印。

- 耳机。耳机是一种音频设备，它能接收媒体播放器或接收器发出的信号，利用贴近耳朵的扬声器将其转化成可以听到的声波。

- 投影仪。投影仪又称投影机，是一种可以将图像或视频投射到幕布上的设备。投影仪可以通过特定的接口与计算机相连接并播放相应的视频信号，是一种负责输出的计算机周边设备。

（三）连接计算机的各组成部分

购买计算机后，计算机的主机与显示器、鼠标、键盘等通常都是分开的。用户需在收到计算机后将它们连接在一起，具体操作如下。

（1）将计算机各组成部分放在电脑桌的相应位置，然后将 PS/2 键盘连接线插头对准主机后的键盘接口并插入，如图 1-17 所示。如果使用的是 USB 接口的键盘，则将键盘连接线插头对准主机后的 USB 接口并插入。

微课：连接计算机的各组成部分

（2）如图 1-18 所示，将 USB 鼠标连接线插头对准主机后的 USB 接口并插入，然后将显示器包装箱中配置的数据线视频图形阵列（Video Graphic Array，VGA）插头插入显卡的 VGA 接口（如果显示器的数据线是 DVI（Digital Visual Interface），即数字视频接口或 HDMI（High Definition Multimedia Interface），高清晰度多媒体接口插头，对应连接主机后的接口即可），然后拧紧插头上的两颗固定螺丝。

（3）将显示器数据线的另外一个插头插入显示器后面的 VGA 接口，并拧紧插头上的两颗固定螺丝，再将显示器的电源线一头插入显示器电源接口，如图 1-19 所示。

图 1-17　连接键盘

图 1-18　连接鼠标和显卡

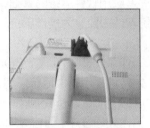
图 1-19　连接显示器

（4）检查前面安装的各种连线，确认连接无误后，将主机电源线连接到主机后的电源接口，如图 1-20 所示。

（5）将显示器电源插头插入电源插线板，如图 1-21 所示。

（6）将主机电源线插头插入电源插线板，完成连接计算机各部件的操作，如图 1-22 所示。

图 1-20　连接主机

图 1-21　连接显示器电源线

图 1-22　连接计算机各部件

任务四　了解计算机的软件系统

任务要求

肖磊为了学习需要，购买了一台计算机。负责组装计算机的售后人员告诉他，新买的计算机中只安装了操作系统，没有安装其他应用软件，可以在需要使用时自行安装。回校后，肖磊决定先了解计算机软件的相关知识。

本任务要求了解计算机软件的定义，认识系统软件及了解常用的应用软件。

任务实现

（一）计算机软件的定义

计算机软件（Computer Software）简称软件，是指计算机系统中的程序及其文档。程序是对计算任务的处理对象和处理规则的描述，是按照一定顺序执行的、能够完成某一任务的指令集合，而文档则是便于用户了解程序的说明性资料。

计算机之所以能够按照用户的要求运行，是因为计算机采用了程序设计语言（计算机语言）。程序设计语言是人与计算机沟通时使用的语言，用于编写计算机程序。计算机可通过程序控制计算机的工作流程，从而完成特定的设计任务。可以说，程序设计语言是计算机软件的基础。

计算机软件总体分为系统软件和应用软件两大类。

（二）系统软件

系统软件是指控制和协调计算机及其外部设备，支持应用软件开发和运行的系统。其主要功能是调度、监控和维护计算机系统，同时负责管理计算机系统中各种独立的硬件，协调它们的工作。系统软件是应用软件运行的基础，所有应用软件都是在系统软件上运行的。

系统软件主要分为操作系统、语言处理程序、数据库管理系统和系统辅助处理程序等，具体介绍如下。

- 操作系统。操作系统（Operating System，OS）是计算机系统的指挥调度中心，它可以为各种程序提供运行环境。常见的操作系统有 Windows 和 Linux 等，如本书项目三将要讲解的 Windows 10 就是一种操作系统。
- 语言处理程序。语言处理程序是为用户设计的编程服务软件，用来编译、解释和处理各种程序所使用的计算机语言，是人与计算机相互交流的一种工具。常见的计算机语言包括机器语言、汇编语言和高级语言 3 种。由于计算机只能直接识别和执行机器语言，因此如果要在计算机上运行高级语言程序就必须配备程序语言翻译程序。程序语言翻译程序本身是一组程序，高级语言都有相应的程序语言翻译程序。
- 数据库管理系统。数据库管理系统（Database Management System，DBMS）是一种操作和管理数据库的大型软件，它是位于用户和操作系统之间的数据管理软件，也是用于建立、使用和维护数据库的管理软件。数据库管理系统可以组织不同类型的数据，以便用户能够有效地查询、检索和管理这些数据。常用的数据库管理系统有 SQL Server、Oracle 和 Access 等。
- 系统辅助处理程序。系统辅助处理程序也称软件研制开发工具或支撑软件，主要有编辑程序、调试程序等，这些程序的作用是维护计算机的正常运行，如 Windows 操作系统中自带的磁盘清理程序等。

（三）应用软件

微课：主要应用领域的应用软件

应用软件是指一些具有特定功能的软件，即为解决各种实际问题而编制的程序，包括各种程序设计语言，以及用各种程序设计语言编制的应用程序。计算机中的应用软件种类繁多，这些软件能够帮助用户完成特定的任务，如要编辑一篇文章可以使用 Word，要制作一份报表可以使用 Excel。常见的应用软件的应用领域有办公、图形处理与设计、图文浏览、翻译与学习、多媒体播放和处理、网站开发、程序设计、磁盘分区、数据备份与恢复和网络通信等。

任务五　使用鼠标和键盘

任务要求

　　肖磊在课余时间找了份兼职，工作中经常需要整理大量的文件资料，有中文的，也有英文的。在录入资料时，肖磊由于不太熟悉键盘和指法，录入速度很慢，还经常输入错误的信息，这严重影响了工作效率。肖磊听办公室的同事说，要想提高打字速度，必须用好鼠标和键盘，熟练后甚至可以"盲打"。

　　本任务要求掌握鼠标的基本操作，了解键盘的布局和打字的正确方法，并练习"盲打"。

任务实现

（一）鼠标的基本操作

　　操作系统进入"图形化时代"后，鼠标就成了计算机不可或缺的输入设备。用户启动计算机后，一般首先使用的便是鼠标，因此鼠标的基本操作是初学者必须掌握的。

1. 手握鼠标的方法

　　鼠标左边的按键被称为鼠标左键，鼠标右边的按键被称为鼠标右键，鼠标中间可以滚动的按键被称为鼠标中键或鼠标滚轮。右手握鼠标的正确方法是：食指和中指自然放置在鼠标的左键和右键上，拇指横向放于鼠标左侧，无名指和小指放在鼠标的右侧，然后拇指与无名指及小指轻轻握住鼠标，手掌心轻轻贴住鼠标后部，手腕自然垂放在桌面上。食指控制鼠标左键，中指控制鼠标右键和鼠标滚轮，如图 1-23 所示。当需要使用鼠标来滚动页面时，用中指滚动鼠标的滚轮即可。左手握鼠标的方法与右手握鼠标的方法类似，但使用时需进行相关设置。

图 1-23　握鼠标的方法（右手）

2. 鼠标的 5 种基本操作

　　鼠标的基本操作包括移动定位、单击、拖动、右击和双击 5 种，具体介绍如下（这里以右手使用鼠标为例，左手操作类似）。

微课：鼠标的 5
种基本操作

- 移动定位。移动定位的方法是握住鼠标，在光滑的桌面或鼠标垫上随意移动，此时屏幕上显示的鼠标指针会同步移动。将鼠标指针移到计算机桌面上的某一对象上停留，就是定位操作。被定位的对象周围通常会出现相应的提示信息。
- 单击。单击的方法是先移动鼠标，将鼠标指针指向某个对象，然后用食指按一下鼠标左键后快速松开，鼠标左键将自动弹起。单击操作常用于选择对象，通常被选择的对象会以高亮显示。
- 拖动。拖动是指将鼠标指针移到某个对象上后，按住鼠标左键，然后移动鼠标，把指定对象从屏幕的一个位置拖动到另一个位置，最后释放鼠标左键，这个过程也被称为拖曳。拖动操作常用于移动对象。
- 右击。右击是指用中指按一次鼠标右键后快速松开，鼠标右键将自动弹起。右击操作常用于打开与对象相关的快捷菜单。
- 双击。双击是指用食指快速、连续地按两次鼠标左键。双击操作常用于启动某个程序、执行某个任务、打开某个窗口或文件夹。

> **提示** 在连续两次按鼠标左键的过程中，不能移动鼠标。另外，在移动鼠标时，鼠标指针可能不会一次就移动到指定位置。当感觉手臂伸展不方便时，可提起鼠标使其离开桌面，再把鼠标放到易于移动的位置上继续移动。在这个过程中，鼠标实际上经历了移动、提起、回位、放下、再移动等动作，鼠标指针的移动便是依靠这些动作来完成的。

（二）键盘的使用

键盘是计算机中最重要的输入设备之一，因此用户只有掌握各个按键的作用和指法，才能达到快速输入的目的。

1. 认识键盘的结构

以常用的 107 键键盘为例，键盘按照各键功能的不同可以分为主键盘区、编辑键区、小键盘区、功能键区和状态指示灯区 5 个区域，如图 1-24 所示。

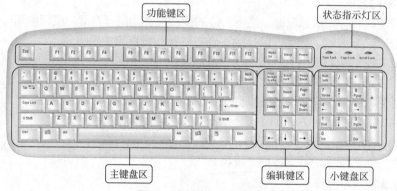

图 1-24　键盘的 5 个区域

* 主键盘区。主键盘区主要用于输入文字和符号，包括字母键、数字键、符号键、控制键和 Windows 功能键，共 5 排 61 个键。其中，字母键【A】～【Z】用于输入 26 个英文字母；数字键【0】～【9】用于输入相应的数字和符号。每个数字键由上、下挡两种字符组成，因此又称为双字符键。单独按数字键，将输入下挡字符，即数字；如果按住【Shift】键再按数字键，将输入上挡字符，即特殊符号。符号键中除了 键位于主键盘区的左上角外，其余都位于主键盘区的右侧。与数字键一样，每个符号键也由上、下挡两种不同的符号组成。各控制键和 Windows 功能键的作用如表 1-2 所示。

表 1-2　各控制键和 Windows 功能键的作用

按键	作用
【Tab】键	也称制表定位键，Tab 是英文"Table"的缩写。每按一次该键，光标将默认向右移动 8 个字符，常用于文字处理中的对齐操作
【Caps Lock】键	又称大写字母锁定键，系统默认状态下输入的英文字母为小写，按该键后输入的字母为大写，再次按该键可取消大写锁定状态
【Shift】键	主键盘区左右各有一个，两者功能相同，主要用于输入上挡字符，以及输入字母键的大写英文字符。例如，按住【Shift】键不放再按【A】键，可以输入大写字母"A"
【Ctrl】键和【Alt】键	在主键盘区左下角和右下角各有一个，常与其他键组合使用。在不同的应用软件中，其作用也不同

按键	作用
【Space】键	又称空格键,位于主键盘区的下方,其上面无刻记符号。每按一次该键,将在光标当前位置上产生一个空字符,同时光标向右移动一个位置
【BackSpace】键	退格键。每按一次该键,光标向左移动一个位置,若左边有字符,将删除该位置上的字符
【Enter】键	回车键。它有两个作用:一是确认并执行输入的命令;二是在输入文字时按此键,光标将移至下一行行首
Windows 功能键	Windows 功能键指两个键。一是主键盘区左下角刻有 Windows 窗口图案的键,它被称为"开始菜单"键。在 Windows 操作系统中,按该键后将弹出"开始"菜单。二是主键盘区右下角的键称为"快捷菜单"键,按该键后会弹出相应的快捷菜单,其功能相当于单击鼠标右键

- 编辑键区。编辑键区主要用于在编辑过程中控制光标,如图 1-25 所示。
- 小键盘区。小键盘区主要用于快速输入数字及移动光标。当要使用小键盘区输入数字时,应先按小键盘区左上角的【Num Lock】键,此时状态指示灯区第 1 个指示灯亮起,表示此时为数字状态,然后输入即可。
- 功能键区。功能键区位于键盘的顶端,其中【Esc】键用于取消已输入的命令或字符串,在一些应用软件中常起到退出的作用;【F1】～【F12】键称为功能键,在不同的软件中各个键的功能有所不同,一般在程序窗口中按【F1】键可以获取该程序的帮助信息;【Wake Up】键、【Sleep】键和【Power】键分别用来唤醒睡眠状态、转入睡眠状态和控制电源。

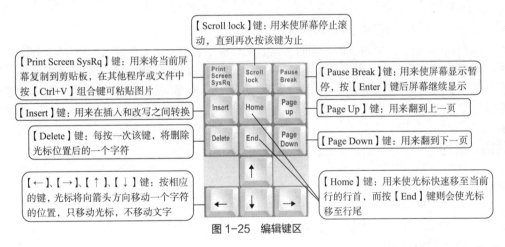

图 1-25　编辑键区

- 状态指示灯区。状态指示灯区主要用来提示小键盘区的工作状态、大小写状态及【Scroll lock】键的状态。

2. 键盘的操作与指法练习

正确的打字姿势可以提高打字速度,减轻疲劳程度,这对于初学者来说非常重要。正确的打字姿势是:身体坐正,双手自然放在键盘上,腰部挺直,上身微前倾;双脚的脚尖和脚跟自然地放在地面上,大腿自然平直;座椅的高度与计算机键盘、显示器的放置高度相适应,一般以双手自然垂放在键盘上时肘关节略高于手腕为宜;显示器的高度则以操作者坐下后,其目光水平线处于屏幕上的 2/3 处为优,如图 1-26 所示。

准备打字时,将左手的食指放在【F】键上,右手的食指放在【J】键上,这两个键下方各有一个突起的小横杠,用于左右手的定位。其他手指(除拇指

图 1-26　打字姿势

外）按顺序分别放置在相邻的 8 个基准键位上，双手的大拇指放在空格键上，如图 1-27 所示。8 个基准键位是指主键盘区中的【A】、【S】、【D】、【F】、【J】、【K】、【L】、【;】键。

打字时键盘的指法分区是：除拇指外，其余 8 个手指各有一定的活动范围。把字符键划分成 8 个区域，每个手指负责输入该区域的字符，如图 1-28 所示。

图 1-27 准备打字时手指在键盘上的位置

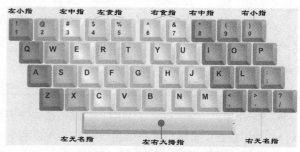

图 1-28 键盘的指法分区

按键的要点及注意事项如下。

- 手腕要平直，胳膊应尽可能保持不动。
- 要严格按照键位分工进行按键，不能随意按键。
- 按键时，手指指尖垂直向键位用力，不可用力太大。
- 左手按键时，右手手指应放在基准键位上保持不动；右手按键时，左手手指也应放在基准键位上保持不动。
- 按键后，手指要迅速放回相应的基准键位。
- 不要长时间按住一个键不放，同时按键时应尽量不看键盘，以养成"盲打"的习惯。

为了提高输入速度，一般要求不看键盘，将手指轻放在键盘基准键位上以固定手指位置，然后可将视线集中于文稿，以养成科学、合理的"盲打"习惯。在练习时可以一边打字一边默念键位，便于快速记忆各个键位。

课后练习

选择题

（1）1946 年诞生的世界上第一台通用电子计算机是（　　）。

　　A．UNIVAC-I　　　　B．EDVAC　　　　C．ENIAC　　　　D．IBM

（2）第二代计算机的划分年代是（　　）。

　　A．1946—1957 年　B．1958—1964 年　C．1965—1970 年　D．1971 年至今

（3）1 KB 的准确数值是（　　）。

　　A．1024 Byte　　　　B．1000 Byte　　　C．1024 bit　　　　D．1024 MB

（4）在关于数制的转换中，下列叙述正确的是（　　）。

　　A．采用不同的数制表示同一个数时，基数（R）越大，使用的位数越少

　　B．采用不同的数制表示同一个数时，基数（R）越大，使用的位数越多

　　C．不同数制采用的数码是各不相同的，没有一个数码是一样的

　　D．进位计数制中每个数码的数值不只取决于数码本身

（5）十进制数 55 转换成二进制数等于（　　）。

　　A．111111　　　　　B．110111　　　　　C．111001　　　　D．111011

（6）与二进制数 101101 等值的十六进制数是（　　　）。

    A．2D　　　　　　　B．2C　　　　　　　C．1D　　　　　　　D．B4

（7）二进制数 111+1 等于（　　　）B。

    A．10000　　　　　B．100　　　　　　　C．1111　　　　　　D．1000

（8）一个汉字的机内码与它的国标码之间的差是（　　　）。

    A．2020H　　　　　B．4040H　　　　　C．8080H　　　　　D．AOAOH

（9）多媒体信息不包括（　　　）。

    A．动画、影像　　　B．文字、图像　　　C．声卡、光驱　　　D．音频、视频

（10）计算机的硬件系统主要包括运算器、控制器、存储器、输出设备和（　　　）。

    A．键盘　　　　　　B．鼠标　　　　　　C．输入设备　　　　D．显示器

（11）计算机的总线是计算机各部件间传递信息的公共通道，它分为（　　　）。

    A．数据总线和控制总线　　　　　　　　B．数据总线、控制总线和地址总线

    C．地址总线和数据总线　　　　　　　　D．地址总线和控制总线

（12）下列叙述中，错误的是（　　　）。

    A．内存储器一般由 ROM、RAM 和 Cache 组成

    B．RAM 中存储的数据一旦计算机断电就全部丢失

    C．CPU 可以直接存取硬盘中的数据

    D．存储在 ROM 中的数据在计算机断电后也不会丢失

（13）能直接与 CPU 交换信息的存储器是（　　　）。

    A．硬盘存储器　　　B．光盘驱动器　　　C．内存储器　　　　D．软盘存储器

（14）英文缩写 ROM 的中文译名是（　　　）。

    A．高速缓存　　　　B．只读存储器　　　C．随机存取存储器　D．光盘

（15）下列设备组中，全部属于外部设备的一组是（　　　）。

    A．打印机、移动硬盘、鼠标

    B．CPU、键盘、显示器

    C．SRAM 内存条、光盘驱动器、扫描仪

    D．U 盘、内存储器、硬盘

（16）下列软件中，属于应用软件的是（　　　）。

    A．Windows 10　　　B．WPS Office　　　C．UNIX　　　　　D．Linux

（17）下列关于软件的叙述中，错误的是（　　　）。

    A．计算机软件系统由程序和相应的文档资料组成

    B．Windows 操作系统是系统软件

    C．WPS Office 2019 是应用软件

    D．使用高级程序设计语言编写的程序，要转换成计算机中的可执行程序，必须经过编译

（18）键盘上的【Caps Lock】键被称为（　　　）。

    A．上挡键　　　　　B．回车键　　　　　C．大写字母锁定键　D．退格键

项目二
了解计算机新技术

随着计算机网络的发展，计算机技术不断创新，这不仅给信息技术（Information Technology，IT）界带来了重大影响，还推动了大数据、人工智能等技术的发展，创新数字经济与实体经济高效协同发展的新业态。本项目将通过 4 个任务，介绍人工智能、大数据、云计算、物联网、移动互联网、虚拟现实、3D 打印和"互联网+"等计算机新技术及应用的相关内容。

课堂学习及素养目标

- 认识人工智能。
- 认识大数据。

- 认识云计算及其他新兴技术。
- 积极探索未知，用技术驱动创新。

任务一　认识人工智能

任务要求

肖磊最近参加了一场新兴科学技术展览会。在参会过程中，他发现很多人工智能产品都能够与人进行流畅的交流。随着科技的发展，人工智能不再仅限于简单的人机交流层面，有些领域已经可以使用人工智能技术来代替人完成一些高难度或高危险的工作。肖磊了解到，人工智能是计算机科学的一个分支，它试图通过了解智能的实质，生产出一种能以与人类相似的方式做出反应的智能机器。人工智能研究的领域比较广泛，包括机器人、语言识别、图像识别及自然语言处理等。

本任务要求了解人工智能的定义，了解人工智能的发展，并熟悉人工智能在实际工作和生活中的应用。

任务实现

（一）人工智能的定义

人工智能（Artificial Intelligence，AI）也称机器智能，是指由人工制造的系统所表现出来的智能，是研究智能程序的一门科学。人工智能研究的主要目标是用机器来模仿和执行人脑的某些智力活动，如判断、推理、识别、感知、理解、思考、规划、学习等活动，以探究相关理论、研发相应技术。人工智能技术已经渗透到人们日常生活的各个方面，应用人工智能技术的行业也很多，包括游戏、新闻媒体、金融，以及各种领先的研究领域，如量子科学等。

> **提示** 人工智能并不是遥不可及的，度秘、Siri、天猫精灵、小爱同学等智能助理或智能聊天类应用都属于人工智能的范畴，甚至一些简单的有固定模式的新闻也是由人工智能来实现的。

（二）人工智能的发展

1956 年夏季，以麦卡锡、明斯基、罗切斯特和香农等为首的一批年轻科学家聚在一起，共同研究和探讨用机器模拟智能的一系列有关问题，并首次提出了"人工智能"这一术语，这标志着"人工智能"这门新兴学科的正式诞生。

从 1956 年正式提出人工智能算起，60 多年来，人工智能研究取得了长足的发展，成为一门广泛的交叉和前沿科学。总的来说，研究人工智能的目的就是让计算机这样的机器能够像人一样思考。当计算机出现后，人类才开始真正有了可以模拟人类思维的工具。

如今，全世界大部分大学的计算机系都在研究"人工智能"这门学科。1997 年 5 月，IBM 公司研制的"深蓝"（Deep Blue）计算机战胜了国际象棋大师卡斯帕罗夫。大家或许不会注意到，在某些方面，计算机能帮助人们进行一些原本只属于人类的工作，以它的高速度和准确性发挥着作用。人工智能是计算机科学的前沿学科，计算机的编程语言和其他计算机软件都基于人工智能的发展而发展。

（三）人工智能的实际应用

曾经，人工智能只在一些科幻影片中出现，但随着科学的不断发展，人工智能在很多领域得到了不同程度的应用，如在线客服、自动驾驶、智慧生活、智慧医疗等，如图 2-1 所示。

图 2-1　人工智能的实际应用

1. 在线客服

在线客服是一种以网站为媒介即时沟通的通信技术，主要以聊天机器人的形式自动与消费者沟通，并及时解决消费者的一些问题。聊天机器人必须善于理解自然语言，懂得语言所传达的意义，因此，这项技术十分依赖自然语言处理技术。一旦这些机器人能够理解不同的语言表达方式所包含的实际目的，那么这些机器人很大程度上就可以用于代替人工客服了。

2. 自动驾驶

自动驾驶是正在逐渐发展成熟的一项智能应用。自动驾驶一旦实现，将会有如下改变。

- 汽车本身的形态会发生变化。自动驾驶的汽车不需要驾驶员和转向盘，其形态设计可能会发生较大的变化。
- 未来的道路将发生改变。未来道路会按照自动驾驶汽车的要求重新进行设计，专门用于自动驾驶的车道可能会变得更窄，交通信号可以更容易被自动驾驶汽车识别。
- 完全意义上的共享汽车将成为现实。大多数的自动驾驶汽车可以通过共享经济的模式，随叫随到。因为不需要司机，所以这些车辆可以保证 24 小时随时待命，可以在任何时间、任何地点提供高质量的租用服务。

3. 智慧生活

智慧生活是一种具有新内涵的生活方式，其实质是通过使用方便的智能家居产品，更安全、舒适、健康、方便地生活。智慧生活需要依托人工智能技术与智能家居终端产品来构建智能家居控制系统，从而打造出具备共同智能生活理念的智能社区。

目前，智慧生活的应用还处于不断发展的阶段，只能满足普通的沟通，但假以时日，不断提高人工智能系统的性能后，人们生活中的每一件家用电器，都可能拥有足够强大的功能，为人们提供更加方便的服务。

4．智慧医疗

智慧医疗（Wise Information Technology of 120，WIT120）是近些年兴起的专有医疗名词，它通过打造健康档案区域医疗信息平台，利用先进的物联网技术，实现患者与医务人员、医疗机构、医疗设备之间的互动，从而逐步达到信息化医疗的水平。

大数据和基于大数据的人工智能为医生辅助诊断疾病提供了很好的支持。将来医疗行业将融入更多的人工智能、传感技术等科技，使医疗服务走向真正意义上的智能化。在人工智能的帮助下，我们看到的不会是医生失业，而会是同样数量的医生可以服务几倍、数十倍，甚至更多的人。

> **提示** 人工智能可以分为弱人工智能、强人工智能、超人工智能 3 个级别。其中，弱人工智能应用得非常广泛，如手机自动拦截骚扰电话、邮箱自动过滤垃圾邮件等都属于弱人工智能。强人工智能和弱人工智能的区别在于，强人工智能有自己的思考方式，能够进行推理、制订并执行计划，且拥有一定的学习能力，能够在实践中不断进步。
>
> 超人工智能是指能独立思考，拥有自身世界观、价值观，会确定规则，拥有人的本能、创造力，且思考效率、质量都更高的人工智能。这是目前人类技术还无法创造的人工智能。

任务二 认识大数据

任务要求

肖磊在使用计算机时发现，网页中经常会推荐一些他曾经搜索或关注过的信息。如前段时间，他在天猫 App 上购买了一双运动鞋，之后每次打开天猫 App 主页时，在推荐购买区都会显示一些同类的物品。肖磊觉得很神奇，经过了解，才知道这是大数据技术的一种应用，它将用户的使用习惯、搜索习惯记录到数据库中，应用独特的算法计算出用户可能感兴趣或有需要的内容，然后将这些内容推荐到用户眼前。

本任务要求了解大数据技术的定义和发展，了解数据的计量单位，熟悉大数据处理的基本流程和大数据的典型应用案例。

任务实现

（一）大数据的定义

数据是指存储在某种介质上、包含信息的物理符号。在网络时代，随着人们生产数据的能力飞速提升，数据数量急剧增加，大数据应运而生。大数据是指无法在一定时间范围内用常规软件工具进行捕捉、管理、处理的数据集合。要想从这些数据集合中获取有用的信息，就需要对大数据进行分析。这不仅需要拥有强大的数据分析能力，还需深入研究面向大数据的新数据分析算法。

针对大数据进行分析的大数据技术是指为了传送、存储、分析和应用大数据而采用的软件和硬件技术，也可将其看作面向数据的高性能计算系统。就技术层面而言，必须依托分布式架构来对海量的数据进行分布式挖掘，需要利用云计算的分布式处理、分布式数据库、云存储和虚拟化技术，因此，大数据与云计算是密不可分的。

（二）大数据的发展

在大数据行业快速发展的情况下，大数据的应用越来越广泛，各国政府相继出台的一系列政策更是加快了大数据行业的发展。大数据的发展经历了图 2-2 所示的 4 个阶段。

1. 出现阶段

1980 年，阿尔文·托夫勒著的《第三次浪潮》一书中将大数据称为"第三次浪潮的华彩乐章"。1997 年，美国研究员迈克尔·考克斯和大卫·埃尔斯沃斯使用"大数据"来描述 20 世纪 90 年代的挑战。

大数据在云计算出现之后才凸显其真正的价值，谷歌（Google）公司在 2006 年率先提出云计算的概念。2007—2008 年，随着网络的快速发展，大数据概念被注入了新的生机。2008 年 9 月，《自然》杂志推出了名为"大数据"的封面专栏。

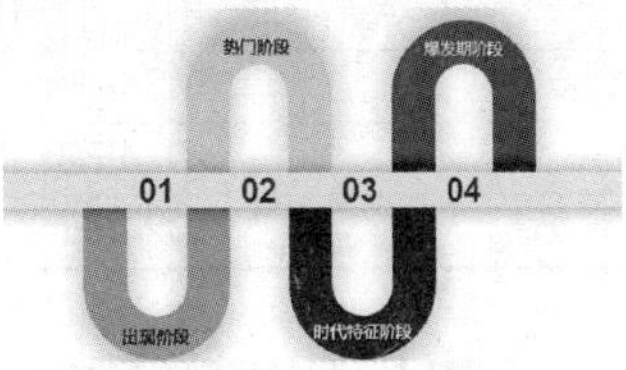

图 2-2　大数据发展阶段

2. 热门阶段

2009 年，欧洲一些领先的研究型图书馆和科技信息研究机构建立了伙伴关系，致力于改善在互联网上获取科学数据的简易性。2010 年，肯尼斯·库克尔发表了大数据专题报告《数据，无所不在的数据》。2011 年 6 月，麦肯锡咨询公司发布了关于"大数据"的报告，正式定义了大数据的概念，后逐渐受到各行各业的关注。2011 年 11 月，中华人民共和国工业和信息化部发布《物联网"十二五"发展规划》，将信息处理技术作为 4 项关键技术创新工程之一提出来，其中包括海量数据存储、图像视频智能分析、数据挖掘，这些是大数据的重要组成部分。

3. 时代特征阶段

2012 年，维克托·迈尔-舍恩伯格和肯尼思·库克耶的《大数据时代》一书把大数据的影响划分为 3 个不同的层面，分别是思维变革、商业变革和管理变革。大数据这一概念乘着互联网的浪潮在各行各业中占据了举足轻重的地位。2013 年 11 月，国家统计局与阿里巴巴、百度等企业签署了战略合作框架协议，推动了大数据在政府统计中的应用。2014 年大数据首次写入我国《政府工作报告》，大数据上升为国家战略。2015 年 8 月，中华人民共和国国务院（以下简称国务院）发布《促进大数据发展行动纲要》，这是指导我国大数据发展的国家顶层设计和总体部署纲要。

4. 爆发阶段

2016 年，教育部先后设置"数据科学与大数据技术"本科专业和"大数据技术与应用"专科专业。目前我国已有多所本科学校、专科院校开设了相应专业。

2017 年，在政策、法规、技术、应用等多重因素的推动下，跨部门数据共享共用的格局基本形成。京、津、沪、冀、辽、贵、渝等省（市）人民政府相继出台了大数据研究与发展行动计划，整合数据资源，实现区域数据中心资源汇集与集中建设。

据统计，截至 2020 年，我国已有至少 19 个省级地方设立了大数据管理机构。《中国互联网发展报告（2021）》显示，2020 年我国大数据产业规模达到了 718.7 亿元，我国大数据企业主要分布在北京、广东、上海、浙江等经济发达省份。

（三）数据的计量单位

在研究和应用大数据时，经常会接触到数据存储的计量单位。而随着大数据的产生，数据的计量单位也在逐步发生变化。MB、GB 等常用单位已无法有效地描述大数据，典型的大数据一般会用到 PB、EB 和 ZB 这 3 种单位。常用的数据单位如表 2-1 所示。

表 2-1　常用的数据单位

数值换算	单位名称
1024B=1KB	千字节（KiloByte）
1024KB=1MB	兆字节（MegaByte）
1024MB=1GB	吉字节（GigaByte）

续表

数值换算	单位名称
1024GB=1TB	太字节（TeraByte）
1024TB=1PB	拍字节（PetaByte）
1024PB=1EB	艾字节（ExaByte）
1024EB=1ZB	泽字节（ZettaByte）
1024ZB=1YB	尧字节（YottaByte）

（四）大数据处理的基本流程

大数据处理的数据源类型多种多样，在不同的场合通常需要使用不同的处理方法。在处理大数据时，通常需要经过数据采集、数据分析、数据展现等步骤。

- 数据采集。数据采集是大数据处理的第一步，即从抽取的数据中提取出关系和实体，经过关联和聚合等操作，按照统一定义的格式对数据进行存储。如基于物化或数据仓库技术方法的引擎（Materialization or ETL Engine）、基于联邦数据库或中间件方法的引擎（Federation Engine or Mediator）和基于数据流方法的引擎（Stream Engine）均是现有主流的数据抽取和集成方式。

- 数据分析。数据分析是大数据处理的核心步骤，在决策支持、商业智能、推荐系统、预测系统中应用广泛。数据分析的基本操作是从异构的数据源中获取原始数据，然后将数据导入一个集中的大型分布式数据库或分布式存储集群，进行一些基本的预处理工作，再根据自己的需求对原始数据进行分析，如数据挖掘、机器学习、数据统计等。

- 数据展现。在完成数据分析后，应该使用合适的、便于理解的展示方式将正确的数据处理结果展示给终端用户，可视化和人机交互是数据展现的主要技术。

在合适的工具辅助下，对不同类型的数据进行融合、取样和多分辨率分析，按照一定的标准统一存储数据，并通过去噪等数据分析技术对其进行降维处理，然后进行分类或群集，最后抽取信息，选择可视化认证等方式将结果展示给终端用户，具体如图 2-3 所示。

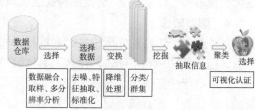

图 2-3　大数据处理的基本流程

（五）大数据的典型应用案例

查看大数据在行业中的应用

在以云计算为代表的技术创新背景下，收集和处理数据变得更加简便。国务院通过《促进大数据发展行动纲要》，系统地部署了大数据发展工作，通过各行各业的不断创新，大数据也将创造更多价值。下面对大数据的典型应用案例进行介绍。

- 高能物理。高能物理是一个与大数据联系十分紧密的学科。科学家往往要从大量的数据中发现一些小概率的粒子事件，如比较典型的离线处理方式由探测器组负责在实验时获取数据，而大型强子对撞机（Large Hadron Collider，LHC）实验每年采集的数据量高达 15PB。高能物理中的数据不仅海量，且没有关联性，要从这些海量数据中提取有用的数据，可使用并行计算技术对各个数据文件进行较为独立的分析处理。

- 推荐系统。推荐系统可以通过电子商务网站向用户提供商品信息和建议，如商品推荐、新闻推荐、视频推荐等。而实现推荐过程则需要依赖大数据。用户在访问网站时，网站会记录和分析用户的行为并建立模型，然后将该模型与数据库中的产品进行匹配，再将匹配成功的产品推荐给用户。为了实现这个推荐过程，需要存储海量的用户访问信息，并分析大量的数据。

- 搜索引擎系统。搜索引擎系统是非常常见的大数据系统，为了有效地完成互联网上数量巨大的信息的收集、分类和处理工作，搜索引擎系统大多基于集群架构。搜索引擎系统的发展历程为大数据研究积累了宝贵的经验。

任务三　认识云计算

任务要求

肖磊最近加入了计算机技术讨论组，他在讨论组中听到了许多新名词，如云计算、云安全、云存储、云游戏等。为了了解这些新技术，肖磊开始多方查阅资料，学习相关的知识。

本任务要求了解云计算的定义、云计算的发展、云计算的特点，以及云计算在云安全、云存储、云游戏等领域的应用。

任务实现

（一）云计算的定义

云计算是国家战略性新兴产业，是基于互联网服务的增加、使用和交付模式。云计算通常通过互联网来提供动态、易扩展且虚拟化的资源，是传统计算机技术和网络技术发展融合的产物。

云计算技术是硬件技术和网络技术发展到一定阶段出现的新技术，是对实现云计算所需的所有技术的总称。分布式计算技术、虚拟化技术、网络技术、服务器技术、数据中心技术、云计算平台技术、分布式存储技术等都属于云计算技术的范畴。云计算技术也包括新出现的 Hadoop、HPCC、Storm、Spark 等技术。云计算技术意味着计算能力也可作为一种商品通过互联网进行流通。

云计算生态系统中主要有 3 种角色，分别是资源的整合运营者、资源的使用者和终端客户。资源的整合运营者负责资源的整合输出，资源的使用者负责将资源转变为满足客户需求的应用，而终端客户则是资源的最终消费者。

云计算技术作为一项应用范围广、对产业影响深的技术，正逐步向信息产业等各种产业渗透。产业的结构模式、技术模式和产品销售模式等都会随着云计算技术发生深刻的改变，进而影响人们的工作和生活。

（二）云计算的发展

2010 年开始，云计算作为一项新的技术得到了快速的发展。云计算的发展无疑会改变 IT 产业，也将深刻改变人们的工作方式和公司经营的方式。云计算的发展基本可以分为 4 个阶段。

1. 理论完善阶段

1984 年，Sun 公司的联合创始人约翰·盖奇（John Gage）提出"网络就是计算机"的名言，用于描述分布式计算技术带来的"新世界"，今天的云计算正在将这一名言变成现实。1997 年，美国南加州大学教授拉姆纳特·K.切拉帕（Ramnath K.Chellappa）提出云计算的第一个学术定义。1999 年，马克·安德烈森（Marc Andreessen）创建了响云（LoudCloud），它是第一个商业化的基础设施即服务（Infrastructure as a Service，IaaS）平台。1999 年 3 月，赛富时（Salesforce）成立，成为最早出现的云计算服务公司。2005 年，亚马逊公司宣布推出亚马逊网络服务（Amazon Web Services，AWS）平台。

2. 准备阶段

电信运营商、互联网企业等纷纷推出云服务，云服务形成一定规模。2008 年 10 月，微软

（Microsoft）公司发布其公共云计算平台——Windows Azure Platform，由此拉开了微软公司的云计算发展大幕。2008 年 12 月，高德纳（Gartner）公司披露十大数据中心突破性技术，云计算等上榜。

3. 成长阶段

云服务功能日趋完善，种类日趋多样，传统企业也开始提升自身能力，通过收购等模式投入云服务。2009 年 4 月，威睿（VMware）公司推出业界首款云操作系统——VMware vSphere 4。2009 年 7 月，我国首个企业云计算平台诞生。2009 年 11 月，中国移动云计算平台"大云"计划启动。2010 年 1 月，微软公司正式发布 Microsoft Azure 云服务平台。

4. 高速发展阶段

云计算行业通过深度竞争逐渐形成主流平台产品和标准，其产品功能比较健全、市场格局相对稳定，此时云服务已进入成熟阶段。2014 年，阿里云启动"云合"计划。2015 年，华为在北京正式对外宣布"企业云"战略。2016 年，腾讯云战略升级，并宣布"出海"计划等。

2017 年，华为高调宣布发力公有云市场，成立二级部门云业务部 Cloud BU。2018 年，全球 37 家集团与天猫共建创新中心，用大数据研发全新商品；腾讯加码云计算，大金额入股网宿科技公司。2019 年，阿里云峰会、华为云城市峰会如期举行，5G 逐渐商用，AI、大数据等技术与云计算有了更深度的融合。2020 年，百度智能云调整架构，优刻得（UCloud）上市，京东提出"京东智联云"等。

（三）云计算的特点

传统计算模式向云计算模式的转变如同单台发电模式向集中供电模式的转变，云计算是将计算任务分布在由大量计算机构成的资源池中，使用户能够按需获取计算能力、存储空间和信息服务。与传统的资源提供方式相比，云计算主要具有以下特点。

- 超大规模。"云"具有超大规模，谷歌云计算已经拥有 100 多万台服务器，亚马逊、IBM、微软等公司的"云"均拥有几十万台服务器。"云"能赋予用户前所未有的计算能力。

- 高可扩展性。云计算可将资源低效的分散使用转变为资源高效的集约化使用。分散在不同计算机上的资源的利用率非常低，通常会造成资源的极大浪费，而将资源集中起来后，资源的利用率会大大提升。资源的集中化程度增加和资源需求的不断增长，也对资源池的可扩张性提出了要求，因此云计算系统必须具备高可拓展性，才能方便新资源的加入，以及有效地应对不断增长的资源需求。

- 按需服务。对于用户而言，云计算系统最大的好处是可以满足用户对资源不断变化的需求，即云计算系统按需向用户提供资源，用户只需为自己实际使用的资源进行付费，而不必自己购买和维护大量固定的硬件资源。这不仅为用户节约了成本，还可促使应用软件的开发者创造出更多有趣和实用的应用。同时，按需服务让用户在服务方面具有更大的选择空间，可以通过缴纳不同的费用来获取不同层次的服务。

- 虚拟化。云计算技术利用软件来实现硬件资源的虚拟化管理、调度及应用，支持用户在任意位置使用各种终端获取应用服务。通过"云"这个庞大的资源池，用户可以方便地使用网络资源、计算资源、数据库资源、硬件资源、存储资源等，从而极大地降低维护成本，提高资源利用率。

- 通用性。云计算不针对特定的应用，在"云"的支撑下可以构造出千变万化的应用，同一个"云"可以同时支撑不同的应用运行。

- 高可靠性。在云计算技术中，用户数据存储在服务器端，应用程序在服务器端运行，计算由服务器端处理，并且数据被复制到多个服务器节点上。这样，当某一个节点任务失败时，即可在该节点终止，再启动另一个程序或节点，保证应用和计算的正常进行。

- 低成本。"云"的自动化集中式管理使大量企业无须负担高昂的数据管理成本，"云"的通用性使资源的利用率较之传统系统大幅提升，因此用户可以充分享受"云"的低成本优势。

- 潜在的危险性。云计算服务除了提供计算服务外，还能提供存储服务。那么，对于选择云计算服务的政府机构、商业机构而言，就存在数据（信息）被泄露的危险，因此这些政府机构、商业机构（特别是像银行这样持有敏感数据的商业机构）在选择云计算服务时一定要保持足够的警惕。

（四）云计算的应用

随着云计算技术产品、解决方案的不断成熟，云计算技术的应用领域也在不断扩展，并衍生出云制造、教育云、环保云、物流云、云安全、云存储、云游戏、移动云计算等各种应用，对医药与医疗领域、制造领域、金融与能源领域、电子政务领域、教育和科研领域等的影响巨大，为电子邮箱、数据存储、虚拟办公等方面也提供了非常大的便利。云计算涉及 5 个关键技术，分别是虚拟化技术、编程模式技术、海量数据分布存储技术、海量数据管理技术、云计算平台管理技术。下面介绍几种常用的云计算应用。

查看云计算的
应用

1. 云安全

云安全是云计算技术的重要分支，在反病毒领域获得了广泛应用。云安全技术可以通过网状的大量客户端对网络中软件的异常行为进行监测，获取互联网中木马和其他恶意程序的最新信息，自动分析和处理信息，并将解决方案发送到每一个客户端。

云安全融合了并行处理、网格计算、未知病毒行为判断等新兴技术和概念，理论上可以把病毒的传播范围控制在一定区域内，且整个云安全网络对病毒的上报和查杀速度非常快，在反病毒领域中意义重大，但所涉及的安全问题也非常多。对最终用户而言，需要格外关注云安全技术在用户身份安全、共享业务安全和用户数据安全等方面的问题。

- 用户身份安全。用户登录到云端使用应用程序与服务时，系统会在确保使用者身份合法后，才为其提供服务。如果非法用户取得了用户身份，则会对合法用户的数据和业务产生危害。
- 共享业务安全。云计算通过虚拟化技术实现资源共享调用，可以提高资源的利用率，但也会带来安全问题。云计算不仅需要保证用户资源间的隔离，还要针对虚拟机、虚拟交换机、虚拟存储等虚拟对象提供安全保护策略。
- 用户数据安全。数据安全问题包括数据丢失、泄露、篡改等，因此必须对数据采取复制、存储加密等有效保护措施，以确保数据安全。此外，账户、服务和通信劫持，以及不安全的应用程序接口、操作错误等问题也会为云安全带来隐患。

云安全系统的建立并非轻而易举。要想保证系统正常运行，不仅需要海量的客户端、专业的防病毒技术和经验、大量的资金和技术投入，还必须提供开放的系统，让大量合作伙伴加入。

2. 云存储

云存储是一种新兴的网络存储技术，可将资源放到"云"上供用户存取。云存储通过集群应用、网络技术或分布式文件系统等功能将网络中大量不同类型的存储设备集合起来协同工作，共同对外提供数据存储和业务访问功能。通过云存储，用户几乎可以在任何时间、任何地点，将任何可联网的装置连接到"云"上来存取数据。

在使用云存储功能时，用户只需要为实际使用的存储容量付费，不用额外使用物理存储设备，减少了托管成本。同时，存储维护工作转移至服务提供商，在人力和物力上也降低了成本。但云存储也反映了一些可能存在的问题，例如，如果用户在云存储中保存了重要数据，则数据安全可能存在潜在隐患，其可靠性和可用性取决于广域网（Wide Area Network，WAN）的可用性和服务提供商的预防措施等级。对于一些具有特定记录保留需求的用户，在选择云存储服务前还需进一步了解和掌握云存储的相关知识。

> **提示** 云盘技术也是一种以云计算为基础的网络存储技术。目前，各大互联网企业陆续开发了自己的云盘，如百度网盘等。

3. 云游戏

云游戏是一种以云计算技术为基础的在线游戏技术。云游戏模式中的所有游戏都在服务器端运行，并通过网络将渲染、压缩后的游戏画面传送给用户。

云游戏技术主要包括云端完成游戏运行与画面渲染的云计算技术，以及玩家终端与云端间的流媒体传输技术。对于游戏运营商而言，只需花费升级服务器的成本，而不需要不断投入巨额的新主机研发费用；对于游戏用户而言，用户的游戏终端无须拥有强大的图形运算与数据处理功能等，只需拥有流媒体播放功能与获取玩家输入指令并发送给云端服务器的功能即可。

任务四　认识其他新兴技术

任务要求

随着时代的发展，越来越多的新技术被应用到人们的工作和生活中。肖磊最近对计算机新兴技术非常感兴趣。肖磊明白，只有不断学习新知识，才能与时俱进。

本任务要求认识与计算机相关的其他新兴技术，如物联网、移动互联网、VR、AR、MR、CR、3D 打印和"互联网+"等。

任务实现

（一）物联网

物联网（Internet of Things，IoT）起源于传媒领域，并被誉为信息科学技术产业的第三次革命。物联网将现实世界数字化，其应用范围十分广泛。下面将从物联网的定义、关键技术和应用 3 个方面来介绍物联网的相关知识。

1. 物联网的定义

物联网基于互联网、传统电信网等信息承载体，让所有具有独立功能的普通物体实现互连互通。简单地说，物联网可以通过传感设备把所有能行使独立功能的物品与互联网连接起来，促进信息交换，以实现智能识别和管理。

在物联网上，可以应用电子标签将真实的物体连接起来。通过物联网可以用中心计算机对机器、设备、人员进行集中管理和控制，也可以对家庭设备、汽车进行遥控，以及搜索设备位置、防止物品被盗等。通过收集这些小的数据，最后聚集成大数据，实现物和物相连。

2. 物联网的关键技术

目前，物联网的发展非常迅速，尤其在智慧城市、工业、交通及安防等领域的研究都取得了突破性的进展。未来的物联网发展必须从低功耗、高效率、安全性等方面出发，必须重视物联网的关键技术的发展。物联网的关键技术主要有以下 5 项。

- RFID（Radio Frequency Identification，射频识别）技术。RFID 技术是一种通信技术，它同时融合了无线射频技术和嵌入式技术，在自动识别、物品物流管理方面的应用前景十分广阔。RFID 技术主要的表现形式是 RFID 标签，具有抗干扰性强、数据容量大、安全性高、识别速度快等优点，主要工作频率有低频、高频和超高频。但 RFID 技术还存在一些难点，例如如何选择最佳工作频率和确保机密性等，尤其是超高频频段的技术还不够成熟，相关产品价格较高，稳定性不理想。

- 传感器技术。传感器技术是计算机应用中的关键技术，通过传感器可以把模拟信号转换成数字信号以供计算机处理。目前，其技术难点主要是应对外部环境的影响。例如，当受到自然环境中温度等因素的影响时，传感器零点漂移和灵敏度会发生变化。
- 云计算技术。云计算是把一些相关网络技术和计算机发展融合在一起的产物，具备强大的计算和存储能力。常用的搜索功能就是一种对云计算技术的应用。
- 无线网络技术。物体与物体"交流"需要高速、可进行大批量数据传输的无线网络，设备连接的速度和稳定性与无线网络的速度息息相关。目前，我们使用的大部分网络属于 4G，正在向全面 5G 迈进。物联网的发展也将受益，进而取得更大的突破。
- 人工智能技术。人工智能技术是研究、开发用于模拟、延伸和扩展人类智能的理论、方法、技术及应用系统的一门新技术。人工智能技术与物联网有着十分密切的关联，物联网主要负责使物体之间相互连接，而人工智能技术则可以让连接起来的物体进行学习，从而使物体实现智能化操作。

3. 物联网的应用

物联网蓝图逐步变成了现实，在很多场合都有物联网的影子。下面将对物联网的应用领域进行简单的介绍，包括物流、交通、安防、医疗、建筑、能源环保、家居、零售等。

- 智慧物流。智慧物流是指以物联网、人工智能、大数据等信息技术为支撑，在商品的运输、仓储、配送等各个环节实现系统感知、全面分析和处理等功能。目前，物联网在物流领域的应用主要体现在 3 个方面，包括仓储、运输监测和快递终端。通过物联网技术，可以实现对货物及运输车辆的监测，如对货物车辆位置、状态、油耗和车速等的监测。
- 智能交通。智能交通是物联网的一种重要体现形式，可以利用信息技术将人、车和路紧密地结合起来，改善交通运输环境、保障交通安全并提高资源利用率。目前，物联网技术在智能交通中的应用包括智能公交车、智慧停车、共享单车、车联网、充电桩监测及智能红绿灯等。
- 智能安防。传统安防对人员的依赖性比较大，非常耗费人力，而智能安防能够通过设备实现智能判断。目前，智能安防的核心部分是智能安防系统，该系统会对拍摄的图像进行传输与存储，并对其进行分析与处理。一个完整的智能安防系统主要包括 3 部分，即门禁、报警和监控。行业应用中主要以视频监控为主。
- 智能医疗。在智能医疗领域，新技术的应用必须以人为中心。而物联网是获取数据的主要途径，能有效地帮助医院实现对人和物的智能化管理。对人的智能化管理是指通过传感器对人的生理状态（如心跳频率、血压等）进行监测，将获取的数据记录到电子健康文件中，方便个人或医生查阅。对物的智能化管理是指通过 RFID 技术对医疗设备、用品进行监控与管理，实现医疗设备、用品可视化，主要表现为数字化医院。
- 智慧建筑。建筑是城市的基石，技术的进步促进了建筑的智能化发展，以物联网等新技术为主的智慧建筑也越来越受到人们的关注。当前的智慧建筑主要体现在节能方面，对设备进行感知、传输并实现远程监控，在节约能源的同时还减少了维护工作。
- 智慧能源环保。智慧能源环保属于智慧城市的一部分，其物联网应用主要集中在水、电、燃气等方面，如使用智能水电表实现远程抄表。将物联网应用于传统的水、电、光能设备，并进行联网，通过监测不仅能提升能源的利用效率，还能减少能源的损耗。
- 智能家居。智能家居是指使用不同的方法和设备来方便人们的生活，使家庭生活变得更舒适。物联网应用于智能家居领域，能够对家居类产品的位置、状态、变化进行监测，分析其变化特征。智能家居行业的发展主要分为单品连接、物物联动和平台集成 3 个阶段。其发展的方向首先是连接智能家居单品，随后走向不同单品之间的联动，最后向智能家居系统平台发展。当前，各个智能家居类企业正处于从单品连接向物物联动过渡的阶段。

- 智能零售。行业内将零售按照距离分为远场零售、中场零售、近场零售 3 种，分别以电商、超市和自动售货机为代表。物联网技术可以用于近场和中场零售，且主要应用于近场零售，即无人便利店和自动（无人）售货机。智能零售是指通过将传统的售货机和便利店进行数字化升级和改造，打造无人零售模式，并通过数据分析来充分运用门店内的客流和活动，为用户提供更好的服务。

（二）移动互联网

移动互联网是互联网与移动通信在各自独立发展的基础上相互融合的产物，涉及蜂窝移动通信、无线局域网、互联网、物联网、云计算等诸多领域，能广泛应用于个人即时通信、现代物流、智慧城市等多个场景。

1. 移动互联网的定义

移动互联网是一种通过智能移动终端，采用移动无线通信的方式来获取业务和服务的技术。它包含终端层、软件层和应用层 3 个层面。

- 终端层：包括智能手机、平板电脑等。
- 软件层：包括操作系统、数据库和安全软件等。
- 应用层：包括休闲娱乐类、工具媒体类、商务财经类等不同类别下的应用与服务。

移动互联网具备以下 4 个特点。

- 便携性。移动互联网的基础网络是立体的网络，移动终端具有通过 GPRS、3G、4G、5G、WLAN 或 Wi-Fi 等形式来方便地联通网络的特性。移动终端不仅可以是智能手机、平板电脑，还可以是智能眼镜、智能手表等各类随身物品，它们可以随时随地被使用。
- 即时性。由于移动互联网的便捷性，人们可以充分利用生活、工作中的碎片化时间接收和处理互联网的各类信息，不用担心有重要信息、时效信息被错过。
- 感触性和定向性。感触性和定向性不仅体现在移动终端屏幕的感触层面，更体现在照相、摄像、二维码扫描，以及移动感应、温/湿度感应等感触功能上。而基于位置的服务（Location Based Service，LBS）不仅能够定位移动终端所在的位置，还能够根据移动终端的趋向性，确定下一步可能去往的位置。
- 隐私性。移动设备用户对隐私性的要求远高于 PC 端用户。高隐私性决定了移动互联网终端应用的特点，即数据共享时既要保障认证用户信息的有效性，又要保证信息的安全性。通过互联网，PC 端用户的信息是可以被搜集到的；而在无线端，移动通信用户可通过授权设置，降低用户信息被搜集的可能性。

提示 移动互联网 ≠ 移动+互联网，移动互联网是移动通信和互联网融合的产物。移动互联网继承了移动通信随时随地和互联网分享、开放、互动的优势，是整合二者优势的"升级"版本。

2. 移动互联网的发展

作为互联网的重要组成部分，移动互联网还处在发展阶段，但根据传统互联网的发展经验来看，其快速发展的临界点已经出现。在互联网基础设施完善及移动寻址等技术的成熟的推动下，移动互联网将迎来发展高潮。

- 移动互联网会超越 PC 互联网，引领发展新潮流。PC 只是互联网的终端之一，智能手机、平板电脑已成为重要终端，电视机、车载设备也可作为终端。
- 移动互联网和传统行业融合，将催生新的应用模式。在移动互联网、云计算、物联网等新技术的推动下，传统行业与互联网的融合正呈现出新的特点，平台和模式都发生了改变，如食品、餐饮、娱乐、金融、家电等传统行业的 App 和企业推广平台。
- 终端的支持是业务推广的生命线。随着移动互联网业务逐渐升温，移动终端解决方案也不断增多。例如，2011 年主流的智能手机的屏幕是 3.5～4.3 英寸，而如今手机屏幕大多为 6 英寸及以上尺寸。
- 移动互联网业务的特点为商业模式创新提供了空间。随着移动互联网发展进入快车道，移动互联网也已经融入主流生活与商业社会，如移动游戏、移动广告、移动电子商务等业务模式的流量变现能力得到快速提升。
- 目前的移动互联网领域仍然是以位置的精准营销为主的，但随着大数据相关技术的发展和人们对数据挖掘研究的不断深入，针对用户个性化定制的应用服务和营销方式将成为发展的趋势，这将会是移动互联网的另一片"蓝海"。

在"移动互联网时代"，传统的信息产业运作模式正在改变，新的运作模式正在形成。对于手机厂商、互联网公司、消费电子公司及网络运营商来说，这既是机遇，又是挑战。

3. 移动互联网的 5G 时代

移动互联网的演进历程是移动通信和互联网等技术汇聚、融合的过程。其中，不断演进的移动通信技术是其持续且快速发展的主要推动力。今天，移动通信技术已经从"1G 时代"发展到"5G 万物互联的时代"。

- 1G。1986 年，第一代移动通信系统采用模拟信号传输，即将电磁波进行频率调制后，将语音信号转换到载波电磁波上，载有信息的电磁波成功发布到空间后，由接收设备接收，并从载波电磁波上还原语音信息，从而完成一次通话。
- 2G。2G 采用数字调制技术。"2G 时代"的手机可以实现网上冲浪，不仅可以实现语言通话，还可以传输文与信息。
- 3G。3G 依然采用数字数据传输，但通过开辟新的电磁波频谱、制定新的通信标准，3G 的传输速率可达 384kbit/s。由于 3G 采用了更宽的频带，因此传输的稳定性大大提高。
- 4G。4G 是在 3G 的基础上发展起来的，采用了更加先进的通信协议。4G 网络在传输速率上有着非常大的提升，理论上传输速率是 3G 网络的 50 倍，因此 4G 网络非常流畅，使用它观看高清电影、传输大数据速率都非常快。
- 5G。随着移动通信系统带宽和能力的提升，移动网络的速率也从"2G 时代"的约 10kbit/s，发展到"4G 时代"的约 1Gbit/s。而 5G 网络将不同于传统的几代移动通信网络，它不仅拥有更高的速率、更大的带宽、更强的能力，而且是多业务、多技术融合的网络，也是面向业务应用和用户体验的智能网络，最终的发展目的为打造一个以用户为中心的信息生态系统。

（三）虚拟现实及相关技术

虚拟现实技术是一种结合了仿真技术、计算机图形学、人机接口技术、图像处理与模式识别、多传感技术、人工智能等多项技术的交叉技术。对虚拟现实技术的研究和开发开始于 20 世纪 60 年代，进一步完善和应用则是在 20 世纪 90 年代到 21 世纪初。下面依次介绍虚拟现实及其相关技术。

1. VR

虚拟现实（Virtual Reality，VR）是一种可以创建和使用户体验虚拟世界的计算机仿真系统。VR 技术可以使计算机生成一种模拟环境，然后通过多源信息融合的交互式三维动态视景和实体行为的系统仿真，带给用户身临其境的体验。

　　VR 技术主要涉及模拟环境、感知、自然技能和传感设备等方面，其中，模拟环境是指由计算机生成的实时、动态的三维立体图像；感知是指一切人所具有的感知，包括视觉、听觉、触觉，甚至嗅觉和味觉等；自然技能是指计算机对人体行为动作数据进行处理，并对用户的输入做出实时响应；传感设备是指三维交互设备。

　　通过 VR 技术，人们可以全角度观看电影、比赛、风景等。VR 游戏甚至可以追踪用户的动作行为，如对用户的移动、步态等进行追踪和交互。

2. AR

　　增强现实（Augment Reality，AR）技术是一种实时计算摄影机影像位置及角度，并赋予其相应图像、视频、3D 模型的技术。VR 技术创建的是百分之百的虚拟世界，而 AR 技术则是以现实世界的实体为主体，借助数字技术让用户可以探索现实世界并与之交互的技术。VR 技术创建的场景、人物都是虚拟的，AR 技术创建的场景、人物"半真半假"。要想将现实场景和虚拟场景结合起来，需借助摄像头进行拍摄，然后在拍摄画面的基础上结合虚拟画面进行展示和互动。

　　AR 技术包含多媒体、三维建模、实时视频显示及控制、多传感器融合、实时跟踪及注册、场景融合等多项新技术。AR 技术与 VR 技术的应用领域类似，如尖端武器、飞行器的研制与开发等，但 AR 技术对真实环境进行增强显示输出的特性，使其在医疗、军事、古迹复原、网络视频通信、电视转播及建设规划等领域的表现更加出色。

3. MR

　　介导现实（Mediated Reality，MR）或混合现实可以看作 VR 技术和 AR 技术的集合，VR 技术实现的是纯虚拟数字画面，AR 技术是在虚拟数字画面上加上裸眼现实，MR 技术则是数字化现实加上虚拟数字画面。利用结合了 VR 技术与 AR 技术的优势的 MR 技术，用户不仅可以看到真实世界，还可以看到置于真实世界中的虚拟物体，并可与虚拟物体进行互动。

4. CR

　　影像现实（Cinematic Reality，CR）是谷歌公司投资的魔法飞跃（Magic Leap）公司提出的技术。其原理是通过光波传导棱镜设计，多角度地将画面投射于用户的视网膜上，使画面直接与视网膜交互，产生真实的影像和效果。CR 技术与 MR 技术的理念类似，都是物理世界与虚拟世界的集合，CR 技术所完成的任务、应用的场景、提供的内容都与 MR 技术的相似。与 MR 技术的投射显示技术相比，CR 技术虽然投射方式不同，但本质上仍是 MR 技术的不同实现方式。

（四）3D 打印

　　3D 打印是一种快速成型技术，它以数字模型文件为依据，运用特殊蜡材、粉末状金属或塑料等可黏合材料，通过逐层打印的方式来构造三维物体。

　　3D 打印效果需借助 3D 打印机来实现。3D 打印的工作原理是把数据和原料放进 3D 打印机中，机器会按照程序把产品一层一层地打印出来。可用于 3D 打印的介质的种类非常多，如塑料、金属、陶瓷、橡胶类材料等，结合不同介质，还能打印出不同质感和硬度的物品，如图 2-4 所示。

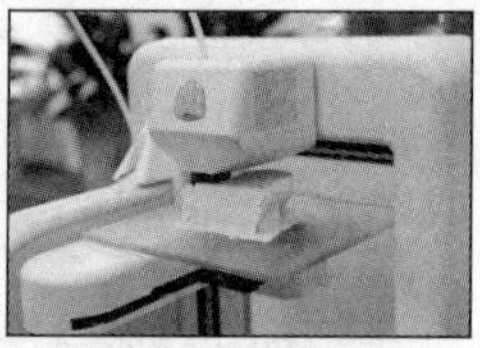

图 2-4　3D 打印

　　3D 打印技术作为一种新兴的技术，在模具制造、工业设计等领域应用广泛，例如在产品制造的过程中可直接利用 3D 打印技术打印出零部件。另外，在珠宝、鞋类、建筑、汽车、航空航天、医疗、教育、地理信息系统、土木工程等行业或领域，也可以看到 3D 打印技术的身影。

（五）"互联网+"

"互联网+"即"互联网+传统行业"的简称，它利用信息通信技术和互联网平台，让互联网与传统行业深度融合，创造出新的发展业态。"互联网+"是一种新的经济发展形态，它充分发挥了互联网在社会资源配置中的优化和集成作用，将互联网的创新成果深度融合于经济、社会的各领域中，以提升全社会的创新力和生产力，形成更广泛的以互联网为基础和实现工具的新经济发展形态。

"互联网+"将互联网作为当前信息化发展的核心特征提取出来，并与工业、商业和金融业等服务行业全面融合。实现这一融合的关键在于创新，只有创新才能让其具有真正的价值和意义。因此，"互联网+"是创新2.0下的互联网发展新业态，是知识社会创新2.0推动下的经济社会发展新形态的演进。

1. "互联网+"的主要特征

"互联网+"主要有以下7项特征。

- 跨界融合。利用互联网与传统行业进行变革、开放和重塑融合，使创新的基础更坚实，实现群体智能，缩短研发到产业化的路程。

- 创新驱动。创新驱动发展是互联网的特质，适合我国目前的经济发展方式。用互联网思维来变革求发展也更能发挥创新的力量。

- 重塑结构。在新时代的信息革命、全球化中，互联网行业打破了原有的各种结构，使得权力、议事规则、话语权不断发生变化，"互联网+"社会治理、虚拟社会治理的结构与传统的社会治理的结构有很大不同。

- 尊重人性。对人性最大限度的尊重、对人的体验的敬畏和对人的创造性的重视是互联网经济的根本所在。

- 开放生态。生态的本身是开放的，而"互联网+"就是把孤岛式创新连接起来，让研发由市场主导，让创业者有机会实现价值。

- 连接一切。连接是有层次的，可连接性也可能有差异，这导致了连接的价值差别很大，但连接一切是"互联网+"的目标。

- 法治经济。"互联网+"是建立在以市场经济为基础的法治经济之上的，它更加注重对创新的法律保护。"互联网+"拓宽了知识产权的保护范围，使全世界对于虚拟经济的法律保护更加趋向于共通。

2. "互联网+"对消费模式的影响

"互联网+"对消费模式主要有以下影响。

- 满足了消费需求，使消费具有互动性。在"互联网+"消费模式中，互联网为消费者和商家搭建了快捷且实用的互动平台，供给方直接与需求方互动，省去了中间环节。同时，消费者还可通过互联网直接将自身的个性化需求提供给供给方，亲自参与到商品和服务的生产中，生产者则根据消费者对产品外形、性能等的要求提供个性化的商品。

- 优化了消费结构，使消费更具有合理性。互联网提供的快捷选择、快捷支付等，让消费者的消费习惯进入享受型和发展型消费的新阶段。同时，互联网信息技术有利于实现空间分散、时间错位时的供求匹配，从而可以更好地提高供求双方的福利水平，优化升级基本需求。

- 扩展了消费范围，使消费具有无边界性。首先，消费者在商品服务的选择上没有了范围限制，互联网有无限的商品来满足消费者的需求；其次，互联网消费突破了空间的限制；再次，消费者的购买效率得到了充分提高；最后，互联网提供的消费信息是无边界的。

- 改变了消费行为，使消费具有分享性。互联网的时效性、综合性、互动性和应用便利性使得消费者能方便地分享商品的价格、性能、使用感受，这种信息体验对消费模式转型发挥着越来越重要的作用。

- 丰富了消费信息，使消费具有自主性。互联网把产品、信息、应用和服务连接起来，使消费者可以方便地找到同类产品的信息，并根据其他消费者的消费心得、消费评价做出是否购买的决定，强化了消费者自由选择、自主消费的权益。

3. "互联网+"的典型应用案例

"互联网+"促进了更多的互联网创业项目的诞生，使创业者无须再耗费大量人力、物力和财力去研究与实施行业转型。目前，通信、购物、餐饮、交通、交易等方面的行业和领域，以及企业和政府都对"互联网+"进行了实践应用。

- "互联网+通信"。互联网与通信行业进行融合，产生了即时通信工具，如 QQ、微信等。互联网的出现并没有彻底颠覆通信行业，反而促进了运营商进行相关业务的变革升级。
- "互联网+购物"。互联网与购物行业进行融合，产生了一系列的电商购物平台，如淘宝、京东等。互联网的出现让消费者能够更加舒适地消费，足不出户便能买到自己需要的物品。
- "互联网+餐饮"。互联网与餐饮行业进行融合，产生了一系列以线上餐饮服务为主的 App，如美团、大众点评等。
- "互联网+交通"。互联网与交通行业进行融合，产生了低碳交通工具，如共享单车等。虽然这些低碳交通工具在世界上不同的地方仍存在争议，但通过把移动互联网和传统的交通出行相结合，不仅改善了人们的出行方式、提高了车辆的使用率，而且推动了互联网共享经济的发展。
- "互联网+交易"。互联网与金融交易行业进行融合，产生了快捷支付工具，如支付宝、微信钱包等。
- "互联网+企业和政府"。互联网将交通、医疗、社会保险等一系列政府服务融合在一起，让原来需要繁杂手续才能办理的业务可以通过互联网便捷完成，这样既节省了时间，又提高了效率。例如，阿里巴巴和腾讯等我国互联网公司通过自有的云计算服务为地方政府搭建了政务数据后台，形成了统一的数据池，实现了对政务数据的统一管理。

课后练习

选择题

（1）下列不属于云计算的特点的是（　　　）。

  A. 高可扩展性　　　　B. 按需服务　　　　C. 高可靠性　　　　D. 非网络化

（2）下列不属于典型大数据常用单位的是（　　　）。

  A. MB　　　　　　　B. ZB　　　　　　　C. PB　　　　　　　D. EB

（3）AR 技术是指（　　　）。

  A. 虚拟现实技术　　　B. 增强现实技术　　　C. 混合现实技术　　　D. 影像现实技术

（4）下列不属于人工智能涉及的学科的是（　　　）。

  A. 计算机科学　　　　B. 心理学　　　　　　C. 哲学　　　　　　　D. 文学

（5）人工智能的实际应用不包括（　　　）。

  A. 自动驾驶　　　　　B. 人工客服　　　　　C. 智慧生活　　　　　D. 智慧医疗

（6）（　　　）是一种通过智能移动终端，采用移动无线通信的方式来获取业务和服务的技术，它包含终端、软件和应用 3 个层面。

  A. 人工智能　　　　　B. "互联网+"　　　　C. 移动互联网　　　　D. 物联网

项目三
学习操作系统知识

操作系统是计算机软件进行工作的平台。由微软公司开发的 Windows 10 是当前主流的计算机操作系统之一。Windows 10 为计算机的操作带来了变革性升级，它具有操作简单、启动速度快、安全和连接方便等特点。本项目将通过 4 个典型任务，介绍 Windows 10 操作系统的基本操作，包括了解操作系统、操作 Windows10、定制 Windows 10 工作环境和设置汉字输入法等内容。

课堂学习及素养目标

- 了解操作系统，操作 Windows 10。
- 定制 Windows 10 工作环境。
- 设置汉字输入法。
- 认识到主流技术以人为本。

任务一　了解操作系统

任务要求

小赵是一名大学毕业生，应聘上了一份办公室行政工作。上班第一天，他发现公司计算机的所有操作系统都是 Windows 10，其操作界面与他在学校时使用的 Windows 7 操作系统有较大的差异。为了日后能更高效地工作，小赵决定先熟悉 Windows 10 操作系统。

本任务要求了解操作系统的概念、功能、种类，以及手机操作系统和 Windows 操作系统的发展史，掌握启动与退出 Windows 10 的方法，并熟悉 Windows 10 的桌面组成。

任务实现

（一）了解计算机操作系统的概念、功能与种类

在认识 Windows 10 操作系统前，让我们先了解计算机中操作系统的概念、功能与种类。

1. 操作系统的概念

操作系统是一种系统软件，用于管理计算机系统的硬件与软件资源，控制程序的运行，改善人机工作界面，为其他应用软件提供支持等，可使计算机系统中的所有资源能最大限度地发挥作用，并可为用户提供方便、有效和友善的服务界面。操作系统是一个庞大的管理控制程序，它直接运行在计算机硬件上，是基本的系统软件，也是计算机系统软件的核心，还是靠近计算机硬件的第一层软件，其所处的位置如图 3-1 所示。

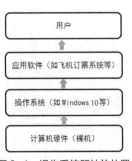

图 3-1　操作系统所处的位置

2. 操作系统的功能

通过前面介绍的操作系统的概念可以看出，操作系统的功能是通过控制和管理计算机的硬件资源和软件资源，来提高计算机资源的利用率，从而方便用户使用。具体来说，操作系统具有以下 6 个方面的功能。

- 进程与处理机管理。通过操作系统处理机管理模块来确定对处理机的分配策略，实施对进程或线程的调度和管理。进程与处理机管理包括调度（作业调度、进程调度）、进程控制、进程同步和进程通信等内容。
- 存储管理。存储管理的实质是对存储空间的管理，即对内存的管理。操作系统的存储管理负责将内存单元分配给需要内存的程序以便让它执行，在程序执行结束后，再将程序占用的内存单元收回以便再次使用。此外，存储管理还要保证各用户进程之间互不影响，保证用户进程不会破坏系统进程，并提供内存保护。
- 设备管理。设备管理是指对硬件设备的管理，包括对各种输入输出设备的分配、启动、完成和回收等。
- 文件管理。文件管理又称信息管理，是指利用操作系统的文件管理子系统，为用户提供方便、快捷、共享和安全的文件使用环境，包括文件存储空间管理、文件操作、目录管理、读写管理和存取控制等。
- 网络管理。网络管理指网络环境下的通信、网络资源管理、网络应用等特定功能，操作系统具备操作 TCP/IP 的能力，可以连入网络，并且与其他网络系统分享诸如文件、打印机与扫描仪等资源。
- 提供良好的用户界面。操作系统是计算机与用户之间的"接口"，为了方便用户的操作，操作系统必须为用户提供良好的用户界面。

3. 操作系统的种类

可以从以下 3 个角度对操作系统进行分类。

- 从用户角度分类，操作系统可分为 3 种：单用户、单任务操作系统（如 DOS），单用户、多任务操作系统（如 Windows 9x），多用户、多任务操作系统（如 Windows 10）。
- 从硬件规模角度分类，操作系统可分为微型机操作系统、小型机操作系统、中型机操作系统和大型机操作系统 4 种。
- 从系统操作方式角度分类，操作系统可分为批处理操作系统、分时操作系统、实时操作系统、PC 操作系统、网络操作系统和分布式操作系统 6 种。

目前计算机上常见的操作系统有 DOS、OS/2、UNIX、Linux、Windows 和 NetWare 等，虽然操作系统种类多样，但所有的操作系统都具有并发性、共享性、虚拟性和不确定性 4 个基本特征。

> **提示** 多用户即一台计算机上可以有多个用户，单用户即一台计算机上只能有一个用户。如果用户在同一时间可以运行多个应用程序（每个应用程序被称作一个任务），则称这样的操作系统为多任务操作系统；如果用户在同一时间只能运行一个应用程序，则称这样的操作系统为单任务操作系统。

（二）了解手机操作系统

智能手机操作系统是一种功能十分强大的操作系统，具有便捷安装和删除第三方应用程序、用户界面良好、应用扩展性强等特点。目前使用较多的手机操作系统有安卓操作系统（Android OS）、 iOS 等。

- Android OS。Android OS 是谷歌公司以 Linux 为基础开发的开放源代码操作系统。Android 设备包括操作系统、用户界面和应用程序，是一种融入了全部 Web 应用的单一平台，具有触摸使用、高级图形显示和可联网等功能，且具有界面性能强大等优点。

微课：手机操作
系统的发展

- iOS。iOS 原名为 iPhone OS，其核心源自 Apple 达尔文（Darwin），主要应用于 iPhone。它以 Darwin 为基础，系统架构分为核心操作系统层、核心服务层、媒体层、可轻触层 4 个层次。iOS 设备采用全触摸设计，娱乐性强，第三方软件较多，但 iOS 较为封闭，与其他操作系统的应用软件不兼容。

（三）了解 Windows 操作系统的发展史

微软公司的 Windows 操作系统自 1985 年推出以来，其版本从最初运行在 DOS 下的 Windows 3.0，一直到 Windows 7、Windows 8 和 Windows 10 等，主要经历了 10 个阶段。

微课：Windows
操作系统的发展史

（四）启动与退出 Windows 10

在计算机上安装 Windows 10 统一后，启动计算机便可进入 Windows 10 的桌面。

1. 启动 Windows 10

开启计算机显示器和主机箱的电源开关，Windows 10 将载入内存，接着对计算机的主板和内存等进行检测。系统启动后将进入 Windows 10 欢迎界面，若只有一个用户且没有设置用户密码，则直接进入系统桌面。如果系统存在多个用户且设置了用户密码，则需要选择用户并输入正确的密码才能进入系统。

微课：启动
Windows 10

2. 认识 Windows 10 桌面

启动 Windows 10 后，屏幕上即显示 Windows 10 桌面。由于 Windows 10 有 7 种不同的版本，所以其桌面样式也有所不同，下面以 Windows 10 专业版为例介绍其桌面组成。在默认情况下，Windows 10 的桌面主要由桌面图标、鼠标指针和任务栏 3 个部分组成，如图 3-2 所示。

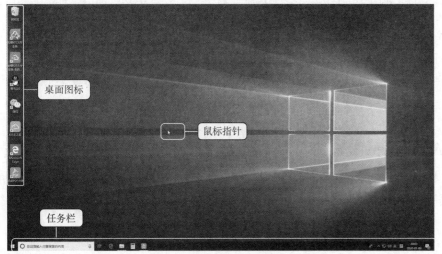

微课：鼠标指针
的形态与含义

图 3-2 Windows 10 的桌面

微课：添加图标
到桌面

- 桌面图标。桌面图标一般是程序或文件的快捷方式，程序或文件的快捷方式左下角有一个小箭头。安装新软件后，桌面上一般会增加相应的快捷方式，如"腾讯QQ"的快捷方式对应的图标为🐧。默认情况下，桌面只有"回收站"一个系统图标。双击桌面上的某个图标可以打开该图标对应的窗口。
- 鼠标指针。在Windows 10中，鼠标指针在不同的状态下有不同的形状，代表用户当前可进行的操作或系统当前的状态。

- 任务栏。默认情况下任务栏位于桌面的最下方，由"开始"按钮⊞、搜索框、"任务视图"按钮▣、任务区、通知区域和"显示桌面"按钮6个部分组成。其中，搜索框、"任务视图"是Windows 10的新增功能。在搜索框中单击，将打开搜索界面，在该界面中可以通过打字或语音输入的方式快速打开某一个应用，也可以实现聊天、看新闻、设置提醒等操作。单击"任务视图"按钮▣，可以让一台计算机同时拥有多个桌面，其中，"桌面1"显示当前该桌面运行的应用窗口，如果想使用一个干净的桌面，则可直接单击"桌面2"图标。

> **提示** Windows 10默认只显示一个桌面，若想添加一个桌面，首先要单击任务栏中的"任务视图"按钮▣，然后单击桌面上的 ➕ 新建桌面 按钮，即可添加一个桌面。若想添加多个桌面，则继续单击 ➕ 新建桌面 按钮，每单击一次就增加一个桌面。

微课：退出
Windows 10

3. 退出 Windows 10

计算机操作结束后需要退出Windows 10，退出Windows 10的方法是：保存文件或数据，关闭所有打开的应用程序，单击"开始"按钮⊞，在打开的"开始"菜单中单击"电源"按钮⏻，然后在打开的列表中选择"关机"选项即可。成功关闭计算机后，再关闭显示器的电源。

任务二 操作 Windows 10

任务要求

小赵想知道办公室的计算机中都有哪些文件和软件，于是打开"此电脑"窗口，开始一一查看各磁盘的文件和软件，以便日后进行分类管理。小赵主要通过双击桌面上的快捷图标来运行软件，还通过"开始"菜单启动了几个软件，正当小赵准备切换到之前浏览的窗口继续查看计算机中的文件时，却发现之前打开的窗口怎么也找不到了，此时该怎么办呢？

本任务要求了解Windows 10的基本设置，掌握设置Windows 10桌面图标、管理Windows 10窗口和利用"开始"菜单启动程序的方法。

相关知识

（一）认识 Windows 10 窗口

双击桌面上的"此电脑"图标，将打开"此电脑"窗口，如图3-3所示，这是一个典型的Windows 10窗口，包括标题栏、功能区、地址栏、搜索栏、导航窗格、窗口工作区、状态栏等组成部分。各个组成部分的作用如下。

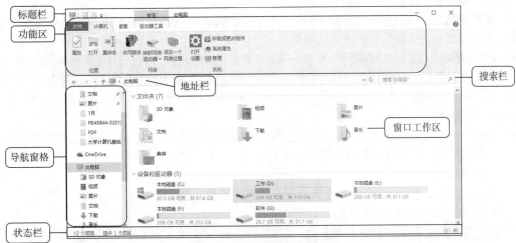

图 3-3 "此电脑"窗口的组成

- 标题栏。标题栏位于窗口顶部，左侧有一个用于控制窗口大小和关闭窗口的按钮 ，该按钮右侧为快速访问工具栏 ，通过该工具栏可以快速实现设置所选项目属性和新建文件夹等操作，最右侧是窗口"最小化"－、窗口"最大化"□和"关闭"窗口×等按钮。
- 功能区。功能区是以选项卡的方式显示的，其中存放了各种操作命令，要执行功能区中的操作命令，只需选择对应的操作命令、单击对应的操作按钮即可。
- 地址栏。地址栏用于显示当前窗口文件在系统中的位置。其左侧包括"返回"按钮←、"前进"按钮→和"上移"按钮↑，用于打开最近浏览过的窗口。
- 搜索栏。搜索栏用于快速搜索计算机中的文件。
- 导航窗格。单击导航窗格中的选项可快速切换或打开其他窗口。
- 窗口工作区。窗口工作区用于显示当前窗口中存放的文件和文件夹内容。
- 状态栏。状态栏用于显示当前窗口所包含项目的数量和项目的排列方式。

（二）认识"开始"菜单

单击桌面任务栏左下角的"开始"按钮 ，即可打开"开始"菜单，计算机中几乎所有的应用都可在"开始"菜单中启动。"开始"菜单是操作计算机的重要菜单，即使是桌面上没有显示的文件或程序，也可以通过"开始"菜单找到并启动。"开始"菜单的主要组成部分如图 3-4 所示。

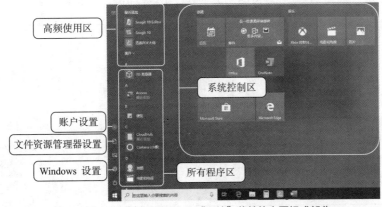

图 3-4 "开始"菜单的主要组成部分

"开始"菜单各个部分的作用如下。

- 高频使用区。根据用户使用程序的频率，Windows 10 会自动将使用频率较高的程序显示在该区域中，以便用户快速启动所需程序。
- 所有程序区。选择"所有程序"命令，高频使用区将显示计算机中已安装的所有程序的启动图标或程序文件夹，选择相应选项即可启动相应的程序，此时"所有程序"命令会变为"返回"命令。
- 账户设置。单击"账户"图标🔘，可以在打开的列表中进行账户注销、账户锁定和更改账户 3 种操作。
- 文件资源管理器设置。文件资源管理器主要用来管理操作系统中的文件和文件夹。通过文件资源管理器可以方便地完成新建文件、选择文件、移动文件、复制文件、删除文件和重命名文件等操作。
- Windows 设置。Windows 设置用于设置系统信息，包括网络和 Internet、个性化、更新和安全、Cortana、设备、隐私以及应用等。
- 系统控制区。系统控制区主要分为"创建""娱乐""浏览"3 部分，分别显示一些系统选项的快捷方式，单击相应的图标可以快速运行程序，便于用户管理计算机中的资源。

任务实现

（一）管理窗口

下面举例讲解打开窗口及窗口中的对象、最大化或最小化窗口、移动和调整窗口大小、排列窗口、切换窗口和关闭窗口的操作。

1. 打开窗口及窗口中的对象

微课：打开窗口及窗口中的对象

在 Windows 10 中，每当用户启动一个程序、打开一个文件或文件夹时都将打开一个窗口。一个窗口中包括多个对象，打开某个对象又可能会打开相应的窗口，该窗口中可能又包括其他不同的对象。

打开"此电脑"窗口中"本地磁盘(C:)"下的 Windows 目录，并返回"本地磁盘(C:)"窗口，具体操作如下。

（1）双击桌面上的"此电脑"图标🖥，或在"此电脑"图标🖥上单击鼠标右键，在弹出的快捷菜单中选择"打开"命令，打开"此电脑"窗口。

（2）双击"此电脑"窗口中的"本地磁盘(C:)"，或选择"本地磁盘(C:)"后按【Enter】键，打开"本地磁盘(C:)"窗口，如图 3-5 所示。

（3）双击"本地磁盘(C:)"窗口中的"Windows"文件夹，即可进入 Windows 目录进行查看。

（4）单击地址栏左侧的"返回"按钮←，将返回上一级"本地磁盘(C:)"窗口。

图 3-5　打开"本地磁盘 (C:)"窗口

2．最大化或最小化窗口

最大化窗口即将当前窗口放大到整个屏幕显示，可以方便用户查看窗口中的详细内容，而最小化窗口即将窗口以标题按钮的形式缩放到任务栏的任务区。

打开"此电脑"窗口中"本地磁盘(C:)"下的 Windows 目录，然后分别将窗口最大化和最小化显示，最后还原窗口，具体操作如下。

（1）打开"此电脑"窗口，依次双击打开"本地磁盘(C:)"窗口及其中的"Windows"文件夹对应的窗口。

（2）单击窗口标题栏右上角的"最大化"按钮▢，此时窗口铺满整个屏幕，同时"最大化"按钮▢变成"还原"按钮▣，单击"还原"按钮▣可将最大化窗口还原成原始大小。

（3）单击窗口标题栏右上角的"最小化"按钮 –，此时该窗口隐藏显示，只在任务栏的任务区中显示一个▭图标，单击该图标，窗口将还原到屏幕显示状态。

微课：最大化或
最小化窗口

 提示 双击窗口的标题栏也可最大化窗口，再次双击可将最大化窗口还原成原始大小。

3．移动窗口和调整窗口大小

打开窗口后，有些窗口会遮盖屏幕上的其他窗口，为了查看被遮盖的部分，需要适当移动窗口或调整窗口大小。

将桌面上的窗口移至桌面的左侧，呈半屏显示，再调整窗口的宽度，具体操作如下。

（1）将鼠标指针置于窗口标题栏上，将窗口向上拖动到屏幕顶部时，窗口会最大化显示；将窗口向屏幕最左侧或最右侧拖动时，窗口会呈半屏显示在桌面左侧或右侧。这里拖动当前窗口到桌面最左侧后释放鼠标左键，窗口会以半屏状态显示在桌面左侧，如图 3-6 所示。

微课：移动和
调整窗口大小

图 3-6　将窗口移至桌面左侧时窗口呈半屏显示

 提示 当用户打开多个窗口后，对遮盖的窗口进行半屏显示操作，其他窗口将以缩略图的形式显示在桌面上，单击任意一个缩略图，同样可以将所选窗口半屏显示。

（2）将鼠标指针移至窗口的外边框上，当鼠标指针变为↕或⟷时，将窗口拖动到所需大小后释放鼠标左键，即可调整窗口大小。

> **提示** 将鼠标指针移至窗口的 4 个角上，当鼠标指针变为⬉或⬈时，将窗口拖动到所需大小时释放鼠标左键，即可调整窗口大小。

4. 排列窗口

微课：排列窗口

在使用计算机的过程中，常常需要打开多个窗口，如既要用 Word 编辑文档，又要打开 Microsoft Edge 浏览器查询资料等。打开多个窗口后，为了使桌面整洁，可以将打开的窗口层叠、堆叠和并排显示。

将打开的所有窗口以层叠和并排两种方式显示，具体操作如下。

（1）在任务栏空白处单击鼠标右键，在弹出的快捷菜单中选择"层叠窗口"命令，可以层叠的方式排列窗口，层叠显示的效果如图 3-7 所示。

（2）在任务栏空白处单击鼠标右键，在弹出的快捷菜单中选择"并排显示窗口"命令，可以并排的方式排列窗口，并排显示的效果如图 3-8 所示。

图 3-7 层叠显示的效果

图 3-8 并排显示的效果

5. 切换窗口

无论打开多少个窗口，当前窗口只有一个，且所有的操作都是针对当前窗口进行的。要将某个窗口切换成当前窗口，除了单击窗口进行切换外，Windows 10 还提供了以下 3 种切换方法。

- 通过任务栏进行切换。将鼠标指针移至任务栏的任务区中的某个任务图标上，将展开所有打开的该类型文件的缩略图，如图 3-9 所示，单击某个缩略图即可切换到该窗口。
- 按【Win+Tab】组合键进行切换。按【Win+Tab】组合键后，如图 3-10 所示，屏幕上将出现操作记录"时间线"，系统当前和稍早的操作记录都以缩略图的形式在时间线中排列出来，若想打开某一个窗口，可将鼠标指针定位至要打开的窗口中，当窗口呈现白色边框后，单击鼠标即可打开该窗口。
- 按【Alt+Tab】组合键进行切换。按【Alt+Tab】组合键后，屏幕上将出现任务切换栏，系统当前打开的窗口都以缩略图的形式在任务切换栏中排列出来，此时按住【Alt】键，再反复按【Tab】键，将显示一个白色方框，并在所有窗口缩略图标之间轮流切换，当方框移动到需要的窗口缩略图上后释放【Alt】键，即可切换到该窗口。

图 3-9 通过任务栏进行切换

图 3-10 按【Win+Tab】组合键进行切换

6. 关闭窗口

对窗口操作结束后要关闭窗口。关闭窗口主要有以下 5 种方法。

- 单击窗口标题栏右上角的"关闭"按钮 ×。
- 在窗口的标题栏上单击鼠标右键，在弹出的快捷菜单中选择"关闭"命令。
- 将鼠标指针指向某个任务缩略图后，单击右上角的 × 按钮。
- 将鼠标指针移动到任务栏中需要关闭窗口的任务图标上，单击鼠标右键，在弹出的快捷菜单中选择"关闭窗口"命令或"关闭所有窗口"命令。
- 按【Alt+F4】组合键。

（二）利用"开始"菜单启动程序

启动程序有多种方法，比较常用的是在桌面上双击程序的快捷方式和在"开始"菜单中选择要启动的程序。下面介绍从"开始"菜单中启动程序的 5 种方法。

- 单击"开始"按钮 ■，打开"开始"菜单，此时可以先在"开始"菜单左侧的高频使用区查看是否有需要打开的程序选项，如果有，则选择该程序选项以启动程序；如果高频使用区中没有要启动的程序，则在"所有程序"列表中依次单击展开程序所在的文件夹，选择需执行的程序选项以启动程序。
- 在"此电脑"中找到需要启动的程序文件，在其上双击或单击鼠标右键，在弹出的快捷菜单中选择"打开"命令。
- 双击程序对应的快捷方式。
- 单击"开始"按钮 ■，打开"开始"菜单，在"搜索程序"文本框中输入程序的名称，选择程序后按【Enter】键打开程序。
- 在"开始"菜单中要打开的程序上单击鼠标右键，在弹出的快捷菜单中选择"固定到任务栏"命令，此时，在任务栏中单击程序图标即可快速启动程序。

任务三 定制 Windows 10 工作环境

任务要求

小赵使用计算机办公有一段时间了，为了提高工作效率，小赵准备对操作系统的工作环境进行个性化定制。图 3-11 所示为小赵期望达到的定制后的桌面效果，具体如下。

- 注册一个名称为"xiaozhao"的 Microsoft 账户，然后登录该账户。
- 将"1.jpg"图片设置为本地账户头像，然后设置账户密码为"123456"。
- 将创建的 Microsoft 账户切换成本地账户。
- 将"2.jpg"图片设置为桌面背景，主题颜色从桌面背景中获取，并将其应用到"开始"菜单和任务栏中。
- 将常用的 wps Office 程序固定到任务栏中。
- 将系统日期和时间修改为"2021 年 7 月 1 日"，将"星期一"设置为一周的第一天。

图 3-11　定制 Windows 10 工作环境

相关知识

（一）认识用户账户

用户账户即用来记录用户的用户名、口令等信息的账户。Windows 系统都是通过用户账户登录的，这样才能更好地访问计算机、服务器。通过用户账户可以让多人共用一台计算机，还可以设置各个用户的使用权限。Windows 10 主要包含以下 4 种类型的用户账户。

- 管理员账户。管理员账户对计算机有最高控制权，拥有该账户的用户可对计算机进行任何操作。
- 标准账户。标准账户是日常使用的基本账户，拥有该账户的用户可运行应用程序，能对系统进行常规设置。需要注意的是，这些设置只对当前标准账户生效，计算机和其他账户不受该账户设置的影响。
- 来宾账户。来宾账户是用于他人暂时使用计算机时登录的账户，可以使用来宾账户直接登录到系统，不需要输入密码，其权限比标准账户的更少，无法对系统进行任何设置。
- Microsoft 账户。Microsoft 账户是使用微软账号登录的网络账户。使用 Microsoft 账户登录计算机进行的任何个性化设置都会"漫游"到用户的其他设备或计算机端口。

（二）认识 Microsoft 账户

使用 Microsoft 账户可以同步计算机设置。设置同步计算机设置后，只要在不同的 Windows 10 设备上登录 Microsoft 账户，就可以通过同步设置，将 Web 浏览器设置、密码、颜色和主题等内容，以及一些设备信息，如打印机、鼠标、文件资源管理器信息等，在各个设备上同时更新。

设置同步的方法很简单，在"设置"窗口的左侧选择"同步你的设置"选项，在右侧将需要设置同步的内容设置为"开"状态即可。

（三）认识虚拟桌面

Multiple Desktops 功能又称虚拟桌面功能，即用户可以根据自己的需要，在同一个操作系统中创建多个桌面，并能快速地在不同桌面之间进行切换，还能在不同的窗口中以某种推荐的方式显示窗口，单击右侧的加号即可新增一个虚拟桌面。

（四）认识多窗口分屏显示

通过分屏功能可将多个不同桌面的应用窗口展示在一个屏幕中，并能使当前应用和其他应用自由组合成多个任务的模式。将鼠标指针移到桌面上的应用窗口上，按住鼠标左键不放，将窗口向四周拖动，直至屏幕出现灰色透明状的分屏提示框，释放鼠标左键即可实现分屏显示。

任务实现

（一）注册 Microsoft 账户

要使用 Microsoft 账户，首先需要注册一个 Microsoft 账户，注册完成后，即可使用该账户登录相关设备进行使用。下面通过网页创建名称为"xiaozhao"的 Microsoft 账户，具体操作如下。

（1）打开浏览器，搜索 Microsoft 账户注册的相关内容，打开相应的 Microsoft 登录页面，在其中直接单击"创建一个！"超链接，如图 3-12 所示。

（2）打开"创建账户"页面，在其中输入邮箱信息，单击 下一步 按钮；打开"创建密码"对话框，输入需要设置的密码，单击 下一步 按钮。

（3）在打开的对话框中设置姓名，单击 下一步 按钮，继续在打开的页面中根据提示设置相关的账户信息，然后单击 下一步 按钮。

（4）打开"创建账户"页面，在其中输入验证字符，单击 下一步 按钮。稍等片刻即可完成账户的创建，效果如图 3-13 所示。

微课：注册 Microsoft 账户

图 3-12　单击超链接

图 3-13　完成账户创建效果的效果

> **提示**　按【Win+I】组合键打开"设置"窗口，然后选择"账户"选项，在打开的窗口的左侧选择"电子邮件和应用账户"选项，在右侧单击"添加账户"选项，打开"选择账户"对话框，在其中单击"创建一个！"超链接，也可开始 Microsoft 账户的注册。

（二）设置头像和密码

账户头像一般为默认的灰色头像，用户可将喜欢的图片设置为账户头像。下面将"1.jpg"图片设置为当前账户的头像，然后设置登录密码为"123456"，具体操作如下。

（1）打开"设置"窗口，在"账户信息"中的"创建头像"栏中选择"从现有图片中选择"选项。

微课：设置头像和密码

（2）打开"打开"对话框，在其中选择"1.jpg"图片，单击 选择图片 按钮，返回"设置"窗口，即可查看设置的头像，如图 3-14 所示。

（3）在"设置"窗口左侧选择"登录选项"选项，在右侧单击"密码"下方的 添加 按钮，在打开的界面中设置密码为"123456"，提示为"数字"，然后单击 下一步 按钮，在打开的界面中会提示密码创建完成，单击 完成 按钮即可，如图 3-15 所示。

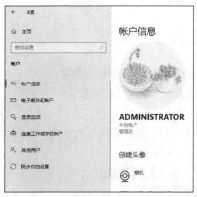

图 3-14　查看设置的账户头像

图 3-15　创建账户密码

（三）本地账户和 Microsoft 账户的切换

微课：本地账户
和 Microsoft
账户的切换

　　本地账户是计算机启动时登录的账户，只作为计算机登录的账户使用。本地账户可与 Microsoft 账户进行相互切换。下面将启动时登录的"xiaozhao"账户切换成本地账户，具体操作如下。

　　（1）在"设置"窗口右侧单击"改用本地账户登录"选项。

　　（2）在打开的窗口中输入 Microsoft 账户的密码，单击 下一步 按钮，打开"添加安全信息"对话框，输入手机号，单击 下一步 按钮。

　　（3）系统会提示进行保存工作，单击 注销并完成 按钮，在切换到的窗口中继续单击 注销并完成 按钮，系统开始注销账户并切换到本地账户登录。

（四）设置桌面背景

桌面背景又叫壁纸，用户可以使用系统自带的图片作为桌面背景，也可以将自己喜欢的图片设置为桌面背景。设置桌面背景可分为设置静态的桌面背景和设置动态的桌面背景两种形式。下面将"2.jpg"图片设置为静态的桌面背景，具体操作如下。

　　（1）在桌面空白处单击鼠标右键，在弹出的快捷菜单中选择"个性化"命令。

　　（2）打开个性化设置窗口，在右侧的"选择图片"栏中单击选择需要的图片，即可更改桌面背景。

　　（3）这里在"选择图片"栏中单击 浏览 按钮，打开"打开"对话框，在其中选择"2.jpg"图片，单击 选择图片 按钮，返回个性化设置窗口，关闭窗口后，即可看到设置桌面背景后的效果，如图 3-16 所示。

图 3-16　设置桌面背景后的效果

（五）设置主题颜色

主题颜色指窗口、选项、"开始"菜单、任务栏和通知区域等显示的颜色，设置主题颜色即自定义这些对象的显示颜色，可在桌面背景中选取颜色进行更改，也可自定义颜色。下面将通过提取桌面背景颜色的方式来设置主题颜色，具体操作如下。

微课：设置
主题颜色

（1）打开个性化设置窗口，在左侧单击"颜色"选项卡，在右侧的"选择一种颜色"栏中选中"从我的背景自动选取一种颜色"复选框。

（2）在下方选中"显示'开始'菜单、任务栏和操作中心的颜色"和"标题栏和窗口边框"复选框。

（3）设置完成后，关闭窗口返回桌面，打开"开始"菜单可查看效果，如图3-17所示。

图3-17　设置主题颜色

（六）保存主题

可从网上下载Windows 10的系统主题，也可将计算机中设置的主题保存并分享给他人。前面已经介绍了对系统的外观进行个性化设置，下面把已设置的个性化外观保存为"护眼"主题，具体操作如下。

微课：保存主题

（1）打开个性化设置窗口，在左侧单击"主题"选项卡，在右侧单击 保存主题 按钮。

（2）在打开的"保存主题"对话框中输入"护眼"文本，单击 保存 按钮，此时主题被保存，在"应用主题"栏中将显示新的主题名称。

（七）自定义任务栏

微课：自定义
任务栏

任务栏是位于桌面底部的长条，由任务区、通知区域和"显示桌面"按钮等组成。Windows 10 取消了快速启动工具栏，若要快速打开程序，可将程序固定到任务栏。下面将"wps Office"程序固定到任务栏中，具体操作如下。

（1）单击"开始"按钮 ■，在高频使用区中找到"wps Office"程序，单击鼠标右键，在弹出的快捷菜单中选择"更多"命令，在子菜单中选择"固定到任务栏"命令。

（2）此时可看到"wps Office"程序被固定到了任务栏中。

> **提示** 若程序已打开，可在任务栏中的程序图标上直接单击鼠标右键，在弹出的快捷菜单中选择"固定到任务栏"命令。

（八）设置日期

微课：设置日期

默认情况下，系统显示的日期和时间会自动与系统所在区域的互联网时间同步，当然，也可以手动更改系统的日期和时间。下面将系统日期修改为 2021 年 7 月 1 日，然后设置星期一为一周的第一天，具体操作如下。

（1）将鼠标指针移至任务栏右侧的时间显示区域上，单击鼠标右键，在弹出的快捷菜单中单击"设置日期/时间"。

（2）打开日期和时间设置窗口，单击"自动设置时间"按钮，使其处于"关"状态，然后单击 更改 按钮。

（3）打开"更改日期和时间"对话框，在对应的下拉列表中设置日期为 2021 年 7 月 1 日，完成设置后单击 更改 按钮，如图 3-18 所示。

（4）在左侧单击"区域"选项卡，在右侧的"区域格式数据"栏中单击"更改数据格式"按钮，打开更改数据格式设置窗口，在"一周的第一天"下拉列表中选择"星期一"选项，如图 3-19 所示。

图 3-18 设置日期

图 3-19 设置日期的数据格式

任务四 设置汉字输入法

任务要求

小赵准备使用计算机中的记事本程序制作一个备忘录，用于记录最近几天要做的工作，以便随时查看。在制作备忘录之前，小赵需要对计算机中的输入法进行相关的管理和设置。图 3-20 所示为设置后的输入法列表以及创建的名为"备忘录"记事本文档。具体要求如下。

图 3-20 设置后的输入法列表以及创建的名为"备忘录"的记事本文档

- 在输入法列表中添加搜狗拼音输入法，然后删除微软五笔输入法。
- 设置允许使用快捷方式安装字体，然后将桌面上的"方正楷体简体"字体安装到计算机中并查看。
- 使用搜狗拼音输入法在桌面上创建名为"备忘录"的记事本文档，内容如下。

3 月 15 日上午　　　　　　接待蓝宇公司客户
3 月 16 日下午　　　　　　给李主管准备出差携带的资料▲
3 月 16~17 日　　　　　　准备市场调查报告

- 使用语言输入功能在"备忘录"中添加一条内容：3 月 18 日，提交市场调查报告。

相关知识

（一）汉字输入法的分类

在计算机中主要通过汉字输入法输入汉字。常用的汉字输入法有微软拼音输入法、搜狗拼音输入法和五笔字型输入法等。这些输入法涉及的编码可以分为音码、形码和音形码 3 类。

- 音码。音码是指利用汉字的读音特征进行编码，通过输入汉语拼音字母来输入汉字。例如，"计算机"一词的拼音编码为"jisuanji"。这类输入法包括微软拼音输入法和搜狗拼音输入法等，它们都具有简单、易学以及用户会拼音即可输入汉字的特点。
- 形码。形码是指利用汉字的字形特征进行编码。例如，"计算机"一词的五笔编码为"ytsm"。这类输入法如五笔输入法等，特点是输入速度较快、重码少，且不受方言限制，但需记忆大量编码。
- 音形码。音形码是指既可以利用汉字的读音特征进行编码，又可以利用汉字的字形特征进行编码，如智能 ABC 输入法等。音形码这类输入法将音码与形码相结合，取长补短，既减少了重码，又无须用户记忆大量编码。

> **提示**　有时汉字的音码和汉字并非是完全对应的。例如，在拼音输入法状态下输入"da"，便会出现"大""打""答"等多个具有相同音码的汉字，这些具有相同音码的汉字或词组就是重码，也称为同码字或同码词。出现重码时需要用户自己选择需要的汉字，因此，选择使用重码较少的输入法可以提高输入速度。

（二）中文输入法的选择

在 Windows 10 中，一般统一通过任务栏右侧的通知区域来选择输入法，方法为：单击语言栏中的"输入法"图标，如 图标，在打开的列表中选择需切换的输入法，如图 3-21 所示，选择相应的输入法后，该图标将变成所选输入法的徽标。

图 3-21　选择输入法

> **提示**　Windows 10 中默认安装了微软拼音输入法，用户也可根据使用习惯，下载和安装其他输入法，如搜狗拼音输入法、搜狗五笔输入法等。除了通过任务栏的通知区域选择输入法外，用户还可以按【Win+Space】组合键在不同的输入法之间进行切换。

（三）认识汉字输入法的状态条

切换至某一种汉字输入法后，将打开其对应的汉字输入法状态条，图 3-22 所示为搜狗拼音输入法的状态条，各图标的作用如下。

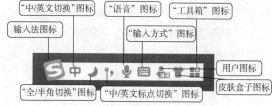

图 3-22　搜狗拼音输入法的状态条

- 输入法图标。输入法图标用来显示当前输入法的徽标，单击它可以切换至其他输入法。
- "中/英文切换"图标。单击该图标，可以在中文输入法与英文输入法之间进行切换。当图标为中时表示为中文输入状态，当图标为英时表示为英文输入状态。按【Ctrl+Space】组合键也可在中文输入法和英文输入法之间进行快速切换。
- 用户图标：单击图标，可以采用 QQ 账号或微信号登录输入法。
- 皮肤盒子图标：单击图标，打开"皮肤盒子"对话框，可以选择自己喜欢的输入法皮肤样式。
- "中/英文标点切换"图标。默认状态下的图标用于输入中文标点符号，单击该图标，变为图标，此时可输入英文标点符号。
- "语音"图标。"语音"图标用于输入语音，单击该图标，在打开的"语音输入"对话框中输入自己的音频信息，单击　完成　按钮，即可输入通过语音表达的文字信息。
- "输入方式"图标。通过"输入方式"图标可以输入特殊符号、标点符号和数字序号等多种字符，还可进行语音或手写输入，方法是：单击"输入方式"图标，在打开的列表中选择一种输入类型，如图 3-23 所示；或在"输入方式"图标上单击鼠标右键，在弹出的快捷菜单中选择相应的命令，图 3-24 所示为选择"标点符号"命令后打开软键盘的效果，直接单击软键盘中相应的按钮或按键盘上对应的键，都可以输入对应的特殊符号。需要注意的是，当输入的特殊符号是上档字符时，需按住【Shift】键，在键盘上的相应键位处按键进行输入。输入完成后，单击右上角的×按钮或单击"输入方式"图标可退出软键盘输入状态。
- "全/半角"切换图标，默认状态下的图标表示输入的英文、数字和标点符号等字符为半角状态，占一个字符的位置，单击该图标，变为图标，此时输入的为全角字符，占两个字符位置。
- "工具箱"图标。不同的输入法自带不同的输入选项设置功能，单击"工具箱"图标，可设置该输入法的属性、皮肤、常用诗词、在线翻译等。

图 3-23　选择输入类型

图 3-24　软键盘输入的效果

（四）拼音输入法的输入方式

使用拼音输入法时，直接输入汉字的拼音编码，然后输入汉字前的数字或直接单击需要的汉字即可。当输入的汉字编码的同码字较多，不能在状态条中全部显示出来时，可以按【↓】键向后翻页，按【↑】键向前翻页，通过前后查找的方式来选择需要输入的汉字。

为了提高用户的输入速度，目前各种拼音输入法都提供了全拼输入、简拼输入和混拼输入等多种输入方式，各种输入方式的介绍如下。

- 全拼输入。全拼输入是指按照汉语拼音进行输入，所输入的拼音编码应和书写的汉语拼音一致。例如，要输入"文件"，需一次输入完整的拼音编码"wenjian"，然后按【Space】键，在弹出的汉字状态条中选择"文件"即可。
- 简拼输入。简拼输入是指取各个汉字的第一个拼音字母进行输入，对于包含复合声母的汉字，如包含 zh、ch、sh 等，也可以取前两个拼音字母进行输入。例如，要输入"掌握"，只需输入拼音编码"zhw"，然后按【Space】键，在弹出的汉字状态条中选择"掌握"即可。
- 混拼输入。混拼输入综合了全拼输入和简拼输入方式，在输入的拼音中既有全拼也有简拼。混拼输入的使用规则是：对两个音节以上的词语，一部分用全拼，另一部分用简拼。例如，要输入"电脑"，只需输入拼音编码"diann"，然后按【Space】键，在弹出的汉字状态条中选择"电脑"即可。

任务实现

（一）添加和删除输入法

用户可以将系统自带的输入法添加到语言栏中，也可自行安装输入法，在不需要时，还可将这些输入法删除。

下面先在 Windows 10 中添加搜狗拼音输入法，然后将微软五笔输入法删除，具体操作如下。

微课：添加和
删除输入法

（1）在任务栏右下角单击"输入法"按钮，在打开的列表中选择"语言首选项"选项。

（2）打开"设置"窗口，右侧默认选择了"区域和语言"选项，在右侧选择"中文（中华人民共和国）"选项，然后单击 选项 按钮，如图 3-25 所示。

（3）在打开的窗口中，选择"添加键盘"选项，在打开的列表中选择"搜狗拼音输入法"选项，即可添加该输入法。

（4）此时在该窗口的"键盘"栏下可查看已添加的输入法。在任务栏单击"输入法"按钮，在打开的列表中也可查看添加的输入法。

（5）继续选择"微软五笔"选项并单击 删除 按钮，如图 3-26 所示，此时微软五笔输入法即被删除。

> **注意**　用户也可在网络中下载其他输入法的安装包进行安装。按【Ctrl+Shift】组合键，能快速在已安装的输入法之间进行切换。

图 3-25　添加输入法

图 3-26　删除输入法

（二）设置系统字体

微课：设置
系统字体

用户可通过直接将字体安装到系统中的方式来减少字体占用的系统资源，从而释放空间，提高资源使用率。如果安装到系统中的字体长时间内不再使用，可将其删除，以节约空间。

下面先设置字体安装方式为快捷安装，然后将桌面中的"方正楷体简体"字体以快捷方式安装到系统中，最后删除不需要的字体，具体操作如下。

（1）在搜索框中输入"控制面板"文本，在打开的搜索结果中选择"控制面板"选项。

（2）打开"控制面板"窗口，在左侧单击"字体设置"超链接，在打开的窗口中的"安装设置"栏中选中"允许使用快捷方式安装字体（高级）"复选框，然后单击 [确定] 按钮，如图 3-27 所示。

（3）在桌面选择"方正楷体简体"字体，在其上单击鼠标右键，在弹出的快捷菜单中选择"为所有用户的快捷方式"命令，即可以快捷方式将字体安装到系统中，如图 3-28 所示。

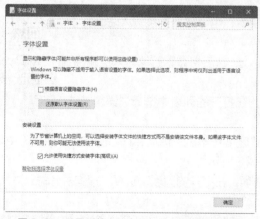

图 3-27　设置系统字体安装方式为允许快捷安装

图 3-28　以快捷方式安装字体

> **注意**　设置使用快捷方式安装字体后，在使用快捷方式安装字体时，字体的源文件不能移动，否则系统将找不到以快捷方式安装的字体。另外，在磁盘中选择需要安装的字体文件，在其上单击鼠标右键，在弹出的快捷菜单中选择"为所有用户安装"命令，也可将所选的字体直接安装到系统中。

（4）打开"字体"窗口，在其中选择需要删除的字体选项，然后在工具栏中单击 删除 按钮，会打开确认是否删除的提示框，在其中选择"是，我要从计算机中删除此整个字体集"选项确认删除即可。

（三）使用搜狗拼音输入法输入汉字

输入法添加完成后，即可输入汉字，这里以使用搜狗拼音输入法为例，介绍输入汉字的方法。

启动记事本程序，创建一个"备忘录"文档并使用搜狗拼音输入法输入任务要求中的备忘录内容，具体操作如下。

微课：使用搜狗
拼音输入法
输入汉字

（1）在桌面上的空白区域单击鼠标右键，在弹出的快捷菜单中选择【新建】/【文本文档】命令，在桌面上新建一个名为"新建文本文档.txt"的文件，此时文件名呈可编辑状态。

（2）单击语言栏中的"输入法"按钮 ，选择"搜狗拼音输入法"选项，然后输入拼音编码"beiwanglu"，此时在汉字状态条中显示所需的"备忘录"文本，如图 3-29 所示。

（3）单击汉字状态条中的"备忘录"选项或直接按【Space】键输入文本，再次按【Enter】键完成输入。

（4）双击桌面上新建的"备忘录"文档，启动记事本程序，在编辑区单击，定位文本插入点，按【3】键输入数字"3"，按【Ctrl+Shift】组合键将输入法切换至搜狗拼音输入法，输入拼音编码"yue"，单击状态条中的"月"选项或按【Space】键输入文本"月"。

（5）继续输入数字"15"，再输入拼音编码"ri"，按【Space】键输入文本"日"，再输入拼音编码"shangwu"，单击状态条中的"上午"选项或按【Space】键输入词组"上午"，如图 3-30 所示。

图 3-29　输入"备忘录"

图 3-30　输入词组"上午"

（6）连续按多次【Space】键，输入空字符串，接着继续使用搜狗拼音输入法输入后面的内容，在输入过程中按【Enter】键可分段换行。

（7）在"资料"文本右侧单击定位文本插入点，单击搜狗拼音输入法状态条上的"输入方式"图标 ，在打开的列表中选择"特殊符号"选项，在打开的软键盘中选择"▲"特殊符号，如图 3-31 所示。

（8）单击窗口右上角的 × 按钮关闭软键盘。在记事本程序中选择【文件】/【保存】命令，保存文档，如图 3-32 所示。

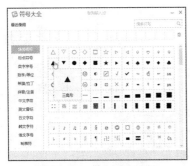

图 3-31　输入特殊符号

图 3-32　保存文档

（四）使用语音识别功能录入文本

微课：使用语音
识别功能录入
文本

除了前面介绍的各种键盘输入方式外，Windows 10 还自带了语音识别输入功能，通过语音可在文档中输入文字，更好地实现了人机交互功能。

下面使用 Windows 10 的语音识别功能在记事本中输入"3 月 18 日，提交市场调查报告"文本，具体操作如下。

（1）在任务栏的搜索框中输入"语音识别"文本，按【Enter】键确认，打开"语音识别"窗口，如图 3-33 所示，单击"启动语音识别"。

（2）第一次使用语音识别功能时，会打开"设置语音识别"对话框，在其中单击 下一步(N) 按钮，如图 3-34 所示。

（3）在打开的对话框中选中"头戴式麦克风"单选按钮，单击 下一步(N) 按钮，如图 3-35 所示。

（4）打开的窗口中将提示放置麦克风的方法，按照要求放置好麦克风后，单击 下一步(N) 按钮，如图 3-36 所示。

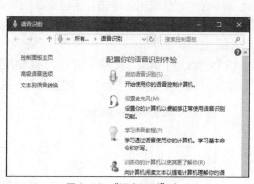

图 3-33 "语音识别"窗口

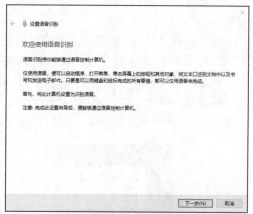

图 3-34 单击"下一步"按钮

图 3-35 选择麦克风类型

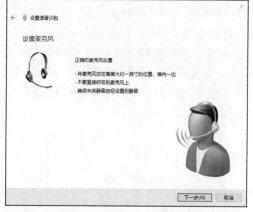

图 3-36 单击"下一步"按钮

（5）在打开的窗口中按照提示读出语句，然后单击 下一步(N) 按钮。

（6）在打开的窗口中直接单击 下一步(N) 按钮，完成麦克风设置。

（7）在打开的窗口中选中"启用文档审阅"单选按钮，然后单击 下一步(N) 按钮，如图 3-37 所示。

（8）依次在打开的窗口中单击 下一步(N) 按钮，并设置激活模式，如图 3-38 所示。

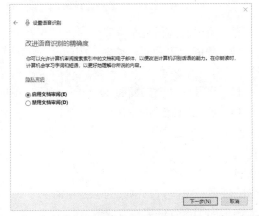

图 3-37 选中"启用文档审阅"单选按钮并单击"下一步"按钮　　图 3-38 设置激活模式

（9）在打开的窗口中单击 下一步(N) 按钮，再在打开的窗口中单击 下一步(N) 按钮。

（10）单击 跳过教程(P) 按钮完成语音输入设置，如图 3-39 所示。

（11）此时打开语音识别程序，在记事本程序中定位文本插入点，然后对着麦克风说出"3 月 18 日，提交市场调查报告"，稍后该语音对应的文本将显示在记事本程序中，如图 3-40 所示。

图 3-39 跳过教程　　　　　　　　　图 3-40 使用语音输入文本

（12）语音输入结束后，在语音识别面板上单击鼠标右键，在弹出的快捷菜单中选择"退出"命令，关闭语音识别功能。

课后练习

1. 选择题

（1）计算机操作系统的作用是（　　）。

    A. 对计算机的所有资源进行控制和管理，为用户使用计算机提供方便

    B. 翻译源程序

    C. 管理用户数据文件

    D. 对汇编语言程序进行翻译

（2）计算机的操作系统是（　　）。

    A. 计算机中使用广泛的应用软件　　　　B. 计算机系统软件的核心

    C. 计算机的专用软件　　　　　　　　　D. 计算机的通用软件

（3）下列关于 Windows 10 的叙述，错误的是（　　　）。

    A. 可支持鼠标操作　　　　　　　　　　B. 可同时运行多个程序

    C. 不支持即插即用　　　　　　　　　　D. 桌面上可同时容纳多个窗口

（4）单击窗口标题栏右侧的 ━ 按钮后，会（　　　）。

    A. 将窗口关闭　　　　　　　　　　　　B. 打开一个空白窗口

    C. 使窗口独占屏幕　　　　　　　　　　D. 使当前窗口最小化

2. 操作题

（1）设置桌面背景，将图片放置方式设为"填充"。

（2）创建一个以自己名字为名称的 Microsoft 账户。

（3）修改账户头像和密码，头像为计算机中自带的任意一张图片，密码为 aaaaaa。

（4）修改主题样式，然后自定义任务栏，将计算器程序固定到任务栏中。

（5）将系统字体安装设置为允许使用快捷方式安装和直接安装。

（6）将输入法切换为微软拼音输入法，并在打开的记事本程序中输入"今天是我的生日"。

项目四

管理计算机中的资源

在使用计算机的过程中，管理文件、文件夹、程序和硬件等资源是十分常见的操作。本项目将通过两个任务，介绍在 Windows 10 中利用文件资源管理器来管理计算机中的资源，包括对文件和文件夹进行新建、移动、复制、重命名及删除等操作，安装程序和打印机，连接投影仪，连接笔记本电脑到显示器，以及使用 Windows Media Player、画图等附件工具等。

课堂学习及素养目标

- 管理文件和文件夹资源。
- 管理程序和硬件资源。

- 培养团队意识，在团队合作中实现个人价值。

任务一　管理文件和文件夹资源

任务要求

赵刚是某公司人力资源部的员工，主要负责人员招聘和办公室日常的管理工作，由于管理上的需要，赵刚经常会在计算机中存放工作文件，同时为了方便使用，还需要对相关的文件进行新建、移动、复制、重命名、删除、搜索和设置文件属性等操作，具体要求如下。

- 在 G 盘根目录下新建"办公"文件夹和"公司简介.txt""公司员工名单.xlsx"两个文件，再在新建的"办公"文件夹中创建"表格"和"文档"两个子文件夹。
- 将前面新建的"公司员工名单.xlsx"文件移动到"表格"子文件夹中，将"公司简介.txt"文件复制到"文档"文件夹中并修改复制的文件的文件名为"招聘信息"。
- 删除 G 盘根目录下的"公司简介.txt"文件，然后通过回收站查看并还原。
- 搜索 E 盘下所有 JPG 格式的图片文件。
- 将"公司员工名单.xlsx"文件的属性修改为只读。
- 新建一个"办公"库，将"表格"文件夹添加到"办公"库中。

相关知识

（一）文件管理的相关概念

在管理文件的过程中，会涉及以下几个相关概念。

- 硬盘分区与盘符。硬盘分区实质上是对硬盘的一种格式化，是指将硬盘划分为几个独立的区域，这样可以方便地存储和管理数据。格式化可以将硬盘分区划分成可以用来存储数据的单位，一般只有在安装系统时，才会对硬盘进行分区。盘符是 Windows 系统对于磁盘存储设备的标识符，一般使用一个英文字符加一个冒号"："来标识，如"本地磁盘(C:)"，其中"C"

就是该盘的盘符。

- 文件。文件是指保存在计算机中的各种信息和数据，计算机中文件的类型很多，如文档、表格、图片、音乐和应用程序等。在默认情况下，文件在计算机中以图标形式显示，由文件图标、文件名称和文件扩展名三部分组成，如 作息时间表.docx 表示一个 Word 文件，文件名称为"作息时间表"，其扩展名为"docx"。

- 文件夹。文件夹用于保存和管理计算机中的文件，其本身没有任何内容，但可放置多个文件和子文件夹，能方便用户快速找到需要的文件。文件夹一般由文件夹图标和文件夹名称两部分组成。

- 文件路径。用户在对文件进行操作时，除了要知道文件名外，还需要知道文件所在盘的盘符和文件夹，即文件在计算机中的位置，也称为文件路径。文件路径包括相对路径和绝对路径两种。其中，相对路径以"."（表示当前文件夹）、".."（表示上级文件夹）或文件夹名称（表示当前文件夹中的子文件名称）开头；绝对路径是指文件或目录在硬盘上存放的绝对位置，如"D:\图片\标志.jpg"表示"标志.jpg"文件在 D 盘的"图片"文件夹中。在 Windows 10 中单击地址栏的空白处，可查看已打开的文件夹的文件路径。

- 资源管理器。资源管理器是管理计算机中的文件资源的工具，用户可以用它查看和管理所有文件资源，资源管理器提供树状文件结构展示，可以方便用户更好、更快地组织、管理及应用文件资源。打开资源管理器的方法为双击桌面上的"此电脑"图标 或单击任务栏上的"文件资源管理器"按钮 。在打开的对话框中单击导航窗格中各类别图标左侧的 图标，依次按层级展开文件夹，选择需要的文件夹后，窗口右侧将显示相应文件夹中的内容，文件资源管理器如图 4-1 所示。

图 4-1　文件资源管理器

> **提示**　为了便于查看和管理文件，用户可更改当前窗口中文件和文件夹的视图方式，方法为：在"此电脑"窗口的【查看】/【布局】组中的列表框中选择相应的视图方式选项，也可以在窗口右下角单击 按钮，实现超大图标模式和详细信息模式的切换。

（二）选择文件或文件夹的几种方式

在对文件或文件夹进行操作前，要先选择文件或文件夹，方法主要有以下 5 种。

- 选择单个文件或文件夹。直接单击文件或文件夹图标即可选择单个文件或文件夹，被选择的文件或文件夹的周围呈蓝色透明状。

- 选择多个相邻的文件或文件夹。可在窗口空白处拖动鼠标框选需要选择的多个对象，框选完毕再释放鼠标左键。

- 选择多个连续的文件或文件夹。单击选择第一个对象，按住【Shift】键再单击选择最后一个对象，可选择两个对象及其中间的所有对象。

- 选择多个不连续的文件或文件夹。按住【Ctrl】键依次单击需要选择的文件或文件夹，通过这种方式可选择多个不连续的文件或文件夹。

- 选择所有文件或文件夹。直接按【Ctrl+A】组合键，或在【主页】/【选择】组中单击 全部选择
按钮，可选择当前窗口中的所有文件或文件夹。

任务实现

（一）文件和文件夹的基本操作

文件和文件夹的基本操作包括新建、移动、复制、重命名、删除、还原和搜索等，下面将结合前面的任务要求讲解操作方法。

1. 新建文件和文件夹

新建文件是指根据需要，新建一个相应类型的空白文件，新建后可以双击打开该文件并编辑文件内容。如果需要将一些文件分类整理在一个文件夹中以便日后管理，就需要新建文件夹。

微课：新建文件
和文件夹

下面新建"公司简介.txt"文件和"公司员工名单.xlsx"文件，具体操作如下。

（1）双击桌面上的"此电脑"图标，打开"此电脑"窗口，双击 G 盘图标，打开 G 盘。

（2）在【主页】/【新建】组中单击"新建项目"按钮，在打开的列表中选择"文本文档"选项，或在窗口的空白处单击鼠标右键，在弹出的快捷菜单中选择【新建】/【文本文档】命令，如图 4-2 所示。

（3）系统将在文件夹中新建一个名为"新建文本文档"的文件，此时文件名呈可编辑状态，切换到汉字输入法输入"公司简介"，然后单击空白处或按【Enter】键为该文件命名，新建文件的效果如图 4-3 所示。

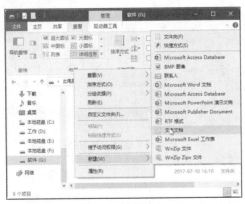

图 4-2　选择命令

图 4-3　新建文件的效果

（4）在【主页】/【新建】组中单击"新建项目"按钮，在打开的列表中选择"Microsoft Excel 工作表"选项，或在窗口的空白处单击鼠标右键，在弹出的快捷菜单中选择【新建】/【Microsoft Excel 工作表】命令，新建一个 Excel 文件，输入文件名"公司员工名单"，按【Enter】键，效果如图 4-4 所示。

（5）在【主页】/【新建】组中单击"新建文件夹"按钮，或在右侧窗口工作区中的空白处单击鼠标右键，在弹出的快捷菜单中选择【新建】/【文件夹】命令，此时新建一个文件夹，文件夹名称呈可编辑状态，输入"办公"，然后按【Enter】键，完成文件夹的新建，如图 4-5 所示。

（6）双击新建的"办公"文件夹，在【主页】/【新建】组中单击"新建项目"按钮，在打开的列表中选择"文件夹"选项，输入子文件夹名称"表格"后按【Enter】键，然后新建一个名为"文档"的子文件夹，如图 4-6 所示。

图 4-4　新建 Excel 文件的效果

图 4-5　新建文件夹

图 4-6　新建子文件夹

（7）单击地址栏左侧的←按钮，返回上一级目录的窗口。

2. 移动、复制、重命名文件和文件夹

微课：移动、
复制、重命名
文件和文件夹

移动文件是将文件移动到另一个文件夹中；复制文件相当于备份文件，即原文件夹下的文件仍然存在；重命名文件即为文件更换一个新的名称。移动、复制、重命名的操作也适用于文件夹。

下面移动"公司员工名单.xlsx"文件，复制"公司简介.txt"文件，并将复制的文件重命名为"招聘信息"，具体操作如下。

（1）在导航窗格中单击展开"此电脑"图标🖥，然后选择"软件(G:)"图标。

（2）在窗口右侧选择"公司员工名单.xlsx"文件，在【主页】/【组织】组中单击 移动到 按钮，在打开的列表中选择"选择位置"选项，如图 4-7 所示。

（3）打开"移动项目"对话框，在其中选择"办公"文件夹中的"表格"文件夹，然后单击 移动(M) 按钮，完成文件的移动，如图 4-8 所示。

图 4-7　选择"选择位置"选项

> **提示**　选择文件后，在其上单击鼠标右键，在弹出的快捷菜单中选择"剪切"命令，或直接按【Ctrl+X】组合键，将选择的文件剪切到剪贴板中，此时文件呈灰色透明状；在导航窗格中单击展开相应的文件夹，选择需要移动到的文件夹选项，在窗口右侧单击鼠标右键，在弹出的快捷菜单中选择"粘贴"命令，或直接按【Ctrl+V】组合键，将剪切到剪贴板中的文件粘贴到当前文件夹中。

（4）单击地址栏左侧的←按钮，返回上一级目录的窗口，可看到窗口中已没有"公司员工名单.xlsx"文件。

（5）选择"公司简介.txt"文件，在【主页】/【组织】组中单击 复制到 按钮，在打开的列表中选择"选择位置"选项，如图 4-9 所示。

（6）打开"复制项目"对话框，在其中选择"办公"文件夹中的"文档"文件夹，然后单击 复制(C) 按钮，完成文件的复制操作，如图 4-10 所示。

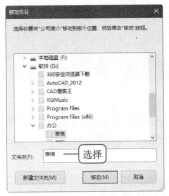

图 4-8　选择移动到的位置及移动文件后的效果

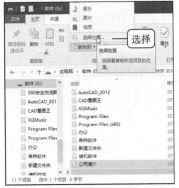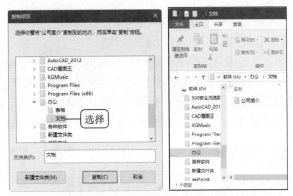

图 4-9　选择"选择位置"选项　　　　　　　图 4-10　选择复制到的位置及复制文件后的效果

提示　选择文件后，在其上单击鼠标右键，在弹出的快捷菜单中选择"复制"命令，或直接按【Ctrl+C】组合键，将选择的文件复制到剪贴板中，此时窗口中的文件不会发生任何变化。在导航窗格中选择文件要复制到的文件夹位置选项，在窗口右侧单击鼠标右键，在弹出的快捷菜单中选择"粘贴"命令，或直接按【Ctrl+V】组合键，将复制到剪贴板中的文件粘贴到当前文件夹中，完成文件的复制。

（7）选择复制的"公司简介.txt"文件，在其上单击鼠标右键，在弹出的快捷菜单中选择"重命名"命令，此时"公司简介.txt"的文件名称部分呈可编辑状态，将其修改为新的名称"招聘信息"后按【Enter】键。

注意　重命名文件名称时，不要修改文件的扩展名部分，修改扩展名将可能导致文件无法正常打开。若已误修改，将扩展名重新修改为正确形式便可重新打开。此外，文件名可以包含字母、数字和空格等，但不能有?、*、/、\、<、>、:等符号。

（8）在导航窗格中选择"软件（G:）"选项，可看到原位置的"公司简介.txt"文件仍然存在。

> **提示**　将选择的文件或文件夹拖动到同一磁盘分区下的其他文件夹中或拖动到左侧导航窗格中的某个文件夹选项上，可移动文件或文件夹，在拖动过程中按住【Ctrl】键不放，可复制文件或文件夹。

3. 删除并还原文件和文件夹

微课：删除并还原文件和文件夹

　　　　删除没用的文件和文件夹，可以减少磁盘上的垃圾文件，释放磁盘空间，同时也便于管理。被删除的文件和文件夹实际上是被移动到了回收站中，若误删文件，可以通过还原操作还原文件。

　　　　下面删除并还原"公司简介.txt"文件，具体操作如下。

　　　　（1）在导航窗格中选择"软件（G:）"选项，在窗口右侧选择"公司简介.txt"文件。

　　（2）单击鼠标右键，在弹出的快捷菜单中选择"删除"命令，如图 4-11 所示，或按【Delete】键，删除选择的"公司简介.txt"文件。

　　（3）单击任务栏最右侧的"显示桌面"按钮，切换至桌面，双击"回收站"图标，在打开的窗口中可以查看最近删除的文件和文件夹等对象，在要还原的"公司简介.txt"文件上单击鼠标右键，在弹出的快捷菜单中选择"还原"命令，如图 4-12 所示，或在【回收站工具】/【还原】组中单击"还原选定的项目"按钮，将其还原到被删除前的位置。

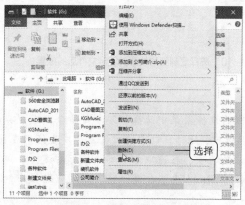
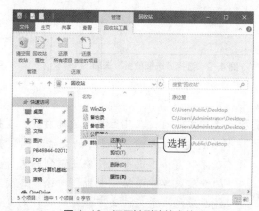

图 4-11　选择"删除"命令　　　　　　　　图 4-12　还原被删除的文件

> **提示**　在"回收站"窗口的【回收站工具】/【管理】组中单击"回收站属性"按钮，打开"回收站属性"对话框，在其中选中"不将文件移到回收站中。移除文件后立即将其删除"单选按钮，再执行删除文件的操作时，将直接删除文件，而不会将文件放入回收站；选中"显示删除确认对话框"复选框，则在删除文件时，将打开提示框提示用户是否需将文件删除到回收站。

> **提示**　选择文件后，也可按【Shift+Delete】组合键直接将文件从计算机中删除。将文件放入回收站后，文件仍然会占用磁盘空间，在"回收站"窗口中单击【回收站工具】/【管理】组中的"清空回收站"按钮，可以彻底删除回收站中的全部文件。

4. 搜索文件或文件夹

如果用户不知道文件或文件夹在磁盘中的具体位置，可以使用 Windows 10 操作系统的搜索功能搜索文件或文件夹。搜索时如果不记得文件的名称，可以使用模糊搜索功能，方法是：用通配符"*"代替任意数量的任意字符，使用"？"代表某一位置上的任意字母或数字，如"*.mp3"表示搜索当前位置下所有 MP3 格式的文件，"pin?.mp3"表示搜索当前位置下前 3 位为字母"pin"、第 4 位是任意字符的 MP3 格式的文件。

微课：搜索文件
或文件夹

下面搜索 E 盘中的 JPG 格式的图片文件，具体操作如下。

（1）在文件资源管理器中打开需要搜索的位置对应的窗口等。如需在所有磁盘中查找，则打开"此电脑"窗口；如需在某个磁盘分区或文件夹中查找，则打开具体的磁盘分区或文件夹窗口，这里打开 E 盘窗口。

（2）在窗口地址栏后面的搜索框中输入要搜索的文件信息，这里输入"*.jpg"，Windows 会自动在当前位置内搜索所有符合文件信息的对象，并显示搜索结果。

（3）根据需要，还可以在【搜索】/【优化】组中选择"修改日期""大小""类型""其他属性"选项来设置搜索条件，缩小搜索范围；搜索完成后，在功能区单击"关闭搜索"按钮✕可退出搜索，如图 4-13 所示。

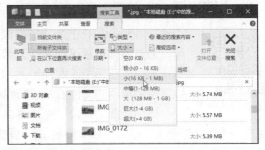

图 4-13　搜索 E 盘中的 JPG 格式的图片文件

（二）设置文件和文件夹的属性

了解文件和文件夹的属性，可以得到相关的类型、大小和创建时间等信息，并进行相应的设置。文件和文件夹属性主要包括隐藏属性和只读属性两种。用户在查看磁盘文件的名称时，系统一般不会显示具有隐藏属性的文件，具有隐藏属性的文件不能被删除、复制和更名，隐藏属性可以对文件起到保护作用；对于具有只读属性的文件，用户可以查看和复制，但不能修改和删除，只读属性可以避免用户意外删除和修改文件。

微课：设置文件
和文件夹的属性

设置文件和文件夹的属性的方法是相同的。下面更改"公司员工名单.xlsx"文件的属性，具体操作如下。

（1）打开"此电脑"窗口，再依次展开"G:\办公\表格"目录，在"公司员工名单.xlsx"文件上单击鼠标右键，在弹出的快捷菜单中选择"属性"命令，或在【主页】/【打开】组中单击"属性"按钮，打开文件对应的"公司员工名单 属性"对话框。

（2）在该对话框的"常规"选项卡下的"属性"栏中选中"只读"复选框，如图 4-14 所示。

（3）单击 应用(A) 按钮，再单击 确定 按钮，将文件的属性设置为只读。如果要修改文件夹的属性，应用设置后还将打开图 4-15 所示的"确认属性更改"对话框，用户根据需要选择应用方式后单击按钮，即可设置相应的文件夹属性。

图 4-14 "公司员工名单 属性"对话框　　　　图 4-15 "确认属性更改"对话框

（三）使用库

微课：使用库

　　Windows 10 的库功能类似于文件夹，但它只提供管理文件的索引，即用户可以通过库来直接访问文件，而不需要在保存文件的位置查找，所以文件并没有真正被存放在库中。Windows 10 自带视频、图片、音乐和文档 4 个库，用户可以直接将常用的文件资源添加到相应的库中，也可以根据需要新建库。

　　下面新建"办公"库，将"表格"文件夹添加到库中，具体操作如下。

　　（1）打开"此电脑"窗口，在【查看】/【窗格】组中单击"导航窗格"按钮▉，在打开的列表中选择"显示库"选项，在导航窗格中显示库文件，如图 4-16 所示。

　　（2）在导航窗格中单击"库"图标▉，打开"库"文件夹，此时窗口右侧会显示所有库，双击各个库可打开进行查看，如图 4-17 所示。

图 4-16 显示库

图 4-17 查看库

　　（3）返回"库"文件夹，在【主页】/【新建】组中单击"新建项目"按钮▉，在打开的列表中选择"库"选项，可新建一个名称可编辑的库，输入库的名称"办公"，然后按【Enter】键即可，如图 4-18 所示。

（4）在导航窗格中打开"G:\办公"目录，选择要添加到库中的"表格"文件夹，在其上单击鼠标右键，在弹出的快捷菜单中选择【包含到库中】/【办公】命令，打开"Windows 库"提示框，单击 确定 按钮可将选择的文件夹添加到前面新建的"办公"库中，并可通过"办公"库查看文件夹，效果如图 4-19 所示。

> **提示** 当不再需要使用库中的文件时，可以将其删除，方法为：在要删除的库文件上单击鼠标右键，在弹出的快捷菜单中选择"删除"命令，打开"办公库位置"对话框，在其中选择要删除的文件，单击 删除(R) 按钮。

图 4-18　新建库

图 4-19　将文件夹添加到库中

（四）使用快速访问列表

Windows 10 提供了一种新的便于用户快速访问常用文件夹的方式，即快速访问列表，该列表位于导航窗格最上方，用户可将频繁使用的文件夹固定到快速访问列表中，以便快速找到文件夹并使用，主要可通过以下 4 种方法来实现。

- 通过"固定到快速访问"按钮 📌。打开需要添加到快速访问列表的文件夹，在【主页】/【剪贴板】组中单击"固定到快速访问"按钮 📌。
- 通过快捷命令。打开要固定到快速访问列表的文件夹，在导航窗格的"快速访问"栏上单击鼠标右键，在弹出的快捷菜单中选择"将当前文件夹固定到快速访问"命令。
- 通过文件夹快捷命令。在要固定到快速访问列表的文件夹上单击鼠标右键，在弹出的快捷菜单中选择"固定到快速访问"命令。
- 通过导航窗格。在导航窗格中找到要固定到快速访问列表的文件夹，在其上单击鼠标右键，在弹出的快捷菜单中选择"固定到快速访问"命令。

任务二　管理程序和硬件资源

任务要求

张燕成功应聘上了一家公司的后勤岗位，到公司上班后才发现办公用的计算机中没有安装 Office 软件，也没有安装打印机、投影仪等硬件设备。这些软件和设备在工作中使用的频率很高，张燕打算自己动手来管理好这台计算机的软件和硬件等资源，同时也熟悉一下计算机相关操作的方法。

本任务要求掌握安装和卸载应用程序的方法，了解如何打开和关闭 Windows 功能，掌握安装打印机硬件驱动程序、连接并设置投影仪、将笔记本电脑连接到显示器、设置鼠标和键盘等的方法，并学会使用 Windows 自带的 Windows Media Player、画图等附件工具。

相关知识

（一）认识"设置"窗口

"设置"窗口包含不同的设置工具，用户可以通过"设置"窗口设置 Windows 10 操作系统。

在"此电脑"窗口中的【计算机】/【系统】组中单击"打开设置"按钮⚙或选择【开始】/【设置】命令，打开"设置"窗口，如图 4-20 所示。在"设置"窗口中选择不同的选项，可以进入相应的子分类设置窗口。

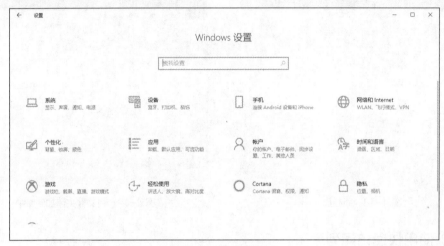

图 4-20 "设置"窗口

（二）计算机的软件安装

要在计算机上安装软件，首先应获取软件的安装程序，获取安装程序主要有以下几种途径。

- 从网上下载安装程序。目前，许多软件的安装程序放在了网络上，用户可以通过网络下载和使用所需的软件安装程序。
- 通过购买软件书赠送。一些软件方面的杂志或图书常会以邮件或电子下载的形式为读者提供一些"小"的软件安装程序，供用户安装使用。
- 从软件管家中获取。目前，一些软件管家集成了部分软件的安装功能，通过软件管家可以直接搜索和安装需要的软件，这种方法操作简单、快捷，适合计算机新手使用。

做好软件安装的准备工作后，即可开始安装软件。安装软件的一般方法及注意事项如下。

- 如果安装程序是从网上下载并存放在硬盘中的，则可在文件资源管理器中找到该安装程序的存放位置，双击其中的"setup.exe"或"install.exe"文件，安装可执行文件，再根据提示进行操作。
- 软件一般安装在除系统盘之外的其他磁盘分区中，最好是专门用一个磁盘分区来放置安装程序。杀毒软件和驱动程序等软件可安装在系统盘中。
- 很多软件在安装时要注意取消其开机启动选项，否则它们会默认设置为开机自动启动，这不但会影响计算机启动的速度，还会占用系统资源。
- 为确保安全，在网上下载的软件应事先进行查毒处理，再进行安装。

（三）计算机的硬件驱动程序安装

硬件设备通常可分为即插即用型和非即插即用型两种。

一般将可以直接连接到计算机中使用的硬件设备称为即插即用型硬件，如 U 盘和移动硬盘等可移动存储设备，该类硬件通常不需要手动安装驱动程序，将它们与计算机接口相连后系统可以自动识别，从而在系统中直接运行。

非即插即用型硬件是指连接到计算机后，需要用户自行安装驱动程序的计算机硬件设备，如打印机、扫描仪等。要安装这类硬件，还需要准备与之配套的驱动程序，一般在购买硬件设备时由厂商提供安装服务。

任务实现

（一）安装和卸载应用程序

获取或准备好软件的安装程序后，便可以开始安装软件，安装后的软件将会显示在"开始"菜单中的"所有程序"列表中，部分软件还会自动在桌面上创建快捷方式。

微课：安装和卸载应用程序

下面通过网络下载安装程序，安装搜狗五笔输入法；从应用商店安装百度网盘，再卸载计算机中不需要使用的软件，具体操作如下。

（1）利用 Microsoft Edge 浏览器下载搜狗五笔输入法的安装程序，打开安装程序所在的文件夹，找到并双击"sogou_wubi_53a.exe"文件。

（2）打开"安装向导"对话框，根据对话框中的提示进行安装，这里单击 立即安装 按钮，如图 4-21 所示。

（3）此时将自动开始安装，并显示安装进度，如图 4-22 所示。需要注意的是，部分应用程序在安装过程中可能会提示设置安装位置等，按提示操作便可。

图 4-21　进入安装向导

图 4-22　显示安装进度

（4）安装完成后打开图 4-23 所示的对话框，提示安装成功，单击 立即体验 按钮。

（5）打开"个性化设置向导"对话框，可以根据需要设置使用习惯等，如图 4-24 所示，单击 下一步 (N) 按钮，继续其他设置，完成后便可使用该输入法进行汉字输入。

（6）打开"开始"菜单，在右侧的列表中单击"Microsoft Store"图标，启动应用商店，在打开的界面中的搜索框中输入"百度网盘 Win 10"，如图 4-25 所示，查找应用，在打开的界面中选择需要的应用选项。

（7）在打开的界面中单击 获取 按钮，开始下载该应用程序，如图 4-26 所示。下载完成后将自动安装，并会显示安装进度。

图 4-23　安装成功

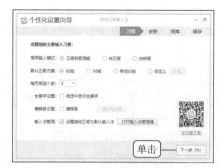

图 4-24　个性化设置向导

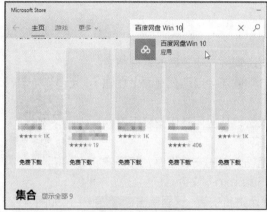

图 4-25　搜索应用

图 4-26　下载并安装应用程序

（8）安装完成后，打开百度网盘的登录界面，输入账户和密码即可登录百度网盘。

（9）按【Win+I】组合键打开"设置"窗口，在其中选择"应用"选项，打开应用和功能设置窗口，在其中找到需要卸载的"爱奇艺万能播放器"应用程序，在其上单击，然后在展开的面板中单击　　按钮。

（10）弹出的提示框提示此应用及其相关的信息将被卸载，单击　　按钮即可开始卸载，如图 4-27 所示。

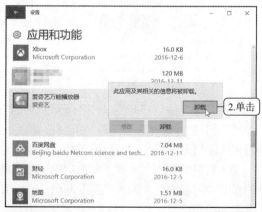

图 4-27　通过应用和功能设置窗口卸载程序

（二）打开和关闭 Windows 功能

Windows 10 操作系统自带了许多功能，默认情况下并没有将所有的功能开启，用户可根据需要手动开启或关闭相应功能。

下面打开 IIS（Internet Information Services）服务器系统功能，关闭 IE 功能，具体操作如下。

微课：打开和关闭
Windows 功能

（1）在任务栏中的搜索框中输入"功能"文本，在打开的界面中选择"启用或关闭 Windows 功能"选项，打开"Windows 功能"窗口。

（2）在其中展开"Internet Information Services"选项，在其中选中相关的复选框，如图 4-28 所示。

（3）在下方选择"万维网服务"选项并将其展开，在其中选中相应的复选框，完成设置后单击 确定 按钮，打开的界面中将显示正在安装的相关信息，并会显示安装进度。

（4）稍等片刻，打开的界面中将提示安装请求已完成的相关信息，单击 关闭 按钮。

（5）打开应用和功能设置窗口，在右侧单击"管理可选功能"超链接，打开管理可选功能设置窗口，在其中选择"Internet Explorer 11"选项，在展开的列表中单击 卸载 按钮，即可将程序卸载，实现关闭 IE 功能如图 4-29 所示。

图 4-28 设置 IIS 选项

图 4-29 卸载程序

（三）安装打印机驱动程序

在安装打印机驱动程序前，应先将设备与计算机主机相连接，再安装打印机的驱动程序。在安装计算机的其他外部设备时，也可参考类似的方法进行安装。

微课：安装打印
机硬件驱动程序

下面安装联想（Lenovo）打印机，先连接打印机，然后安装打印机的驱动程序，具体操作如下。

（1）不同的打印机有不同类型的端口，常见的有 USB、LPT 和 COM 端口，可参见打印机的使用说明书。将数据线的一端插入计算机主机机箱后面相应的插口，再将数据线的另一端与打印机背面的接口相连，如图 4-30 所示，然后接通打印机的电源。

（2）在"此电脑"窗口中，找到下载的打印机驱动程序所在的文件夹，双击运行.exe 可执行文件，在打开的窗口中会提示选择打印机型号，如图 4-31 所示。

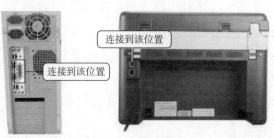

图 4-30　连接打印机

（3）在打开的窗口中单击"安装程序"按钮，打开"安装软件"窗口，其中提供了几种安装方式，这里单击"安装多功能套装软件"按钮，如图 4-32 所示。

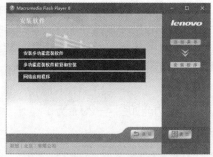

图 4-31　选择打印机型号　　　　　　　图 4-32　选择安装方式

（4）打开"Lenovo 打印设备安装"对话框，选中"本地连接（USB）"单选按钮，如果安装的是网络打印机，则选择其他两种连接类型，然后单击 下一步(N) 按钮，如图 4-33 所示。

（5）开始安装打印机驱动程序，对话框中会显示安装进度，如图 4-34 所示。稍等片刻，将看到提示打印机驱动程序安装和配置成功的信息。

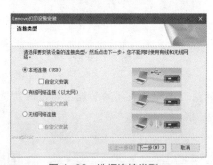

图 4-33　选择连接类型　　　　　　　　图 4-34　正在安装

（四）连接并设置投影仪

使用投影仪前需要先连接投影仪，然后对投影仪进行设置，下面以明基 MP625P 投影仪为例进行介绍。

1. 连接投影仪

当连接信号源至投影仪时，必须确认以下 3 点。

- 连接前关闭所有设备的电源。
- 为每个信号来源使用正确的信号线缆。
- 确保电缆牢固插入。

2. 设置投影仪

连接好投影仪后，就可以启动并设置投影仪了，具体操作如下。

（1）将电源线插入投影仪和电源插座，如图 4-35 所示，打开电源插座开关，接通电源后，检查投影仪上的电源指示灯是否亮起。

（2）取下镜头盖，如图 4-36 所示，如果镜头盖一直未取下，那么它可能会因为投影灯泡产生的热量而变形。

（3）按投影仪或遥控器上的【POWER】键启动投影仪。当投影仪电源打开时，电源指示灯会先闪烁，然后常亮绿灯，如图 4-37 所示。启动过程约需 30s。启动后稍等片刻，屏幕将显示启动标志。

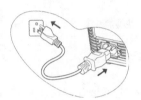

图 4-35　接通电源

图 4-36　取下镜头盖

图 4-37　启动投影仪

（4）如果是初次使用投影仪，请按照屏幕上的说明选择语言，如图 4-38 所示。

（5）接通所有连接的设备，然后投影仪开始搜索输入信号。屏幕左上角显示当前扫描的输入信号。如果投影仪未检测到有效信号，屏幕上将一直显示"无信号"信息，直至检测到输入信号。

（6）也可手动浏览并选择可用的输入信号，即按投影仪或遥控器上的【SOURCE】键，显示信号源选择栏，重复按方向键直到选择好所需信号，然后按【Mode/Enter】键，如图 4-39 所示。

图 4-38　选择语言

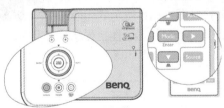

图 4-39　选择输入信号

（7）按快速装拆按钮并将投影仪的前部抬高，一旦调整好之后，释放快速装拆按钮，以将支脚锁定到位。旋转后调节支脚，对水平角度进行微调，如图 4-40 所示。若要收回支脚，可抬起投影仪并按快速装拆按钮，然后慢慢将投影仪向下压，接着反方向旋转后调节支脚。

（8）按投影仪或遥控器上的【Auto】键，在大约 3s 内，内置的智能自动调整功能将重新调整频率和脉冲的值，以提供较好的图像质量，如图 4-41 所示。

（9）使用变焦环将投影图像调整至所需的尺寸，如图 4-42 所示。

（10）旋动调焦圈使图像聚焦，如图 4-43 所示，就可以使用投影仪播放视频和图像了。

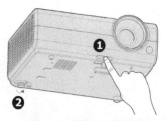
图 4-40　微调水平角度

图 4-41　自动调整图像

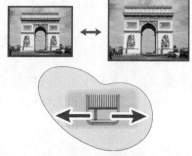
图 4-42　微调图像尺寸

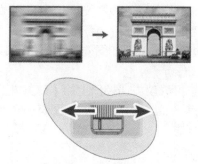
图 4-43　使图像聚焦

（五）将笔记本电脑连接到显示器

微课：连接笔记
本电脑到显示器

　　笔记本电脑小巧轻便，很多商务人士喜欢使用笔记本电脑办公，在某些特殊场合，也可以将笔记本电脑连接到台式计算机的显示器上，方便用户通过计算机显示器查看笔记本电脑中的内容。
　　将笔记本电脑连接到显示器，具体操作如下。
　　（1）准备一根 VGA 接口的视频线，在笔记本电脑的一侧找到 VGA 接口，如图 4-44 所示。
　　（2）将视频线一头插入笔记本电脑的 VGA 接口，如图 4-45 所示，将另外一头与显示器连接。
　　（3）按【Win+P】组合键打开图 4-46 所示的切换面板，选择"仅投影仪"选项，即可在计算机显示器上显示笔记本电脑中的内容。

图 4-44　找到 VGA 接口

图 4-45　连接笔记本电脑

图 4-46　切换面板

（六）设置鼠标和键盘

微课：设置鼠标

　　鼠标和键盘是计算机中重要的输入设备，用户可以根据需要设置其参数。

1. 设置鼠标

　　设置鼠标主要包括调整双击的速度、更换鼠标指针样式以及设置鼠标指针选项等。
　　下面设置鼠标指针样式为"Windows 标准（大）（系统方案）"，调节鼠标的双击速度和移动速度，并设置移动鼠标指针时会产生"移动轨迹"效果，具体操作如下。

（1）打开"设置"窗口，在其中单击"设备"按钮，打开"设备"窗口。在该窗口左侧选择"鼠标"选项，在右侧的"选择主按钮"下拉列表中选择"左"选项，在"滚动鼠标滚轮即可滚动"下拉列表中选择"一次多行"选项，单击"当我悬停在非活动窗口上方时对其进行滚动"按钮，使其处于"开"状态，如图4-47所示。

（2）在"相关设置"中单击"其他鼠标选项"超链接，打开"鼠标 属性"对话框，在"双击速度"栏中拖动滑块进行设置，如图4-48所示。

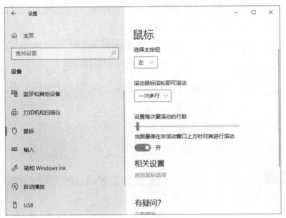

图4-47　设置鼠标

图4-48　调整鼠标双击速度

（3）单击"指针"选项卡，在"方案"下拉列表中选择"Windows 标准（大）（系统方案）"选项，如图4-49所示。

（4）在"自定义"列表框中选择"正常选择"选项，单击 浏览(B)... 按钮，打开"浏览"对话框，在其中选择需要的鼠标样式，然后单击 打开(O) 按钮。

（5）在"鼠标 属性"对话框中单击"指针选项"选项卡，在"移动"栏中拖动滑块调整鼠标指针的移动速度；在"可见性"栏中选中"显示指针轨迹"和"在打字时隐藏指针"复选框，然后单击 确定 按钮，如图4-50所示。

图4-49　选择鼠标指针样式

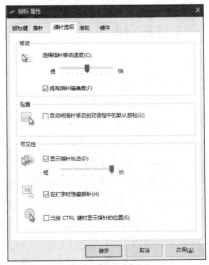

图4-50　设置指针选项

> **提示** 习惯用左手操作鼠标的用户，可以在"鼠标 属性"对话框的"鼠标键"选项卡中选中"切换主要和次要的按钮"复选框，从而方便使用左手进行操作。

微课：设置键盘

2. 设置键盘

在 Windows 10 操作系统中，设置键盘主要是指调整键盘的响应速度和光标的闪烁速度。

下面减少键盘重复输入一个字符的延迟时间，使重复输入字符的速度最快，并适当调整光标的闪烁速度，具体操作如下。

（1）通过任务栏的搜索框打开"控制面板"窗口，在其中单击"键盘"，如图 4-51 所示。

（2）打开"键盘 属性"对话框，在"速度"选项卡中的"字符重复"栏中向右拖动"重复延迟"滑块，降低键盘重复输入一个字符的延迟时间；向右拖动"重复速度"滑块，加快重复输入字符的速度。

（3）在"光标闪烁速度"栏中拖动滑块，改变光标在文本编辑软件（如记事本软件）中的闪烁速度，单击 确定 按钮，如图 4-52 所示。

图 4-51　单击"键盘"

图 4-52　设置键盘属性

（七）使用附件工具

Windows 10 操作系统提供了一系列的实用工具，包括 Windows Media Player 和画图程序等。下面简单介绍它们的使用方法。

1. 使用 Windows Media Player

Windows Media Player 是 Windows 10 操作系统自带的一款多媒体播放器，使用它可以播放各种格式的音频和视频，还可以播放 VCD 和 DVD 电影。选择【开始】/【Windows 附件】/【Windows Media Player】命令，可启动 Windows Media Player，其操作界面如图 4-53 所示。

使用 Windows Media Player 播放音频或视频的方法主要有以下几种。

- Windows Media Player 可以直接播放光盘中的音频和视频，方法是：将光盘放入光驱，然后在 Windows Media Player 操作界面的工具栏上单击鼠标右键，在弹出的快捷菜单中选择【播放】/【播放/DVD、VCD 或 CD 音频】命令，即可播放光盘中的音频和视频。

- 在 Windows Media Player 操作界面的工具栏上单击鼠标右键，在弹出的快捷菜单中选择

【文件】/【打开】命令或按【Ctrl+O】组合键，在打开的"打开"对话框中选择需要播放的音频或视频对应的文件，然后单击 打开(O) 按钮，如图 4-54 所示，即可在 Windows Media Player 中播放音频或视频。

图 4-53　Windows Media Player 操作界面

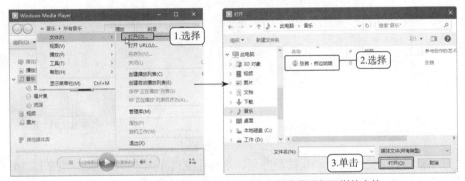

图 4-54　通过 Windows Media Player 操作界面打开媒体文件

- 使用 Windows Media Player 的媒体库可以将存放在计算机中不同位置的媒体文件集合在一起，通过媒体库，用户可以快速找到多媒体文件并播放相应的音频或视频。其方法是：单击 Windows Media Player 操作界面的工具栏中的 创建播放列表(C) ▼ 按钮，在导航窗格的"播放列表"下新建一个播放列表，输入播放列表名称，按【Enter】键确认创建，选择导航窗格中的"音乐"选项，在列表显示区将需要的音频拖动到新建的播放列表中，如图 4-55 所示。双击该列表选项即可播放列表中的所有音频，如图 4-56 所示。

图 4-55　将音频拖动到新建的播放列表中

图 4-56　双击播放新建的播放列表中的音频

- 在 Windows Media Player 操作界面的工具栏中单击鼠标右键，在弹出的快捷菜单中选择

【视图】/【外观】命令，将播放器切换到"外观"模式，选择【文件】/【打开】命令，可打开媒体文件并播放相应的音频或视频。

2. 使用画图程序

选择【开始】/【Windows 附件】/【画图】命令，可启动画图程序。画图程序中的所有绘制工具及编辑选项都集合在"主页"选项卡中，因此，使用画图程序所需的大部分操作都可以在功能区中完成。利用画图程序可以绘制各种简单的形状和图形，也可以打开计算机中已有的图像文件进行编辑。

- 绘制图形。单击"形状"栏中的任意一个按钮，如单击椭圆形按钮〇，然后在"颜色"栏中选择一种颜色，将鼠标指针移动到绘图区，拖动鼠标绘制出相应的椭圆形。绘制好图形后单击"工具"栏中的"用颜色填充"按钮，在"颜色"栏中选择一种颜色，单击绘制的图形，即可填充该图形，如图 4-57 所示。

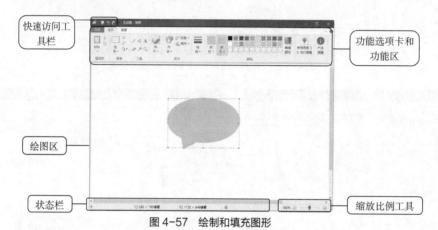

图 4-57　绘制和填充图形

- 打开和编辑图像文件。启动画图程序后，选择【文件】/【打开】命令或按【Ctrl+O】组合键，在打开的"打开"对话框中找到并选择图像，单击 打开(O) 按钮打开图像。打开图像后，单击"图像"栏中的 旋转 按钮，在打开的下拉列表中选择需要旋转的方向和角度对应的选项，如图 4-58（a）所示，可以旋转图像。单击"图像"栏中的 选择 按钮，在打开的下拉列表中选择"矩形选择"选项，在图像中拖动鼠标，可以选择局部图像区域；选择图像后拖动鼠标，可以移动图像。单击"图像"栏中的 裁剪 按钮，将自动裁剪掉图像多余的部分，留下被框选的部分，如图 4-58（b）所示。

（a）　　　　　　　　　　　　　　　　（b）

图 4-58　旋转图像和裁剪图像

课后练习

1. 选择题

（1）在 Windows 10 操作系统中选择多个连续的文件或文件夹的方法为：首先选择第一个文件或文件夹，接着按住（　　）键不放，最后单击最后一个文件或文件夹。

  A.【Tab】   B.【Alt】   C.【Shift】   D.【Ctrl】

（2）在 Windows 10 操作系统中，被放入回收站的文件仍然占用（　　）。

  A. 硬盘空间   B. 内存空间   C. 软件空间   D. U 盘空间

（3）Windows 10 操作系统中用于设置系统和管理计算机硬件的是（　　）。

  A. 文件资源管理器 B. 控制面板   C. "开始"菜单   D. "此电脑"窗口

2. 操作题

（1）管理文件和文件夹，具体要求如下。

① 在计算机 D 盘下新建"FENG""WARM"和"SEED"这 3 个文件夹，再在"FENG"文件夹下新建"WANG"子文件夹，在该子文件夹下新建一个"JIM.txt"文件。

② 将"WANG"子文件夹下的"JIM.txt"文件复制到"WARM"文件夹中。

③ 将"WARM"文件夹下的"JIM.txt"文件设置为隐藏和只读属性。

④ 将"WARM"文件夹下的"JIM.txt"文件删除。

（2）利用画图程序绘制一个粉红色的心形图形，最后以"心形"为名将其保存到桌面。

（3）从网上下载 WPS Office 的安装程序，然后将其安装到计算机中。

项目五
编辑文档

05

　　WPS 文字是北京金山办公软件股份有限公司推出的 WPS Office 2019 办公软件的核心组件之一，它是一个功能强大的文字处理软件。使用 WPS 文字可以进行简单的文字处理，制作出图文并茂的文档。本项目将通过 4 个典型任务，介绍 WPS 文字的基本操作，包括输入和编辑学习计划、制作招聘启事、编辑公司简介和制作会议邀请函。

课堂学习及素养目标

- 输入和编辑学习计划。
- 制作招聘启事。
- 编辑公司简介。

- 制作会议邀请函。
- 鼓励自主研发，自立自强。

任务一　输入和编辑学习计划

查看"学习计划"
的相关知识

任务要求

　　小赵是一名大学生，开学第一天，辅导员老师要求学生们制作一份针对大学生涯的电子版学习计划。接到任务后，小赵先列出了大学学习计划大纲，再利用 WPS 文字的相关功能完成了"学习计划"文档的编辑，完成后的效果如图 5-1 所示。输入和编辑学习计划的要求如下。

- 新建一个空白文档，并将其以"学习计划"为名进行保存。
- 在文档中通过即点即输方式输入文本。
- 将"2020 年 3 月"文本移动到文档末尾的右下角。
- 查找并替换全文中的"自已"为"自己"。
- 将文档标题"学习计划"修改为"计划"。
- 撤销和恢复所做的修改，然后保存文档。

图 5-1　"学习计划"文档效果

相关知识

（一）启动和退出 WPS 文字

用户启动 WPS Office 2019 后，进入其首页便可同时启动相应的组件，其中主要包括 WPS 文字、WPS 表格、WPS 演示和 PDF 等，下面介绍启动和退出 WPS 文字的方法。

1. 启动 WPS 文字

用户在启动 WPS 文字之前，需要先认识 WPS Office 2019 首页。单击"开始"按钮 ，在打开的"开始"菜单中选择"WPS Office"，进入图 5-2 所示的 WPS Office 2019 首页。

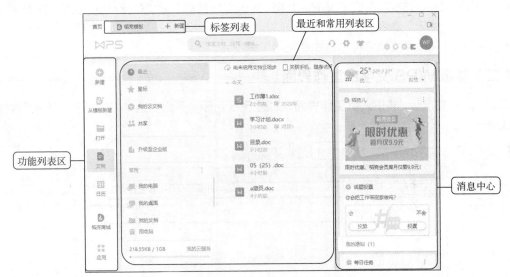

图 5-2 WPS Office 2019 首页

（1）标签列表。

标签列表位于 WPS Office 2019 首页的顶端，包括"新建"按钮 ＋（可以用于新建文档、表格、演示和 PDF 等）和"稻壳模板"（可以用于进入稻壳商城搜索所需的 Office 模板）。

（2）功能列表区。

功能列表区位于 WPS Office 2019 首页的最左侧，包括"新建"按钮 （可以用于新建文档、表格、演示和 PDF 等）、"从模板新建"按钮 、"打开"按钮 （可以用于打开当前计算机中保存的 Office 文档）和"文档"按钮 （可以用于显示最近打开的文档信息）等。

（3）最近和常用列表区。

最近和常用列表区位于 WPS Office 2019 首页的中间偏左部分，包括用户最近访问的文档列表（可以同步显示多设备文档内容）和常用文档位置。

（4）消息中心。

消息中心位于 WPS Office 2019 首页的最右侧，主要用于通知用户天气预报、话题投票和每日任务等内容。

了解 WPS Office 2019 的首页后，下面介绍 WPS 文字的启动方法，主要有以下 3 种方法。

- 单击"开始"按钮 ，在打开的"开始"菜单中选择"WPS Office"，进入 WPS Office 2019 首页后，单击"新建"按钮 ＋或按【Ctrl+N】组合键，在"新建"标签列表中单击"文字"按钮 。

- 创建 WPS Office 2019 的桌面快捷方式后，双击桌面上的快捷方式 ，进入 WPS Office

2019 首页，单击功能列表区中的"打开"按钮 📄，在打开的"打开"对话框中，选择 WPS 文档后，单击 打开(O) 按钮。

- 将 WPS Office 2019 锁定在计算机任务栏中的快速启动区，单击 WPS Office 2019 图标 🖼，进入 WPS Office 2019 首页后，在"最近"列表区中双击最近打开过的 WPS 文档。

2. 退出 WPS 文字

退出 WPS 文字主要有以下 4 种方法。

- 单击 WPS Office 2019 窗口右上角的"关闭"按钮 ✕。
- 按【Alt+F4】组合键。
- 在标签列表中选择要关闭的 WPS 文档，在该文档名称上单击鼠标右键，在弹出的快捷菜单中选择"关闭"命令。
- 单击标签列表中文档名称右侧的"关闭"按钮 ✕。

（二）熟悉 WPS 文字的工作界面

启动 WPS 文字后，将进入其工作界面，如图 5-3 所示，下面介绍 WPS 文字工作界面中的主要组成部分。

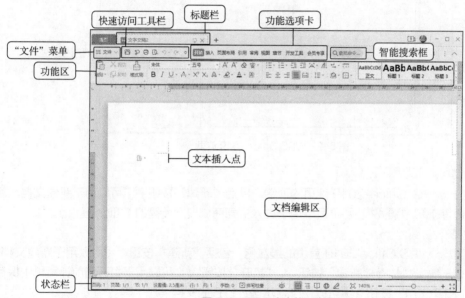

图 5-3　WPS 文字的工作界面

1. 标题栏

标题栏位于 WPS 文字工作界面的最顶端，主要用于显示文档名称，单击"关闭"按钮 ✕ 便可关闭当前文档。

2. 快速访问工具栏

快速访问工具栏中显示了常用的工具按钮，默认按钮有"保存"按钮 💾、"输出为 PDF"按钮 📄、"打印"按钮 🖨、"打印预览"按钮 🔍、"撤销"按钮 ↶、"恢复"按钮 ↷。用户还可自定义按钮，只需单击该工具栏右侧的"自定义快速访问工具栏"按钮 ▾，在打开的下拉列表中选择相应选项即可。

3. "文件"菜单

"文件"菜单中的内容与 WPS Office 其他组件中的"文件"菜单的类似，主要用于执行与该组件相关文档的新建、打开、保存、加密、分享等基本操作，单击"文件"菜单，在打开的菜单中选择"选项"命令可打开"选项"对话框，在其中可对 WPS 文字进行常规与保存、修订、编辑、视图、自定义功能区等多项设置。

4．功能选项卡

WPS 文字默认包含 10 个功能选项卡，单击任一选项卡可打开对应的功能区，单击其他选项卡可切换到相应的功能区，每个选项卡中分别包含相应的功能集合。

5．功能区

功能区位于功能选项卡的下方，其作用是快速编辑文档。功能区中主要集中显示了对应选项卡的功能集合，包括常用按钮或下拉列表。比如，在"开始"选项卡中就包括"字号"下拉列表 五号 、"加粗"按钮 B、"居中对齐"按钮 等。

6．智能搜索框

智能搜索框包括查找命令和搜索模板两种功能，通过智能搜索框，用户可轻松找到相关的操作说明。比如，需在文档中插入目录时，可以直接在智能搜索框中输入"目录"，此时会显示一些关于目录的信息，将鼠标指针定位至"目录"选项上，在打开的"智能目录"子列表中可以快速选择自己想要插入的目录形式。

7．文档编辑区

文档编辑区是输入与编辑文本的区域，对文本进行各种操作和显示相应结果都发生在该区域中。

8．文本插入点

新建一篇空白文档后，文档编辑区的左上角将显示一个闪烁的光标，这个光标称为文本插入点，该光标所在位置便是文本的起始输入位置。

9．状态栏

状态栏位于工作界面的最底端，主要用于显示当前文档的工作状态，包括当前页码、页面等，其右侧依次是视图切换按钮和显示比例调节滑块。

提示 在"视图"选项卡中选中"标尺"复选框后，标尺将在文档编辑区中启用。标尺主要用于定位文档内容，其中，位于文档编辑区上侧的标尺称为水平标尺，位于左侧的标尺称为垂直标尺，拖动水平标尺中的"缩进"按钮 可快速设置段落的缩进和文档的边距。

（三）自定义 WPS 文字的工作界面

WPS 文字的工作界面的大部分功能和选项都是默认显示的，用户可根据使用习惯和操作需要，自定义适合自己的工作界面，包括自定义快速访问工具栏、自定义功能区、显示或隐藏文档中的元素等。

1．自定义快速访问工具栏

为了操作方便，用户可以在快速访问工具栏中添加自己常用的命令按钮，或删除不需要的命令按钮，也可以改变快速访问工具栏的位置。

- 添加常用命令按钮。在快速访问工具栏右侧单击 按钮，在打开的下拉列表中选择常用的选项，如选择"打开"选项，可将该命令按钮添加到快速访问工具栏中。
- 删除不需要的命令按钮。在快速访问工具栏的命令按钮上单击鼠标右键，在弹出的快捷菜单中选择"从快速访问工具栏删除"命令，可将该命令按钮从快速访问工具栏中删除。
- 改变快速访问工具栏的位置。在快速访问工具栏右侧单击 按钮，在打开的下拉列表中选择"放置在功能区之下"选项，可将快速访问工具栏显示到功能区下方；再次通过下拉列表的操作选择"放置在顶端"选项，可将快速访问工具栏还原到默认位置。

2. 自定义功能区

在 WPS 文字的工作界面中，选择【文件】/【选项】命令，在打开的"选项"对话框中单击"自定义功能区"选项卡，然后可根据需要显示或隐藏主选项卡、新建选项卡、在功能区中创建组以及在组中添加命令等，如图 5-4 所示。

图 5-4　自定义功能区

- 显示或隐藏主选项卡。在"选项"对话框的"自定义功能区"选项卡的"自定义功能区"栏中，选中或取消选中主选项卡对应的复选框，即可在功能区中显示或隐藏该主选项卡。
- 创建新的选项卡。单击"自定义功能区"选项卡的"主选项卡"下拉列表下的 新建选项卡(W) 按钮，然后选择新建的选项卡，单击 重命名(M)… 按钮，在打开的"重命名"对话框的"显示名称"文本框中输入名称，单击 确定 按钮，重命名新建的选项卡。
- 在功能区创建组。选择新建的选项卡，在"自定义功能区"选项卡中单击 新建组(N) 按钮，在选项卡下创建组。选择创建的组，单击 重命名(M)… 按钮，在打开的"重命名"对话框的"符号"列表框中选择图标，在"显示名称"文本框中输入名称，单击 确定 按钮，重命名新建的组。
- 在组中添加命令。选择新建的组，在"自定义功能区"选项卡的"从下列位置选择命令"栏中选择需要的命令选项，然后单击 添加(A) >> 按钮，即可将命令添加到组中。
- 删除自定义的功能区。在"自定义功能区"选项卡的"自定义功能区"栏中选中相应的主选项卡对应的复选框，单击 << 删除(R) 按钮，即可将自定义的选项卡或组删除。若要一次性删除所有自定义的功能区，可单击 重置(E) ▾ 按钮，在打开的下拉列表中选择"重置所有自定义项"选项，在打开的提示对话框中单击 是(Y) 按钮，删除所有自定义项，恢复 WPS 文字默认的功能区效果。

3. 显示或隐藏文档中的元素

WPS 文字的文档编辑区中包含多个文本编辑的辅助元素，如表格虚框、标记、任务窗格和滚动条等，编辑文本时，可根据需要隐藏元素或将隐藏的元素显示出来。显示或隐藏文档中的元素的主要方法如下。

- 在"视图"选项卡中选中或取消选中"标尺""网络线""标记""表格虚框""任务窗格"复选框，在文档中显示或隐藏相应的元素，如图 5-5 所示。
- 在"选项"对话框中单击"视图"选项卡，在"格式标记"栏中选中或取消选中"空格""制表符""段落标记"复选框等，也可在文档中显示或隐藏相应的元素，如图 5-6 所示。

图 5-5　在"视图"选项卡中设置

图 5-6　在"选项"对话框中设置

任务实现

（一）新建"学习计划"文档

进入 WPS Office 2019 首页后，用户需要手动新建符合要求的文档，具体操作如下。

（1）单击"开始"按钮，在打开的"开始"菜单中选择"WPS Office"，进入 WPS Office 2019 首页。

（2）单击功能列表区中的"新建"按钮，在"新建"标签列表中单击"文字"按钮或按【Ctrl+N】组合键，在打开的界面中选择"新建空白文档"选项，即可新建一个空白文档，如图 5-7 所示。

微课：新建"学习计划"文档

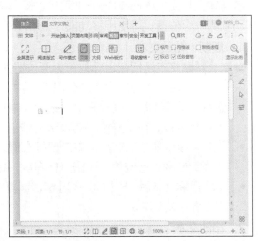
图 5-7　新建空白文档

> **提示** 单击"文字"按钮后，打开的界面中显示了许多推荐模板，有些模板可以免费使用，有些模板则需付费使用。若使用免费模板，用户直接单击该模板后，WPS 文字将自动从网络中下载所选模板，稍后会根据所选模板创建一个新的 WPS 文档，且模板中包含设置好的内容和样式。

（二）输入文本

微课：输入文本

新建文档后，可以在文档中输入文本，运用 WPS 文字的即点即输功能可轻松地在文档中的不同位置输入需要的文本，具体操作如下。

（1）将鼠标指针移至文档上方的中间位置，当鼠标指针变成 I 时双击，将文本插入点定位到此处。

（2）将输入法切换至中文输入法，输入文档标题"学习计划"。

（3）将鼠标指针移至文档标题下方左侧需要输入文本的位置，此时鼠标指针变成 I，双击将文本插入点定位到此处，如图 5-8 所示。

（4）输入正文文本，按【Enter】键换行，使用相同的方法输入其他文本（配套文件:\素材文件\项目五\学习计划.txt），效果如图 5-9 所示。

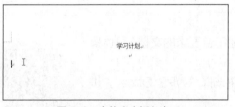

图 5-8　定位文本插入点

图 5-9　输入正文的效果

（三）复制、粘贴和移动文本

若要输入与文档中已有内容相同的文本，可使用复制、粘贴操作；若要将所需的文本从一个位置移动到另一个位置，可使用移动操作。

1. 复制、粘贴文本

复制、粘贴文本是指在目标位置为原位置的文本创建一个副本，原位置和目标位置都将存在该文本。复制、粘贴文本的主要方法有以下几种。

- 选择所需文本后，在"开始"选项卡中单击"复制"按钮，复制文本；将文本插入点定位到目标位置，在"开始"选项卡中单击"粘贴"按钮，粘贴文本。
- 选择所需文本后，在其上单击鼠标右键，在弹出的快捷菜单中选择"复制"命令；将文本插入点定位到目标位置，单击鼠标右键，在弹出的快捷菜单中选择"粘贴"命令，粘贴文本。
- 选择所需文本后，按【Ctrl+C】组合键复制文本，将文本插入点定位到目标位置，按【Ctrl+V】组合键粘贴文本。

2. 移动文本

移动文本是指将文本从文档中原来的位置移动到文档中的其他位置，具体操作如下。

（1）选择正文最后一段段末的"2020 年 3 月"文本，在"开始"选项卡中单击"剪切"按钮✂（或按【Ctrl+X】组合键），如图 5-10 所示。

（2）在文档右下角双击定位文本插入点，在"开始"选项卡中单击"粘贴"按钮📋（或按【Ctrl+V】组合键），如图 5-11 所示，即可移动文本。

微课：移动文本

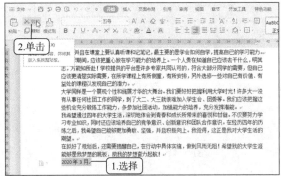

图 5-10　剪切文本

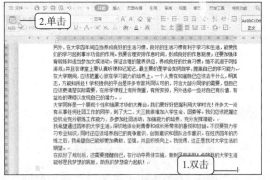

图 5-11　粘贴文本

> **提示**　选择所需文本，将鼠标指针移至该文本上，直接将文本拖动到目标位置，释放鼠标左键后，即可将所选择的文本移至目标位置。

（四）查找和替换文本

当文档中某个多次使用的文字或短句出现错误时，可使用查找和替换功能来检查和修改错误部分，以节省时间并避免遗漏，具体操作如下。

（1）将文本插入点定位到文档开始处，在"开始"选项卡中单击"查找替换"按钮🔍（或按【Ctrl+F】组合键），如图 5-12 所示。

（2）打开"查找和替换"对话框，分别在"查找内容"和"替换为"文本框中输入"自已"和"自己"。

（3）单击 查找下一处(F) 按钮，如图 5-13 所示，可看到查找到的第一个"自已"文本呈选择状态。

微课：查找和替换文本

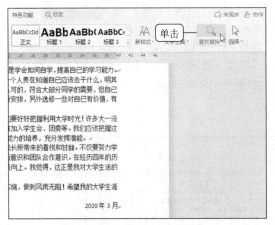

图 5-12　单击"查找替换"按钮

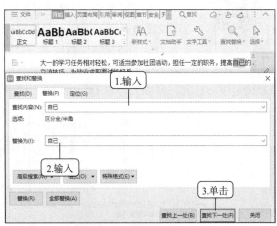

图 5-13　查找错误的文本

（4）连续单击 查找下一处(F) 按钮，直至出现对话框，提示已完成对文档的搜索，如图 5-14 所示。单击 确定 按钮，返回"查找和替换"对话框，单击 全部替换(A) 按钮。

（5）打开提示对话框，提示完成多少处替换，直接单击 确定 按钮即可完成替换，如图 5-15 所示。

图 5-14　提示已完成对文档的搜索

图 5-15　单击 确定 按钮

（6）单击 关闭 按钮，关闭"查找和替换"对话框，如图 5-16 所示，此时在文档中可看到"自己"已全部替换为"自己"，如图 5-17 所示。

图 5-16　关闭对话框

图 5-17　查看替换文本后的效果

微课：撤销与
恢复操作

（五）撤销与恢复操作

WPS 文字有自动记录功能，在编辑文档时执行了错误操作，可撤销操作，也可恢复被撤销的操作，具体操作如下。

（1）将文档标题"学习计划"修改为"计划"。

（2）单击快速访问工具栏中的"撤销"按钮 ↺（或按【Ctrl+Z】组合键），恢复到将"学习计划"修改为"计划"前的文档效果，如图 5-18 所示。

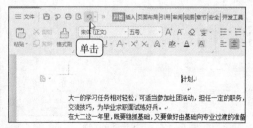

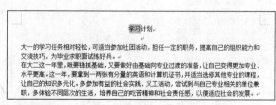

图 5-18　撤销操作

（3）单击"恢复"按钮↻（或按【Ctrl+Y】组合键），将文档恢复到撤销操作前的效果，如图 5-19 所示。

图 5-19　恢复操作

提示　单击"撤销"按钮↻右侧的下拉按钮▼，在打开的下拉列表中选择与撤销步骤对应的选项，系统将根据选择的选项自动将文档还原到该步骤之前的状态。

（六）保存"学习计划"文档

完成文档的各种编辑操作后，必须将其保存在计算机中。保存文档的方法为：选择【文件】/【保存】命令，打开"另存为"窗口，在"保存在"下拉列表中选择文档的保存路径，在"文件名"文本框中设置文件的保存名称，完成设置后单击 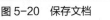 按钮即可，如图 5-20 所示（配套文件:\效果文件\项目五\学习计划.wps）。

微课：保存"学习计划"文档

图 5-20　保存文档

提示　再次打开并编辑文档后，按【Ctrl+S】组合键，或单击快速访问工具栏上的"保存"按钮🖫，或选择【文件】/【保存】命令，可直接保存更改后的文档。

任务二　制作招聘启事

任务要求

小李在人力资源部门工作。最近，公司因业务发展需要，新成立了销售部门，该部门需要向社会招聘相关的销售人才。公司要求小李制作一则美观、大方的招聘启事，用于人才市场的现场招聘。接到任务后，小李找到相关负责人确认了招聘岗位的相关事宜，然后利用 WPS 文字的相关功能设计并制作了招聘启事，完成后的部分文档的效果如图 5-21 所示。制作招聘启事的相关要求如下。

查看"招聘启事"相关知识

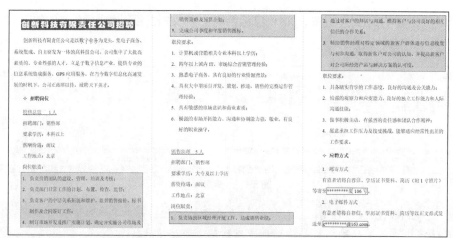

图 5-21 "招聘启事"部分文档的效果

- 设置标题格式为"华文琥珀、二号、加宽"，正文字号为"四号"。
- 设置二级标题格式为"四号、加粗"，文本"销售总监 1 人"和"销售助理 5 人"字符格式为"深红、粗线"，并为文本"数字业务"设置着重号。
- 设置标题居中对齐，最后 3 行文本右对齐，其余正文需要首行缩进 2 个字符。
- 设置标题段前和段后间距为"1 行"，设置二级标题的行间距为"多倍行距、3"。
- 为二级标题统一设置项目符号"◇"。
- 为"岗位职责："与"职位要求："之间的文本内容添加"1.2.3……"样式的编号。
- 为邮寄地址和电子邮件地址设置字符边框和底纹。
- 为标题文本应用"深红"底纹。
- 为"岗位职责："与"职位要求："文本之间的段落应用"方框"边框样式，边框样式为双线样式，并设置底纹颜色为"白色，背景 1，深色 15%"。
- 设置完成后，使用相同的方法为其他段落设置边框与底纹。
- 打开"密码加密"对话框，为文档加密，密码设为"123456"。

相关知识

（一）设置文本和段落格式

文本和段落格式主要通过"开始"选项卡中第二栏和第三栏中的按钮和"字体""段落"对话框来设置。用户选择相应的文本或段落，在"开始"选项卡中单击相应按钮，可快速设置常用的文本或段落格式。

另外，"开始"选项卡中第二栏和第三栏的右下角都有一个对话框启动器图标 ，单击该图标将打开对应的对话框，在其中可进行更为详细的设置。

（二）自定义编号起始值

在使用段落编号的过程中，用户有时需要重新定义编号的起始值。此时，可先选择应用了编号的段落，在其上单击鼠标右键，在弹出的快捷菜单中选择"项目符号和编号"命令，在打开的对话框中选中"重新开始编号"单选项进行重新编号，如图 5-22 所示，也可以选中"继续前一列表"单选按钮，继续进行连续编号。若要自定义编号起始值，则应单击"项目符号和编号"对话框中的 自定义(T)... 按钮，在打开的"自定义编号列表"对话框中进行设置，如图 5-23 所示。

图 5-22　设置编号

图 5-23　自定义编号起始值

（三）自定义项目符号样式

WPS 文字默认提供了一些项目符号样式，若要使用其他符号作为项目符号，可在"开始"选项卡的第三栏中单击"项目符号"按钮 右侧的下拉按钮 ，在打开的下拉列表中选择"自定义项目符号"选项，打开图 5-24 所示的对话框。单击"项目符号和编号"对话框右下角的 自定义(T)... 按钮，打开"自定义项目符号列表"对话框，如图 5-25 所示，选择需要自定义的符号后，分别单击 字体(F)... 和 字符(C)... 按钮，在打开的对话框中进行设置。

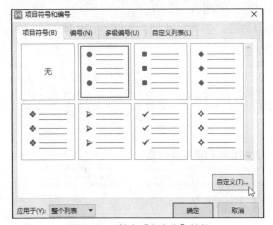

图 5-24　单击"自定义"按钮

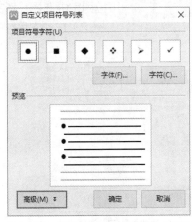

图 5-25　"自定义项目符号列表"对话框

任务实现

（一）打开文档

要查看或编辑保存在计算机中的文档，必须先打开相应文档。下面介绍打开"招聘启事"文档的方法，具体操作如下。

（1）选择【文件】/【打开】命令，或按【Ctrl+O】组合键。

（2）在打开的"打开文件"窗口的"位置"下拉列表中选择文件路径，在窗口工作区中选择"招聘启事.wps"，单击 打开(O) 按钮打开该文档，如图 5-26 所示（配套文件\素材文件\项目五\招聘启事.wps）。

微课：打开文档

（二）设置文本格式

在 WPS 文字中，文本内容包括汉字、字母、数字和符号等。设置文本格式包括更改文本的字体、字号和颜色等操作，通过这些设置可以使文本更加突出，文档更加美观。

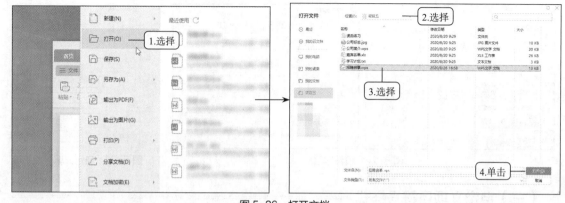

图 5-26　打开文档

1. 通过浮动工具栏设置

微课：通过浮动
工具栏设置

在 WPS 文字中选择文本时，会出现一个工具栏，即浮动工具栏。在浮动工具栏中可快速设置字体、字号、字形、对齐方式、文本颜色以及行距等格式，具体操作如下。

（1）选择文档中的标题部分，将鼠标指针移动到浮动工具栏上，在"字体"下拉列表中选择"华文琥珀"选项，如图 5-27 所示。

（2）在"字号"下拉列表中选择"二号"选项，如图 5-28 所示。

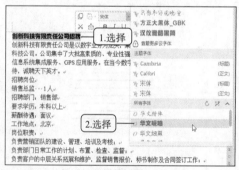

图 5-27　设置字体

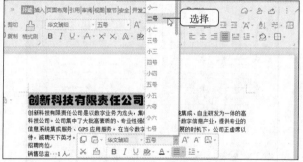

图 5-28　设置字号

微课：通过按钮
或下拉列表设置

2. 通过按钮或下拉列表设置

"开始"选项卡第二栏中的按钮和下拉列表的使用方法与浮动工具栏的相似，都是选择文本后单击相应的按钮，或在相应的下拉列表中选择所需的选项，具体操作如下。

（1）选择除标题文本外的文本内容，在"开始"选项卡第二栏中的"字号"下拉列表中选择"四号"选项，如图 5-29 所示。

（2）选择"招聘岗位"文本，在按住【Ctrl】键的同时选择"应聘方式"文本，在"开始"选项卡中单击"加粗"按钮 B，如图 5-30 所示。

（3）选择"销售总监 1 人"文本，在按住【Ctrl】键的同时选择"销售助理 5 人"文本，在"开始"选项卡中单击"下画线"按钮 U 右侧的下拉按钮，在打开的下拉列表中选择"粗线"选项，如图 5-31 所示。

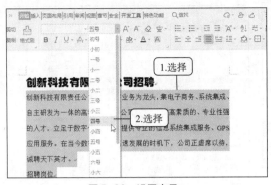

图 5-29　设置字号

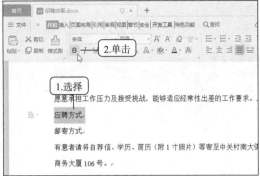

图 5-30　设置字形

> **提示**　在"开始"选项卡第二栏中单击"删除线"按钮，可为选择的文本添加删除线效果；单击"下标"按钮 ×₂ 或"上标"按钮 ×²，可将选择的文本设置为下标或上标形式；单击"增大字号"按钮 A⁺ 或"缩小字号"按钮 A⁻，可增大或缩小选中文本的字号。

（4）单击"字体颜色"按钮右侧的下拉按钮，在打开的下拉列表中选择"深红"选项，如图 5-32 所示。

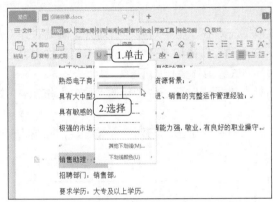

图 5-31　设置下画线

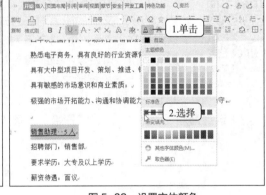

图 5-32　设置字体颜色

3. 通过"字体"对话框设置

在"开始"选项卡第二栏的右下角有一个对话框启动器图标，单击该图标可打开"字体"对话框，其中提供了更多选项，可用于设置间距和添加着重号等，具体操作如下。

微课：通过"字体"对话框设置

（1）选择标题文本，单击"开始"选项卡中第二栏右下角的对话框启动器图标。

（2）在打开的"字体"对话框中单击"字符间距"选项卡，在"缩放"下拉列表中输入数据"120"，在"间距"下拉列表中选择"加宽"选项，在其后"值"数值框中输入"1"，单位选择"磅"，如图 5-33 所示，设置完成后单击 确定 按钮。

（3）选择"数字业务"文本，单击"开始"选项卡第二栏右下角的对话框启动器图标，在打开的"字体"对话框中单击"字体"选项卡，在"所有文字"栏的"着重号"下拉列表中选择"."选项，如图 5-34 所示，设置完成后单击 确定 按钮。

图 5-33　设置字符间距

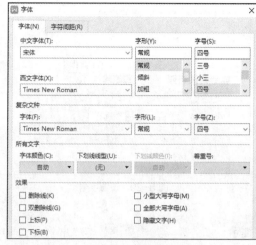

图 5-34　设置着重号

（三）设置段落格式

段落是文字、图形和其他对象的集合。"↵"是段落的结束标记。WPS 文字中的段落格式包括段落对齐方式、缩进、行间距和段间距等，设置段落格式可以使文档内容结构清晰、层次分明。

微课：设置段落
对齐方式

1. 设置段落对齐方式

WPS 文字的段落对齐方式包括左对齐、居中对齐、右对齐、两端对齐（默认对齐方式）和分散对齐 5 种，在浮动工具栏和"开始"选项卡第三栏中单击相应的按钮，可设置不同的段落对齐方式，具体操作如下。

（1）选择标题文本，在"开始"选项卡的第三栏中单击"居中"按钮，如图 5-35 所示。

（2）选择最后 3 行文本，在"开始"选项卡的第三栏中单击"右对齐"按钮，如图 5-36 所示。

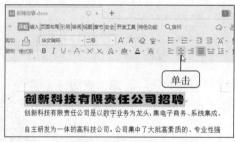

图 5-35　设置居中对齐

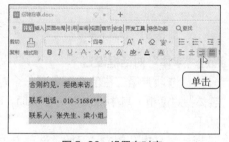

图 5-36　设置右对齐

微课：设置段落
缩进

2. 设置段落缩进

设置段落缩进是指调整段落左右两边的文本与页边距之间的距离，段落缩进方式包括左缩进、右缩进、首行缩进和悬挂缩进。通过"段落"对话框可以详细设置各种缩进量的值，具体操作如下。

（1）选择除标题和最后 3 行外的文本内容，单击"开始"选项卡第三栏右下角的对话框启动器图标。

（2）打开"段落"对话框，在"缩进"栏的"特殊格式"下拉列表中选择"首行缩进"选项，其后的"度量值"数值框中将自动显示数值为"2"，单击 确定 按钮，返回文档，效果如图 5-37 所示。

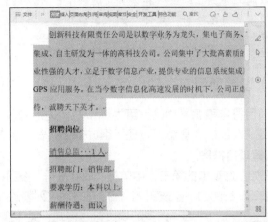

图 5-37　设置首行缩进

3. 设置行间距和段间距

行间距是指段落中从上一行文本底部到下一行文本顶部的距离。段间距是指相邻两段文本之间的距离，包括段前和段后的距离。WPS 文字默认的行间距是单倍行距，用户可根据实际需要在"段落"对话框中设置成 1.5 倍行距或 2 倍行距等，具体操作如下。

微课：设置行间距和段间距

（1）选择标题文本，单击"开始"选项卡中第三栏右下角的对话框启动器图标 ，打开"段落"对话框，单击"缩进和间距"选项卡，在"间距"栏的"段前"和"段后"数值框中分别输入"1"，单击 确定 按钮，如图 5-38 所示。

（2）选择"招聘岗位"文本，在按住【Ctrl】键的同时选择"应聘方式"文本，单击对话框启动器图标 ，打开"段落"对话框，在"缩进和间距"选项卡的"行距"下拉列表中选择"多倍行距"选项，其后的"设置值"数值框中将自动显示数值为"3"，单击 确定 按钮，如图 5-39 所示。

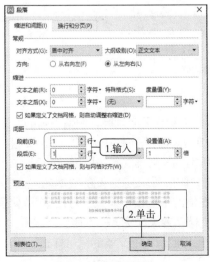

图 5-38　设置段间距　　　　　　　　　　图 5-39　设置行间距

（3）返回文档，即可看到设置行间距和段间距后的效果。

> **提示** 在"段落"对话框的"缩进和间距"选项卡中可以设置段落的对齐方式、文本缩进量和段间距等；在"换行和分页"选项卡中可以设置分页、换行和字符间距等，如按中文习惯设置首尾字符、允许标点溢出边界等。另外，在"开始"选项卡的第三栏中单击"行距"按钮，在打开的下拉列表中可选择"1.5""2.0""2.5"等行距倍数选项。

（四）设置项目符号和编号

使用项目符号和编号功能，可为属于并列关系的段落添加●、★、◆等项目符号，也可添加"1.2.3."或"A.B.C."等编号，还可组成多级列表，使文档内容层次分明、条理清晰。

1. 设置项目符号

在"开始"选项卡的第三栏中单击"项目符号"按钮，可添加默认样式的项目符号；单击"项目符号"按钮右侧的下拉按钮，在打开的下拉列表的"预设项目符号"栏和"稻壳项目符号"栏中可选择更多的项目符号样式，具体操作如下。

（1）选择"招聘岗位"文本，在按住【Ctrl】键的同时选择"应聘方式"文本。

（2）在"开始"选项卡的第三栏中单击"项目符号"按钮右侧的下拉按钮，在打开的下拉列表的"预设项目符号"栏中选择"◇◇◇"选项，返回文档，效果如图 5-40 所示。

微课：设置项目符号

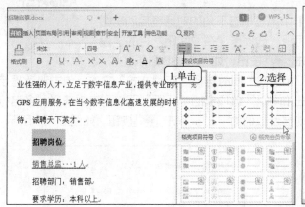 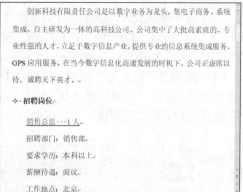

图 5-40　设置项目符号

2. 设置编号

编号主要用于按一定顺序排列的项目内容，如操作步骤和合同条款等。设置编号的方法与设置项目符号的方法相似，即在"开始"选项卡的第三栏中单击"编号"按钮或单击该按钮右侧的下拉按钮，在打开的下拉列表中选择所需的编号样式，具体操作如下。

（1）选择第一个"岗位职责："与"职位要求："之间的文本内容，在"开始"选项卡第三栏中单击"编号"按钮右侧的下拉按钮，在打开的下拉列表的"编号"栏中选择"1.2.3."选项，返回文档，效果如图 5-41 所示。

（2）使用相同的方法在文档中设置其他位置的文本的编号样式。

微课：设置编号

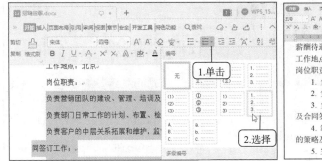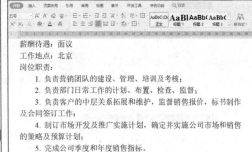

图 5-41　设置编号

（五）设置边框与底纹

在 WPS 文字中不仅可以为字符设置默认的边框与底纹，还可以为段落设置边框与底纹。

1. 为字符设置边框与底纹

在"开始"选项卡的第二栏中单击"字符边框"按钮或"字符底纹"按钮，可为字符设置相应的边框与底纹效果，具体操作如下。

（1）同时选择邮寄地址和电子邮件地址的文本，在"开始"选项卡第二栏中单击"字符边框"按钮设置字符边框，如图 5-42 所示。

（2）继续在"开始"选项卡的第二栏中单击"字符底纹"按钮，为字符设置底纹，如图 5-43 所示。

微课：为字符设置边框与底纹

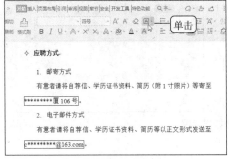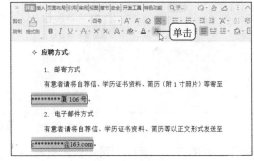

图 5-42　为字符设置边框　　　　图 5-43　为字符设置底纹

2. 为段落设置边框与底纹

在"开始"选项卡的第三栏中单击"底纹颜色"按钮右侧的下拉按钮，在打开的下拉列表中可设置不同颜色的底纹样式；单击"边框"按钮右侧的下拉按钮，在打开的下拉列表中可设置不同类型的框线，若选择了该下拉列表中的"边框和底纹"选项，则可在打开的"边框和底纹"对话框中详细设置边框与底纹样式，具体操作如下。

微课：为段落设置边框与底纹

（1）选择标题文本，在"开始"选项卡的第三栏中单击"底纹颜色"按钮右侧的下拉按钮，在打开的下拉列表中选择"深红"选项，如图 5-44 所示。

（2）选择第一个"岗位职责："与"职位要求："文本之间的段落，在"开始"选项卡的第三栏中单击"边框"按钮右侧的下拉按钮，在打开的下拉列表中选择"边框和底纹"选项，如图 5-45 所示。

图 5-44　设置底纹　　　　　　　　　图 5-45　选择"边框和底纹"选项

（3）打开"边框和底纹"对话框，在"边框"选项卡中的"设置"栏中选择"方框"选项，在"线型"列表框中选择第三个选项。

（4）如图 5-46 所示，单击"底纹"选项卡，在"填充"栏的下拉列表中选择"白色，背景 1，深色 15%"选项，单击 确定 按钮，为文本设置边框与底纹效果。

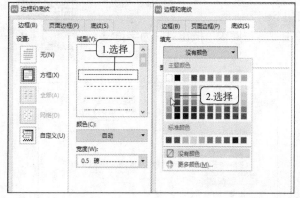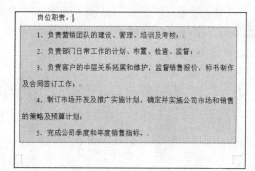

图 5-46　设置边框与底纹

（5）用相同的方法为其他段落设置边框与底纹。

（六）保护文档

微课：保护文档

为了防止他人随意查看文档内容，可以对 WPS 文档进行加密保护，具体操作如下。

（1）选择【文件】/【文档加密】命令，在打开的列表中选择"密码加密"选项。

（2）打开"密码加密"对话框，在"打开权限"栏中的对应文本框中输入打开文档密码"123456"；在"编辑权限"栏中的对应文本框中输入修改文档密码"123456"，单击 应用 按钮，如图 5-47 所示。

（3）返回工作界面，在快速访问工具栏中单击"保存"按钮保存设置。关闭该文档，再次打开该文档时，将打开"文档已加密"对话框，在文本框中输入密码，然后单击 确定 按钮，即可打开文档（配套文件:\效果文件\项目五\招聘启事.wps）。

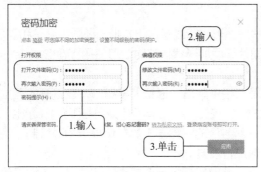

图 5-47　加密文档

任务三　编辑公司简介

任务要求

小李是公司行政部门的工作人员。张总让小李整理一份公司简介，在公司内部刊物上使用，要求通过公司简介让员工了解公司的理念、组织结构和经营项目等。接到任务后，小李查阅相关资料并拟定了公司简介草稿，他利用 WPS 文字的相关功能，对公司简介进行了设计制作，完成后的部分文档的效果如图 5-48 所示。相关要求如下。

查看"公司简介"
相关知识

- 打开"公司简介.wps"文档，在文档顶端插入多行文字文本框，然后输入文本。
- 将文本插入点定位到标题文本的左侧，插入公司标志，设置图片的显示方式为"浮于文字上方"，然后将其移动到"公司简介"文本的左侧，最后为其添加阴影效果。
- 删除标题文本"公司简介"，然后插入艺术字，输入"公司简介"，并将其调整到文本框正下方中间位置。
- 在"二、公司组织结构"的第二行插入一个空白流程图，在打开的"未命名文件"文档中，拖动"矩形"和"备注"两种图形来设置公司组织架构流程图。
- 通过"排列"选项卡调整"备注"图形的叠放层次，再利用"编辑"选项卡为"总经理""营销部""行政人事部""财务部"文本所在的 4 个图形更改填充颜色。
- 插入一个预设封面页中的第二种样式，然后在"标题"和"副标题"文本框中分别输入"公司简介"和"瀚兴国际贸易（上海）有限公司"文本，最后删除多余的文本框。

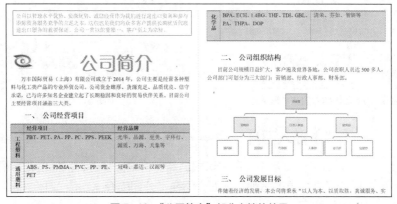

图 5-48　"公司简介"部分文档的效果

相关知识

形状是指具有某种规则形状的图形，如线条、正方形、椭圆、箭头和星形等。当需要在文档中绘制图形或为图片等添加形状标注时，可使用 WPS 文字的形状功能，具体操作如下。

微课：绘制形状

（1）在"插入"选项卡的第二栏中单击"形状"按钮，在打开的下拉列表中选择需要的形状，此时文档中的鼠标指针会变成＋，按住鼠标左键不放并向右下角拖动鼠标。

（2）释放鼠标左键，保持形状的选择状态，在新激活的"绘图工具"选项卡中对绘制形状的格式、大小、布局选项、层次方式、对齐方式等参数进行设置。

（3）将鼠标指针移动到形状边框的 控制点上，此时鼠标指针变成，按住鼠标左键不放并拖动鼠标，调整形状的旋转角度。

任务实现

（一）插入并编辑文本框

利用文本框可以制作出特殊的文档版式，文本框中可以输入文本，也可插入图片。文档中插入的文本框可以是 WPS 文字自带的文本框，也可以是手动绘制的横排或竖排文本框，具体操作如下。

微课：插入并编辑文本框

（1）打开"公司简介.wps"文档（配套文件\素材文件\项目五\公司简介.wps），将文本插入点定位到文档开始位置，在"插入"选项卡中单击 文本框 按钮，在打开的下拉列表中选择"多行文字"选项，如图 5-49 所示。

（2）将鼠标指针移至文档顶端，拖动鼠标至出现的文本框与页面宽度基本相同的位置后释放鼠标左键，插入一个文本框，并在其中输入图 5-50 所示的文本内容。

（3）全选文本框中的文本内容，通过"开始"选项卡将文本格式设置为"宋体，小四"，文本颜色设置为"暗板岩蓝，文本 2，浅色 40%"。

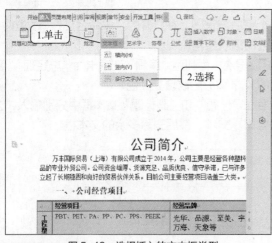
图 5-49　选择插入的文本框类型

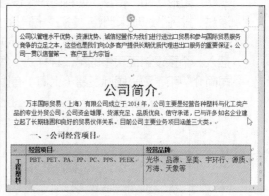
图 5-50　输入文本

（二）插入图片

在 WPS 文字中，用户可根据需要将来自文件、扫描仪和手机中的图片插入文档，使文档更加美观。下面介绍在"公司简介.wps"文档中插入图片的方法，具体操作如下。

微课：插入图片

（1）将文本插入点定位到标题文本的左侧，在"插入"选项卡中单击"图片"按钮 。

（2）在打开的"插入图片"窗口的"位置"栏中选择图片的路径，在窗口工作区中选择要插入的图片，这里选择"公司标志.jpg"图片（配套文件:\素材文件\项目五\公司标志.jpg），单击 打开(O) 按钮。

（3）插入图片的右侧将自动显示一个快速工具栏，通过该工具栏可以对图片进行裁剪、抠除背景、设置文字环绕方式等操作。这里单击"布局选项"按钮 ，在打开的列表中选择"浮于文字上方"选项，然后拖动图片四周的控制点调整图片大小，将图片向左侧拖动至适当位置后释放鼠标左键，效果如图 5-51 所示。

（4）选择插入的图片，在"图片工具"选项卡中单击"阴影颜色"按钮 右侧的下拉按钮 ，在打开的下拉列表中选择"钢蓝，着色 1，浅色 80%"选项，如图 5-52 所示。

图 5-51　调整图片位置与大小

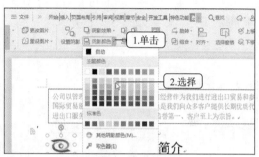

图 5-52　设置阴影效果

（三）插入艺术字

在文档中插入艺术字，可使文本呈现出不同的效果，达到提高文本美观度的目的。下面在"公司简介.wps"文档中插入艺术字，美化标题样式，具体操作如下。

微课：插入
艺术字

（1）删除标题文本"公司简介"，在"插入"选项卡的第六栏中单击"艺术字"按钮 ，在打开的下拉列表中选择图 5-53 所示的选项。

（2）此时文档中会自动添加一个带有默认文本样式的艺术字文本框，输入"公司简介"文本，并将其字体设置为"方正中倩简体"。

（3）选择艺术字文本框，将鼠标指针移至文本框边框上，当鼠标指针变为 时，将艺术字拖动到图 5-54 所示的位置。

图 5-53　选择艺术字样式

图 5-54　移动艺术字

（四）插入流程图

WPS 文字提供的流程图可以帮助用户整理和优化组织结构，而且操作很方便。另外，WPS 文

微课：插入
流程图

字还提供了多种流程图模板，如果用户在预设模板中没有找到自己想要的样式，还可以自行设计。下面在"公司简介.wps"文档中插入流程图，具体操作如下。

（1）将文本插入点定位到"二、公司组织结构"下第二行末尾处，按【Enter】键换行，在"插入"选项卡的第三栏中单击"流程图"按钮 ，在打开的"请选择流程图"窗口中单击"新建空白图"，如图 5-55 所示。

（2）稍后，系统会自动新建一个名为"未命名文件"的文档，将鼠标指针移至左侧"基础图形"列表中的"矩形"图形上，将其拖动至工作区顶端居中的位置，并在其中输入文本"总经理"，如图 5-56 所示。

（3）按照相同的操作方法，将基础图形中的"备注"图形添加到工作区中，调整其旋转角度后，将鼠标指针定位至"备注"图形右下角的控制点上，向右拖动以增加图形长度，将该图形移动至"矩形"图形的下方，效果如图 5-57 所示。

图 5-55　单击"新建空白图"

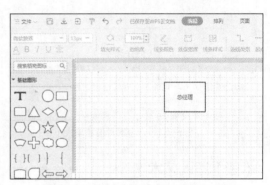

图 5-56　添加"矩形"图形并输入文本

（4）继续在工作区中添加 3 个"备注"图形和 9 个"矩形"图形，输入相应文本后调整其排列位置，如图 5-58 所示。

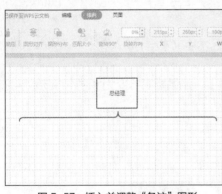

图 5-57　插入并调整"备注"图形

图 5-58　添加剩余图形

（5）选择"备注"图形，在"排列"选项卡中单击"置于底层"按钮 ，将"备注"图形显示在最底层。

（6）选择"总经理"文本所在的图形，在"编辑"选项卡中单击"填充样式"按钮 ，在打开的下拉列表中选择图 5-59 所示的选项。

（7）按照相同的操作方法，为流程图中"营销部""行政人事部""财务部"文本所在的图形填充"ffe6cc"颜色。

（8）单击标题栏中"未命名文件"名称右侧的"关闭"按钮 ，在打开的提示对话框中输入文件名，这里输入"组织结构图"，然后单击 确认修改 按钮，如图 5-60 所示。

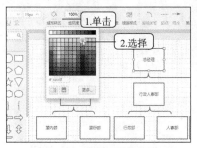

图 5-59 为图形填充颜色

图 5-60 文件重命名

（9）再次单击"插入"选项卡中的"流程图"按钮，在打开的"请选择流程图"窗口中选择"我的"列表中的"组织结构图"选项，然后单击 插入到文档 按钮，如图 5-61 所示，即可将制作好的流程图插入文档的指定位置。

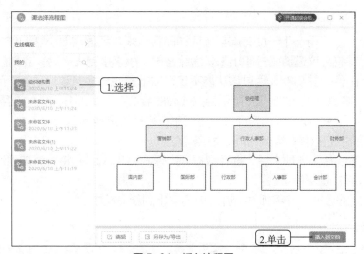

图 5-61 插入流程图

> **提示** 在"请选择流程图"窗口中选择要插入的流程图后，单击 编辑 按钮，可以在打开的文档中对选择的流程图进行修改，包括更改图形形状、样式、文字内容等；若单击 另存为/导出 按钮，可以在打开的列表中，选择流程图的导出类型，包括 PNG 图片、JPG 图片、PDF 文件等。

（五）添加封面

公司简介通常需要设置封面，在 WPS 文字中添加封面的具体操作如下。

（1）在"插入"选项卡的第一栏中单击"封面页"按钮，在打开的下拉列表中选择图 5-62 所示的样式。

（2）在"标题"和"副标题"文本框中分别输入文本"公司简介"和"瀚兴国际贸易（上海）有限公司"。

（3）选择"摘要"文本框，按【Delete】键将其删除，使用相同的方法删除"日期""ID 名称""日期及邮编地址"等文本框，封面最终效果如图 5-63 所示。

微课：添加封面

图 5-62　选择封面样式

图 5-63　封面最终效果

任务四　制作会议邀请函

查看"会议邀请函"相关知识

任务要求

公司一年一度的周年庆活动即将到来，经理需要小李制作一份会议邀请函，并将会议邀请函打印出来快递给客户。小李接到任务后，立刻想到 WPS 文字的邮件合并功能，通过该功能不仅可以批量生成多条数据记录，而且能有针对性地进行打印。图 5-64 所示为完成后的会议邀请函部分文档的效果。相关要求如下。

- 通过"稻壳商城"下载免费模板"邀请函"。
- 更正邀请函中的标题、宴会时间、地点等信息。
- 激活"邮件合并"选项卡后，选择数据源"嘉宾名单.xls"，将其添加到邀请函的标题中，然后插入合并域"嘉宾姓名"。
- 查看合并后的数据，并将邮件合并的内容输出到新文档中。

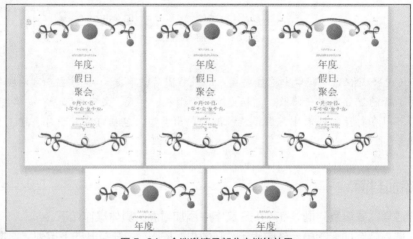

图 5-64　会议邀请函部分文档的效果

相关知识

邮件合并是一个强大的数据管理功能，适用于需要大量处理统一格式的文档的场景，包括制作邀请函、工资条、工牌等。使用 WPS 文字的邮件合并功能的具体操作如下。

（1）准备两份文件。其中一份为数据源，即记录变量信息的表格，这里为"嘉宾名单.xls"（配套文件:\素材文件\项目五\嘉宾名单.xls）；另一份为主文档，即统一样式的文档，这里为"邀请函.wps"。需要注意的是，数据源文件的扩展名应为".xls"。

（2）打开主文档，添加数据源。首先，在 WPS 文字中，打开统一样式的主文档，然后单击"引用"选项卡中的"邮件"按钮✉，激活"邮件合并"选项卡，选择"打开数据源"。

（3）插入合并域。选择数据源之后，单击"邮件合并"选项卡第二栏中的"插入合并域"按钮，在主文档中需要填写嘉宾姓名的位置插入合并域。

（4）查看合并数据。插入合并域完成后，意味着将数据源导入主文档的指定位置，此时可单击"邮件合并"选项卡第三栏的"查看合并数据"按钮，查看批量生成的邀请函。

（5）合并处理。预览确认无误后，用户可按需选择"合并到新文档""合并到不同新文档""合并到打印机""合并到电子邮件"4 种不同操作。其中，前面两种操作表示生成统一或独立的文档；后两种操作表示进行打印、邮件发出的进阶处理。

任务实现

（一）设计邀请函

WPS 文字提供了多种类型的模板供用户选择。下面通过稻壳模板下载邀请函，具体操作如下。

（1）启动 WPS Office 2019，进入其首页，在标题栏中单击"稻壳模板"选项卡，打开"稻壳商城"主页，在搜索栏中输入"邀请函"，按【Enter】键或单击 搜索 按钮。

（2）稍后，将在"稻壳商城"主页中显示所有符合搜索要求的邀请函模板，其中有免费和付费两种模板，这里选择图 5-65 所示的模板，单击 免费下载 按钮。

（3）进入试读页面，试读完成后单击 免费下载 按钮，稍后将成功下载所选的模板，并在新的文档中自动打开下载的模板，如图 5-66 所示。

图 5-65　下载免费模板

图 5-66　下载的模板

（4）按【F12】键，打开"另存为"窗口，在"位置"列表框中选择文档的保存位置；在"文件名"文本框中输入文档的名称"邀请函"，然后单击 保存(S) 按钮。

（5）将下载的邀请函模板中的标题修改为"×××您好:"，并将邀请函中的会议时间地点、联系方式等信息按实际需求重新更正，效果如图 5-67 所示。

图 5-67　更改模板信息效果

提示　用户可以将制作好的邀请函另存为模板，方便日后使用。将邀请函另存为模板的方法为：打开"另存为"窗口，设置好文档的保存位置和名称，在"文件类型"下拉列表中选择"WPS 文字 模板文件"选项，单击 保存(S) 按钮。这样即可将邀请函保存为模板，下次使用时只需更改邀请人信息，便可快速制作好邀请函。

（二）邮件合并

微课：邮件合并

邮件合并功能可以将内容有变化的部分，如姓名或地址等制作成数据源，把文档内容相同的部分制作成主文档，然后将数据源中的信息合并到主文档。下面通过 WPS 文字的邮件合并功能批量生成与打印邀请函，具体操作如下。

（1）将鼠标指针定位到邀请函的标题中，然后单击"引用"选项卡中的"邮件"按钮✉，如图 5-68 所示。

（2）打开"邮件合并"选项卡，单击"打开数据源"按钮，打开"选取数据源"对话框，在"位置"下拉列表中选择数据源的保存位置。在相应的文件列表中选择"嘉宾名单.xls"选项，然后单击 打开(O) 按钮，如图 5-69 所示。

图 5-68　单击"邮件"按钮

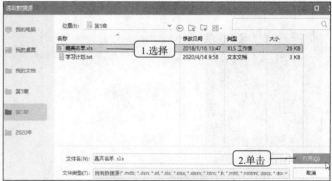

图 5-69　链接数据源

（3）选择标题中的文本"×××"，然后单击"邮件合并"选项卡中的"插入合并域"按钮。

（4）打开"插入域"对话框，在"插入"栏中选中"数据库域"单选按钮；在"域"列表中选择"嘉宾姓名"选项，如图 5-70 所示，然后依次单击 插入(I) 按钮和 关闭 按钮。

（5）返回 WPS 文字工作界面，标题中自动显示了数据源中的嘉宾姓名，单击"查看合并数据"按钮，可以查看被邀请嘉宾的姓名，如图 5-71 所示。

图 5-70　选择插入的域

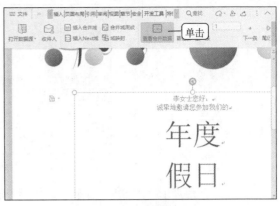

图 5-71　合并数据

（6）在"邮件合并"选项卡中单击"下一条"按钮 ，可以查看下一条嘉宾邀请函。

（7）在"邮件合并"选项卡中单击"合并到新文档"按钮 ，如图 5-72 所示。

（8）打开"合并到新文档"对话框，选中"全部"单选按钮，然后单击 按钮。此时，合并的内容会在一个新文档中显示出来。由于数据源中有 5 位嘉宾的信息，因此，新建文档中将会出现 5 条记录，如图 5-73 所示。单击快速访问工具栏的"打印"按钮 ，即可打印邀请函（配套文件:\效果文件\项目五\邀请函.wps）。

图 5-72　合并文档

图 5-73　批量生成记录

课后练习

1. 启动 WPS 文字，按照下列要求对文档进行操作，参考效果如图 5-74 所示。

（1）新建空白文档，将其命名为"产品宣传单.wps"并保存，在文档中插入"背景图片.jpg"图片（配套文件:\素材文件\项目五\课后练习\背景图片.jpg），设置图片环绕方式为"衬于文字下方"。

查看制作"产品宣传单"的方法

（2）插入"渐变填充-亮石板灰"效果的艺术字，在其中输入文本"保湿美白面膜"，然后将艺术字的填充颜色设置为"橙色"，字体设置为"方正兰亭粗黑简体"，并调整艺术字的位置。

（3）插入文本框并输入文本，在其中设置文本的项目符号为"加粗空心方形"，然后设置形状填充为"无填充颜色"，形状轮廓为"无轮廓"；设置文本的艺术字样式为"黑色，文本 1，浅色 25%"，字号为"四号"，字形为"加粗"。最后调整文本框的大小和位置。

图 5-74　"产品宣传单"效果

（4）插入"爆炸形 1"图形，在插入的图形中输入文本"修复敏感"，通过"绘图工具"选项卡设置图形填充色为"矢车菊蓝，着色 5，浅色 40%"，轮廓颜色为"橙色"。

（5）通过"绘图工具"选项卡将文本格式设置为"方正兰亭粗黑简体，三号"；设置文本填充色为"巧克力黄，着色 6，深色 25%"，调整"爆炸形 1"图形的位置与大小（配套文件:\效果文件\项目五\课后练习\产品宣传单.wps）。

查看制作"工作计划"的方法

2. 打开"工作计划.wps"文档，按照下列要求对文档进行操作，参考效果如图 5-75 所示。

（1）打开素材文件"工作计划.wps"文档（配套文件:\素材文件\项目五\课后练习\工作计划.wps），将光标定位到第一段文本的最左侧，单击"插入"选项卡中的"封面页"按钮，插入"预设封面页"中的最后一个封面，将封面页中除标题和副标题文本框外的所有文本框都删除，并在标题和副标题文本框中分别输入文本"8 月工作计划""张小明"。

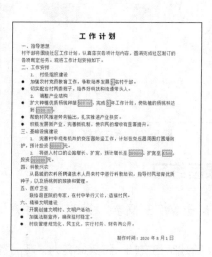

图 5-75　"工作计划"效果

（2）选择标题文本，在"开始"选项卡中将文本格式设置为"思源黑体，三号，居中"，将字符间距设置为"加宽，3 磅"。

（3）通过"开始"选项卡中的"段落"对话框，将"一、指导思想"文本下方的段落格式设置为"首行缩进，2 字符"。

（4）按住【Ctrl】键，选择"村级组织建设""调整产业结构""三、基础设施建设"文本下方的段落文本，为其设置编号"（1）（2）（3）…"，并将其段落格式设置为"首行缩进，0.75 厘米"。

（5）选择"村级组织建设""调整产业结构""精神文明建设"文本下方的文本，在"开始"选项卡的第三栏中单击"项目符号"按钮 右侧的下拉按钮 ，在打开的下拉列表中选择"带填充效果的大圆形项目符号"选项。

（6）将文档中所有数字的文本格式设置为"灰色底纹，加粗，红色"效果，并将最后一段文本右对齐（配套文件:\效果文件\项目五\课后练习\工作计划.wps）。

3. 打开"计算机管理规定.wps"文档（配套文件:\素材文件\项目五\课后练习\计算机管理规定.wps），按照下列要求对文档进行操作，参考效果如图 5-76 所示。

查看制作"计算机管理规定"的方法

（1）将文档中的"电脑"文本替换为"计算机"，为相应的文本内容设置编号"1.2.3.…"。

（2）设置标题文本的字体格式为"宋体，二号，加粗"，段落对齐方式为"居中"，段前段后间距均为"2"。正文内容的字号为"四号"，段落缩进方式为"首行缩进"。

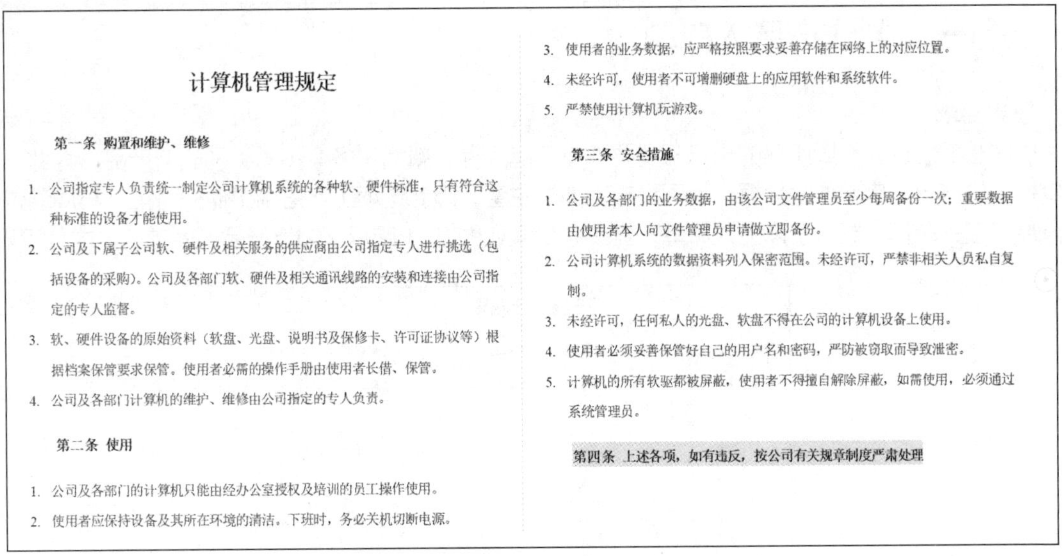

（3）设置"第一条 购置和维护、维修""第二条 使用""第三条 安全措施""第四条 上述各项，如有违反，按公司有关规章制度严肃处理"文本的字体格式为"宋体，四号，加粗"，段前段后间距均为"1"。设置字体格式时，可先设置"第一条 购置和维护、维修"文本的字体格式，然后用格式刷复制格式。

（4）选择"第四条 上述各项，如有违反，按公司有关规章制度严肃处理"文本，然后在"开始"选项卡第二列中单击"突出显示"按钮 右侧的下拉按钮 ，在打开的下拉列表中选择"黄色"选项，设置黄色底纹（配套文件:\效果文件\项目五\课后练习\计算机管理规定.wps）。

图 5-76 "计算机管理规定"文档效果

项目六
排版文档

06

WPS 文字不仅可以实现简单的图文编辑，还能实现长文档的编辑和版式设计。本项目将通过 3 个典型任务，介绍使用 WPS 文字对文档进行排版的方法，包括在文档中插入与编辑表格、使用样式控制文档格式、页面设置、排版和打印设置等。

课堂学习及素养目标

- 制作产品入库单。
- 排版考勤管理规范。

- 排版和打印毕业论文。
- 培养规则意识。

任务一 制作产品入库单

任务要求

国庆假期临近，小周所在的市场部需要扩充产品库存，新增了多个不同类别的新产品，为此，需要制作一份产品入库单作为凭据。小周是市场部的主管，因此这项工作落到了他的身上，小周通过整理产品和相关单据，制作了产品入库单，其参考效果如图 6-1 所示。制作产品入库单的要求如下。

产品入库单

序号	产品名称	类别	单价元/kg	应收数量斤/kg	实收数量斤/kg	金额合计/元	入库日期	备注
1	香蕉	水果	2.5	30	28.5	￥71.25	2020-8-10	
2	苹果	水果	5.5	40	39	￥214.50	2020-8-10	
3	开心果	坚果	45	20	44.2	￥1,989.00	2020-8-10	
4	松子	坚果	65	20	63.5	￥4,127.50	2020-8-10	
5	鸡蛋	副食品	8.5	25	22	￥187.00	2020-8-10	
6	羊肉	副食品	30	40	40	￥1,200.00	2020-8-10	
7	李子	水果	3	30	29	￥87.00	2020-8-10	
8	火龙果	水果	6	28	26.8	￥160.80	2020-8-10	
9	核桃	坚果	68	26	25.6	￥1,740.80	2020-8-10	
10	猪肉	副食品	22.5	50	50	￥1,125.00	2020-8-10	
11	牛肉	副食品	55	40	40	￥2,200.00	2020-8-10	
12	合计			349	408.6	￥13,102.85		

图 6-1 "产品入库单"文档效果

- 输入标题"产品入库单"文本，设置文本格式为"思源黑体 CN ExtraLight，小一，居中对齐"。
- 创建一个 9 列 13 行的表格，将鼠标指针移动到表格右下角的控制点上，拖动鼠标调整表格高度。
- 合并第 13 行的第 2 列、第 3 列和第 4 列单元格，拖动鼠标调整表格第 2 列的列宽。
- 平均分配第 2~7 列的宽度，在表格第一行下方插入一行单元格。
- 在表格对应的位置输入图 6-1 所示的文本，然后设置文本对齐方式为"居中对齐"，并为第 1 行单元格设置字体格式为"思源黑体 CN Heavy，小四"，底纹样式为"白色，背景 1，深色 5%"；为最后一行的第 2 个单元格设置文本格式为"华文细黑，加粗，五号"，底纹样式为"白色，背景 1，深色 5%"。
- 选择整个表格，设置表格宽度为"根据内容自动调整表格"，对齐方式为"水平居中"。
- 设置表格外边框样式为"虚线"，颜色为"钢蓝，着色 5"，为最后一行的上边框设置样式为"双实线"的边框。
- 最后使用"D2*F2"和"SUM(E2:E12)"公式计算金额和合计项。

相关知识

（一）插入表格

在 WPS 文字中插入的表格主要有自动表格、指定行列的表格、手动绘制的表格和内容型表格 4 种，下面具体介绍。

微课：插入
自动表格

1. 插入自动表格

插入自动表格的具体操作如下。

（1）将文本插入点定位到需插入表格的位置，在"插入"选项卡的第 3 栏中单击"表格"按钮 ⊞。

（2）将鼠标指针移动到打开的下拉列表中"插入表格"栏的某个单元格上，此时呈黄色边框显示的单元格为将要插入的单元格，如图 6-2 所示。

（3）单击确认即可完成插入操作。

微课：插入指定
行列的表格

2. 插入指定行列的表格

插入指定行列的表格的具体操作如下。

（1）在"插入"选项卡的第 3 栏中单击"表格"按钮 ⊞，在打开的下拉列表中选择"插入表格"选项，打开"插入表格"对话框。

（2）在该对话框中可以自定义表格的列数和行数，然后单击 确定 按钮即可创建表格，如图 6-3 所示。

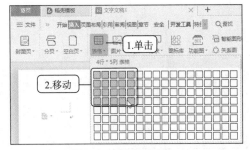
图 6-2 插入自动表格

图 6-3 插入指定行列的表格

3．绘制表格

通过自动插入的方式只能插入比较规则的表格，对于一些较复杂的表格，可以手动绘制，具体操作如下。

微课：绘制表格

（1）在"插入"选项卡的第 3 栏中单击"表格"按钮▦，在打开的下拉列表中选择"绘制表格"选项。

（2）此时鼠标指针呈，在需要插入表格的地方拖动鼠标，此时出现一个虚线框，在该虚线框右下角会显示所绘制表格的行数和列数，拖动鼠标将虚线框调整到适当大小后释放鼠标左键，即可绘制出表格，如图 6-4 所示。

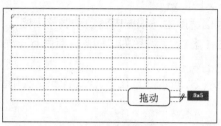

图 6-4　手动绘制表格

4．插入内容型表格

微课：插入内容
型表格

在 WPS 文字中除了可以插入空白表格外，还可以插入内容型表格，包括汇报表、统计表、物资表等，具体操作如下。

（1）在"插入"选项卡的第 3 栏中单击"表格"按钮▦，在打开的下拉列表中的"插入内容型表格"栏中提供了多种类型的表格，如图 6-5 所示，选择其中任意一种表格类型。

图 6-5　插入内容型表格

（2）稍后系统会自动打开"在线表格"界面，其中提供了不同类型的自带内容的表格，如图 6-6 所示。用户可以根据需要下载表格，将鼠标指针移至要插入的表格上，单击 按钮，将所选表格插入 WPS 文字。

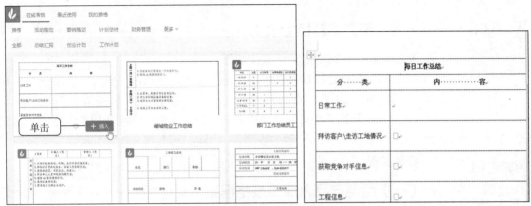

图 6-6　插入自带内容的"每日工作总结"表格

（二）选择表格

在文档中可对插入的表格进行调整，调整表格前需先选择表格，在 WPS 文字中选择表格主要包括以下 3 种情况。

1. 选择整行表格

选择整行表格主要有以下两种方法。

- 将鼠标指针移至表格左侧，当鼠标指针呈 时，单击可以选择整行。如果向上或向下拖动鼠标，则可以选择多行表格。
- 在需要选择的行列中单击任意单元格，在"表格工具"选项卡的最后一列中单击"选择"按钮 ，在打开的下拉列表中选择"选择行"选项可选择该行表格。

2. 选择整列表格

选择整列表格主要有以下两种方法。

- 将鼠标指针移至表格顶端，当鼠标指针呈 时，单击可选择整列。如果向左或向右拖动鼠标，则可选择多列表格。
- 在需要选择的行列中单击任意单元格，在"表格工具"选项卡的最后一列中单击"选择"按钮 ，在打开的下拉列表中选择"选择列"选项可选择该列表格。

3. 选择整个表格

选择整个表格主要有以下 3 种方法。

- 将鼠标指针移至表格边框线上，然后单击表格左上角的"全选"按钮 ，可选择整个表格。
- 将鼠标指针移至插入表格的起始单元格内，然后拖动鼠标选择表格中的所有单元格，即可选择整个表格。
- 在表格内单击任意单元格，在"表格工具"选项卡的最后一列中单击"选择"按钮 ，在打开的下拉列表中选择"选择表格"选项，可选择整个表格。

（三）将表格转换为文本

将表格转换为文本的具体操作如下。

（1）单击表格左上角的"全选"按钮⊞选择整个表格，然后在"表格工具"选项卡的倒数第 2 栏中单击"转换为文本"按钮▥。

（2）打开"表格转换成文本"对话框，在其中选择合适的文字分隔符，单击 确定 按钮，即可将表格转换为文本。

微课：将表格转换为文本

（四）将文本转换为表格

将文本转换为表格的具体操作如下。

（1）拖动鼠标选择需要转换为表格的文本，然后在"插入"选项卡的第 3 栏中单击"表格"按钮▥，在打开的下拉列表中选择"文本转换成表格"选项。

（2）在打开的"将文字转换成表格"对话框中根据需要设置表格尺寸和文本分隔符位置，单击 确定 按钮，即可将文本转换为表格。

微课：将文本转换为表格

任务实现

（一）绘制产品入库单表格框架

在使用 WPS 文字制作表格时，最好事先在纸上绘制表格的草图，规划行列数，然后在 WPS 文字中创建并编辑表格，以便快速创建表格，具体操作如下。

（1）启动 WPS 文字，新建一个空白文档，在文档的开始位置输入标题"产品入库单"文本，然后按【Enter】键。

（2）在"插入"选项卡的第 3 栏中单击"表格"按钮▥，在打开的下拉列表中选择"插入表格"选项，打开"插入表格"对话框。

（3）在该对话框中分别将"列数"和"行数"设置为"9"和"13"，如图 6-7 所示。

（4）单击 确定 按钮即可创建表格。选择标题文本，在"开始"选项卡中设置字体格式为"思源黑体 CN Heavy，小一"，并设置对齐方式为"居中对齐"，效果如图 6-8 所示。

图 6-7　设置行列数

图 6-8　设置标题文本的效果

（5）将鼠标指针移动到表格右下角的控制点▫上，向下拖动鼠标调整表格的高度，如图 6-9 所示。

（6）将鼠标指针移至第 2 列单元格左侧的边框上，当鼠标指针变为✛后，向左拖动鼠标，手动调整列宽。

（7）选择表格第 2～7 列单元格，在"表格工具"选项卡中单击"自动调整"按钮▥，在打开的下拉列表中选择"平均分布各列"选项，平均分配所选列的宽度。

（8）选择表格中第 12 行的第 2 列、第 3 列和第 4 列单元格，在"表格工具"选项卡中单击"合并单元格"按钮▦，或单击鼠标右键，在弹出的快捷菜单中选择"合并单元格"命令来合并单元格，如图 6-10 所示。

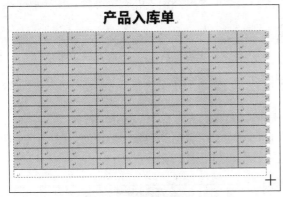

图 6-9　调整表格高度

图 6-10　合并单元格

（二）编辑产品入库单表格

在制作表格时，通常需要在指定位置插入一些行列单元格，或将多余的表格合并或拆分等，以满足实际需要，具体操作如下。

（1）将鼠标指针移动到第一行左侧，当其变为↗时，单击选择该行单元格，在"表格工具"选项卡中单击"在下方插入行"按钮▤；或将鼠标指针移动到第一行和第二行之间，当出现⊕按钮时单击，即可在表格第一行下方插入一行单元格，如图 6-11 所示。

（2）选择第 14 行的某个单元格，单击鼠标右键，在弹出的快捷菜单中选择"删除单元格"命令，打开"删除单元格"对话框，在其中选中"删除整行"单选按钮，单击 确定 按钮即可，如图 6-12 所示。

微课：编辑产品
入库单表格

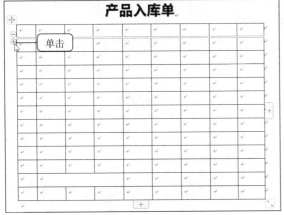

图 6-11　插入单元格　　　　　　　　图 6-12　删除单元格

> **提示**　在选择整行或整列单元格后，单击鼠标右键，在弹出的快捷菜单中选择相应的命令，也可实现单元格的插入、删除和合并等操作，如选择【插入】/【列（在左侧）】命令，可在选择列的左侧插入一列空白单元格。

（三）输入与编辑表格内容

微课：输入与编辑表格内容

将表格形状设置好后，就可以在表格中输入相关的表格内容，并设置对应的格式，具体操作如下。

（1）在表格中对应的位置输入相关的文本内容，具体内容可参考提供的效果文件（配套文件:\效果文件\项目六\产品入库单.wps），如图 6-13 所示。

（2）选择第一行单元格中的文本，设置字体格式为“思源黑体 CN Heavy，小四”。

（3）在表格上单击“全选”按钮⊞选择整个表格，设置对齐方式为“居中对齐”。

（4）保持表格的选中状态，在“表格工具”选项卡中单击“自动调整”按钮，在打开的下拉列表中选择“根据内容调整表格”选项，完成后的效果如图 6-14 所示。

产品入库单

序号	产品名称	类别	单价元/kg	应收数量斤/kg	实收数量斤/kg	金额合计/元	入库日期	备注
1	香蕉	水果	2.5	30	28.5		2020-8-10	
2	苹果	水果	5.5	40	39		2020-8-10	
3	开心果	坚果	45	20	44.2		2020-8-10	
4	松子	坚果	65	20	63.5		2020-8-10	
5	鸡蛋	副食品	8.5	25	22		2020-8-10	
6	羊肉	副食品	30	40	40		2020-8-10	
7	李子	水果	3	30	29		2020-8-10	
8	火龙果	水果	6	28	26.8		2020-8-10	
9	核桃	坚果	68	26	25.6		2020-8-10	
10	猪肉	副食品	22.5	50	50		2020-8-10	
11	牛肉	副食品	55	40	40		2020-8-10	
12	合计							

图 6-13　输入文本

产品入库单

序号	产品名称	类别	单价元/kg	应收数量斤/kg	实收数量斤/kg	金额合计/元	入库日期	备注
1	香蕉	水果	2.5	30	28.5		2020-8-10	
2	苹果	水果	5.5	40	39		2020-8-10	
3	开心果	坚果	45	20	44.2		2020-8-10	
4	松子	坚果	65	20	63.5		2020-8-10	
5	鸡蛋	副食品	8.5	25	22		2020-8-10	
6	羊肉	副食品	30	40	40		2020-8-10	
7	李子	水果	3	30	29		2020-8-10	
8	火龙果	水果	6	28	26.8		2020-8-10	
9	核桃	坚果	68	26	25.6		2020-8-10	
10	猪肉	副食品	22.5	50	50		2020-8-10	
11	牛肉	副食品	55	40	40		2020-8-10	
12	合计							

图 6-14　调整表格列宽适应内容的效果

（5）此时，表头中部分单元格的文本内容呈多行显示，需要手动调整其宽度。将鼠标指针移至文本“单价元/kg”所在列的单元格右侧的边框上，当鼠标指针变为⟺形状后，按住鼠标左键并向右拖动鼠标，增加列宽，效果如图 6-15 所示。

（6）按照相同的操作方法，调整其他单元格的列宽。

（7）在“表格工具”选项卡中单击“对齐方式”下拉按钮，在打开的下拉列表中选择“水平居中”选项，设置文本对齐方式为“水平居中”，效果如图 6-16 所示。

产品入库单

拖动

序号	产品名称	类别	单价元/kg	应收数量斤/kg	实收数量斤/kg	金额合计/元	入库日期	备注
1	香蕉	水果	2.5	30	28.5		2020-8-10	
2	苹果	水果	5.5	40	39		2020-8-10	
3	开心果	坚果	45	20	44.2		2020-8-10	
4	松子	坚果	65	20	63.5		2020-8-10	
5	鸡蛋	副食品	8.5	25	22		2020-8-10	
6	羊肉	副食品	30	40	40		2020-8-10	
7	李子	水果	3	30	29		2020-8-10	
8	火龙果	水果	6	28	26.8		2020-8-10	
9	核桃	坚果	68	26	25.6		2020-8-10	
10	猪肉	副食品	22.5	50	50		2020-8-10	
11	牛肉	副食品	55	40	40		2020-8-10	
12	合计							

图 6-15　手动调整单元格列宽的效果

产品入库单

序号	产品名称	类别	单价元/kg	应收数量斤/kg	实收数量斤/kg	金额合计/元	入库日期	备注
1	香蕉	水果	2.5	30	28.5		2020-8-10	
2	苹果	水果	5.5	40	39		2020-8-10	
3	开心果	坚果	45	20	44.2		2020-8-10	
4	松子	坚果	65	20	63.5		2020-8-10	
5	鸡蛋	副食品	8.5	25	22		2020-8-10	
6	羊肉	副食品	30	40	40		2020-8-10	
7	李子	水果	3	30	29		2020-8-10	
8	火龙果	水果	6	28	26.8		2020-8-10	
9	核桃	坚果	68	26	25.6		2020-8-10	
10	猪肉	副食品	22.5	50	50		2020-8-10	
11	牛肉	副食品	55	40	40		2020-8-10	
12	合计							

图 6-16　调整表格中文本对齐方式的效果

（四）设置与美化表格

完成表格内容的编辑后，还可以设置表格的边框和填充颜色，以美化表格，具体操作如下。

微课：设置
与美化表格

（1）选择整个表格，在"表格样式"选项卡中单击"边框"按钮🔲右侧的下拉按钮▾，在打开的下拉列表中选择"边框和底纹"选项。

（2）打开"边框和底纹"对话框，在"线型"列表框中选择第三个选项；在"颜色"下拉列表中选择"主题颜色"栏中的"钢蓝，着色 5"选项；在"设置"栏中选择"网格"选项，如图 6-17 所示。

（3）单击 确定 按钮，完成表格外边框的设置，效果如图 6-18 所示。

图 6-17 设置外边框

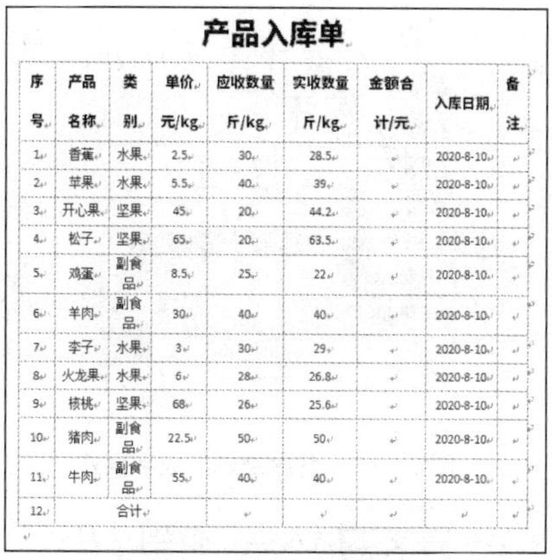

图 6-18 设置外边框后的效果

（4）选择最后一行单元格，打开"边框和底纹"对话框，在"设置"栏中选择"自定义"选项；在"线型"列表框中选择"双实线"选项；在"预览"栏中单击"顶部应用"按钮🔲；单击 确定 按钮，如图 6-19 所示。

（5）选择"合计"文本所在的单元格，在"开始"选项卡中将字体格式设置为"华文细黑，加粗"。

（6）按住【Ctrl】键依次选择第一行单元格和最后一行第二个单元格，在"表格样式"组中单击"底纹"按钮🔲右侧的下拉按钮▾，在打开的下拉列表中选择"白色，背景 1，深色 5%"选项，完成单元格底纹的设置，效果如图 6-20 所示。

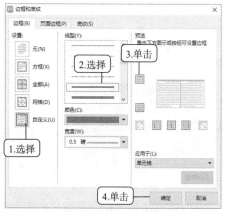

图 6-19 设置上边框

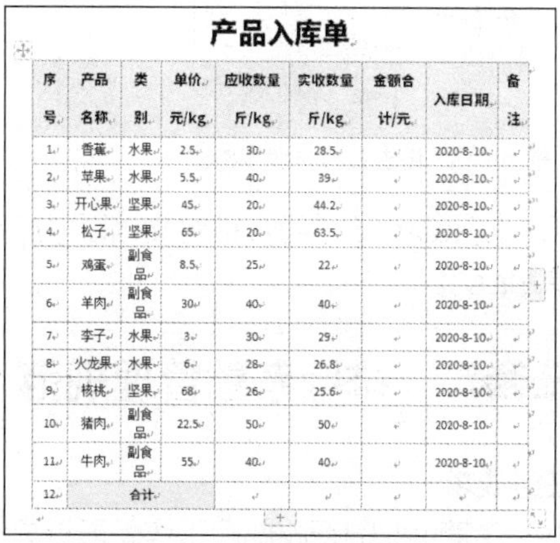

图 6-20 为单元格添加底纹后的效果

（五）计算表格中的数据

微课：计算表格
中的数据

可以对使用 WPS 文字制作的表格中的数据进行简单的计算，具体操作如下。

（1）将文本插入点定位到"金额合计/元"单元格下方的单元格中，在"表格工具"选项卡中单击"公式"按钮 *fx*。

（2）打开"公式"对话框，在"公式"栏中输入"=D2*F2"；在"辅助"栏中的"数字格式"下拉列表中选择图 6-21 所示的选项。

（3）单击 **确定** 按钮，完成该单元格数据计算，使用相同的方法计算其他合计项，然后再次调整部分列宽，完成后的效果如图 6-22 所示。

图 6-21　设置公式与数字格式

图 6-22　使用公式计算后的效果

（4）将文本插入点定位到"合计"单元格右侧的单元格中，打开"公式"对话框，在"辅助"栏中的"粘贴函数"下拉列表中选择"SUM"选项；在"公式"栏中光标闪烁处输入文本"E2:E12"；在"数字格式"下拉列表中选择"0"，如图 6-23 所示。

（5）单击 **确定** 按钮，完成该单元格数据的计算，使用相同的方法计算其他合计项，完成后的效果如图 6-24 所示。

图 6-23　设置公式与数字格式

图 6-24　使用公式计算后的效果

（6）按【Ctrl+S】组合键将文档以"产品入库单"为名保存（配套文件:\效果文件\项目六\产品入库单.wps）。

任务二　排版考勤管理规范

任务要求

小李在某企业的行政部门工作，最近总经理发现员工工作比较懒散，决定严格执行考勤制度。

于是总经理要求小李制作一份考勤管理规范，便于内部员工使用。小李打开原有的"考勤管理规范.wps"文档，经过一番研究，最后决定使用 WPS 文字的相关功能重新设计、制作考勤管理规范，完成后的参考效果如图 6-25 所示，相关要求如下。

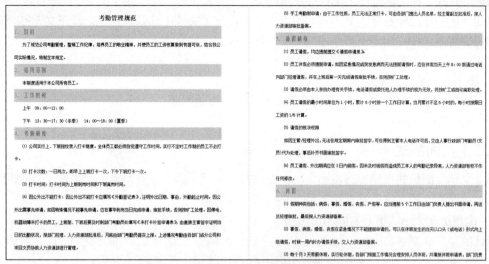

图 6-25　排版"考勤管理规范"文档后的效果

- 打开文档，将纸张的"宽度"和"高度"分别设置为"20 厘米"和"28 厘米"。
- 设置上、下页边距均为"1 厘米"，设置左、右页边距均为"1.5 厘米"。
- 为标题应用内置的"标题 1"样式，新建"小项目"样式，设置格式为"方正中雅宋简，小三，1.5 倍行距"，底纹为"白色，背景 1，深色 5%"。
- 修改"小项目"样式，设置文本颜色为"金色，暗橄榄绿渐变"；文本阴影效果为"右下斜偏移"。

相关知识

（一）模板与样式

模板与样式是 WPS 文字中常用的排版工具，下面介绍模板与样式的相关知识。

1. 模板

WPS 文字的模板是一种固定样式的框架，包含相应的文字和样式。新建模板的方法为：打开想要作为模板使用的文档，选择【文件】/【另存为】/【WPS 文字 模板文件（*.wpt）】命令，如图 6-26 所示。在打开的"另存为"窗口中，设置文件名和保存位置，然后单击 保存(S) 按钮。

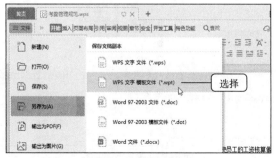

图 6-26　新建模板

2. 样式

在编排一篇长文档或一本书时，需要对许多文字和段落进行相同的排版工作，如果只是利用文本格式和段落格式进行排版，不仅费时费力，还很难使文档格式保持一致。使用样式能减少许多重复的操作，并在短时间内制作出高排版质量的文档。

样式是指一组已经命名的文本和段落格式。它设定了文档中标题、题注以及正文等各个文档元素的格式。将某种样式应用于某个段落，或段落中被选择的文本上，选择的段落或文本便具有这种样式的格式。对文档应用样式主要有以下作用。

- 便于统一文档的格式。
- 便于构筑大纲，使文档有条理，编辑和修改文档更简单。
- 便于生成目录。

（二）页面版式

设置文档页面版式包括设置页面大小、页面方向和页边距，以及设置页面背景、添加封面、添加水印和设置主题等，这些设置将应用于文档的所有页面。

1. 设置页面大小、页面方向和页边距

默认的 WPS 文字页面大小为 A4 大小（21 厘米×29.7 厘米），页面方向为纵向，页边距为普通，在"页面布局"选项卡中单击相应的按钮便可进行修改，下面一一介绍。

- 单击"纸张大小"按钮 下方的下拉按钮，在打开的下拉列表中选择一种页面大小；或选择"其他页面大小"选项，在打开的"页面设置"对话框中设置文档的宽度和高度。
- 单击"纸张方向"按钮 下方的下拉按钮，在打开的下拉列表中选择"横向"选项，可将页面设置为横向。
- 单击"页边距"按钮 下方的下拉按钮，在打开的下拉列表中选择一种页边距；或选择"自定义页边距"选项，在打开的"页面设置"对话框中设置上、下、左、右页边距。

2. 设置页面背景

在 WPS 文字中，页面背景可以是纯色背景、渐变色背景和图片背景。设置页面背景的方法是：在"页面布局"选项卡中单击"背景"按钮 ，在打开的下拉列表中选择一种页面背景颜色，如图 6-27 所示。选择"其他背景"选项，在子列表中选择"渐变""纹理""图案"，均可打开"填充效果"对话框，在其中可以对页面背景应用渐变、纹理、图案、图片等不同填充效果。

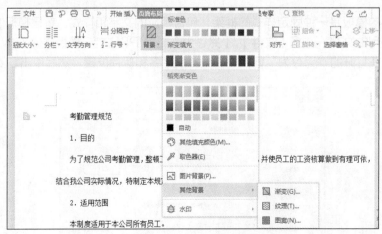

图 6-27　设置页面背景

3. 添加封面

在制作某些办公文档时，可添加封面表现文档的主题。封面内容一般包含标题、副标题、文档摘要、编写时间、作者和公司名称等。添加封面的方法是：在"插入"选项卡中单击"封面页"按钮，在打开的下拉列表中选择一种封面样式，为文档添加该封面，然后根据实际需求修改封面的内容。

4. 添加水印

制作办公文档时，可为文档添加水印，如添加"保密""严禁复制""文本"水印等。添加水印的方法是：在"插入"选项卡中单击"水印"按钮，打开图 6-28 所示的下拉列表，在其中选择一种水印效果。如果对预设的水印样式不满意，可以在下拉列表中选择"插入水印"选项，在打开的"水印"对话框中自定义水印图片、文字等内容，如图 6-29 所示。

图 6-28　为文档添加水印

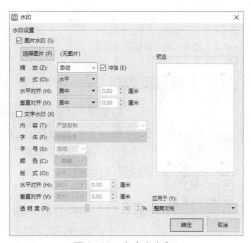

图 6-29　自定义水印

5. 设置主题

应用主题可快速更改文档整体效果，统一文档风格。设置主题的方法是：在"页面布局"选项卡中单击"主题"按钮，在打开的下拉列表中选择一种主题样式。这样文档的颜色和字体等效果将发生变化。

任务实现

（一）设置页面大小

在日常应用中，可根据文档内容自定义页面大小，具体操作如下。

（1）打开"考勤管理规范.wps"文档（配套文件\素材文件\项目六\考勤管理规范.wps），在"页面布局"选项卡第 2 栏中单击对话框启动器图标，打开"页面设置"对话框。

（2）单击"纸张"选项卡，在"纸张大小"栏中的下拉列表中选择"自定义大小"选项，分别设置"宽度"和"高度"为"20 厘米"和"28 厘米"，单击 确定 按钮，如图 6-30 所示。

（3）返回文档编辑区，可查看设置页面大小后的效果，如图 6-31 所示。

微课：设置页面大小

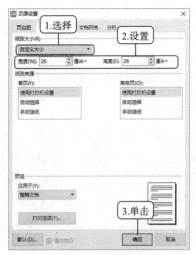

图 6-30　设置页面大小

考勤管理规范

1. 目的

为了规范公司考勤管理，整顿工作纪律，培养员工的敬业精神，并使员工的工资核算做到有据可依，结合我公司实际情况，特制定本规定。

2. 适用范围

本制度适用于本公司所有员工。

3. 工作时间

上午 09：00~12：00

下午 13：30~17：30（冬季） 14：00~18：00（夏季）

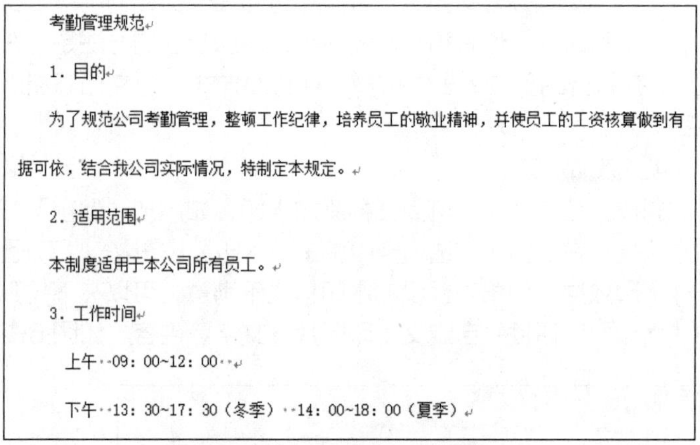

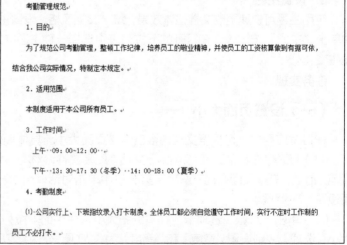

图 6-31　设置页面大小后的效果

（二）设置页边距

如果文档是给上级或者客户看的，通常采用 WPS 文字的默认页边距就可以。如果是为了节省纸张，则可以适当缩小页边距。设置页边距的具体操作如下。

微课：设置页边距

（1）在“页面布局”选项卡第 2 栏中单击对话框启动器图标，打开“页面设置”对话框。

（2）单击“页边距”选项卡，在“页边距”栏中的“上”“下”数值框中均输入“1”，在“左”“右”数值框中均输入“1.5”，如图 6-32 所示。

（3）单击确定按钮，返回文档编辑区，可查看设置页边距后的效果，如图 6-33 所示。

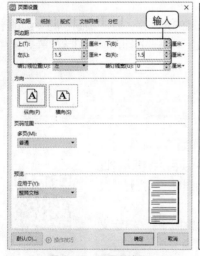

图 6-32　设置页边距

考勤管理规范

1. 目的

为了规范公司考勤管理，整顿工作纪律，培养员工的敬业精神，并使员工的工资核算做到有据可依，结合我公司实际情况，特制定本规定。

2. 适用范围

本制度适用于本公司所有员工。

3. 工作时间

上午 09：00~12：00

下午 13：30~17：30（冬季） 14：00~18：00（夏季）

4. 考勤制度

⑴ 公司实行上、下班指纹录入打卡制度。全体员工都必须自觉遵守工作时间，实行不定时工作制的员工不必打卡。

图 6-33　设置页边距后的效果

（三）套用内置样式

内置样式是指 WPS 文字自带的样式，下面介绍为“考勤管理规范.wps”文档套用内置样式的方法，具体操作如下。

（1）将文本插入点定位到标题"考勤管理规范"文本右侧，在"开始"选项卡的"样式"列表框 中任意选择一种样式，这里选择"标题1"选项，如图6-34所示。

（2）返回文档编辑区，可查看设置标题样式后的效果，如图6-35所示。

微课：套用内置样式

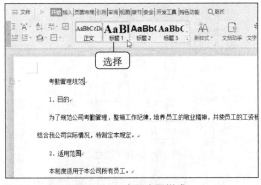
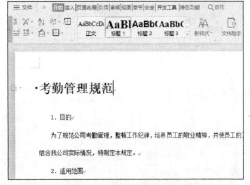

图6-34 套用内置样式　　　　图6-35 设置标题样式后的效果

（四）创建样式

WPS文字的内置样式是有限的，当其内置样式不能满足用户的需要时，用户可自行创建样式，具体操作如下。

微课：创建样式

（1）将文本插入点定位到第一段"1.目的"文本右侧，在"开始"选项卡中单击"新样式"按钮，如图6-36所示。

（2）打开"新建样式"对话框，在"属性"栏中的"名称"文本框中输入"小项目"，在"格式"栏中将文本格式设置为"方正中雅宋简，小三"，如图6-37所示。

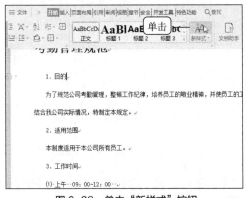

图6-36 单击"新样式"按钮　　　　图6-37 设置新样式名称和格式

（3）单击 格式(O) 按钮，在打开的下拉列表中选择"段落"选项。打开"段落"对话框，在"间距"栏的"行距"下拉列表中选择"1.5倍行距"选项，单击 确定 按钮，如图6-38所示。

（4）返回"新建样式"对话框，再次单击 格式(O) 按钮，在打开的下拉列表中选择"边框"选项，如图6-39所示。

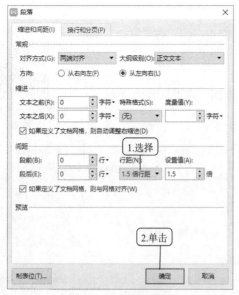

图 6-38　设置段落格式

图 6-39　选择"边框"选项

（5）打开"边框和底纹"对话框，单击"底纹"选项卡，在"填充"栏的下拉列表中选择"白色，背景 1，深色 5%"选项，单击 确定 按钮，如图 6-40 所示。

（6）返回文档编辑区，在"开始"选项卡中单击"新样式"按钮 右下角的对话框启动器图标，打开"样式和格式"任务窗格，在其中选择"小项目"选项后，即可查看应用新建样式后的文档效果，如图 6-41 所示。

图 6-40　设置底纹

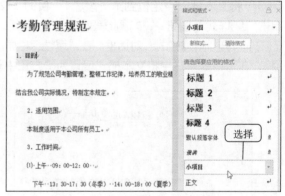

图 6-41　应用新建样式后的文档效果

（五）修改样式

微课：修改样式

创建新样式后，如果用户对创建的样式有不满意的地方，可通过"修改"选项对其进行修改，具体操作如下。

（1）在"样式和格式"任务窗格中选择创建的"小项目"样式，单击右侧的 按钮，在打开的下拉列表中选择"修改"选项，如图 6-42 所示。

（2）打开"修改样式"对话框，在"格式"栏中将字号修改为"小三"。单击 格式(O) 按钮，在打开的下拉列表中选择"文本效果"选项，如图 6-43 所示。

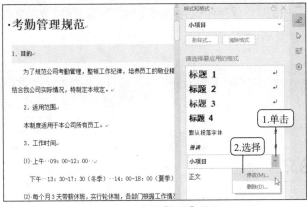

图 6-42　选择"修改"选项　　　　　　　　图 6-43　修改文本效果

（3）打开"设置文本效果格式"对话框，单击"填充与轮廓"选项卡，在"文本填充"下拉列表中选择"渐变填充"栏中的"金色，暗橄榄绿渐变"选项，如图 6-44 所示。

（4）单击"效果"选项卡，在"阴影"下拉列表中选择"外部"栏中的"右下斜偏移"选项，如图 6-45 所示。

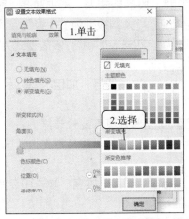

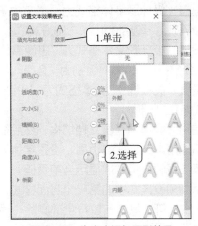

图 6-44　修改文本填充颜色　　　　　　　图 6-45　为文本添加阴影效果

（5）依次单击 确定 按钮，返回文档编辑区，将文本插入点定位到其他同级别的文本上，在"样式和格式"任务窗格中选择"小项目"选项，即可修改该部分文本的样式，效果如图 6-46 所示。

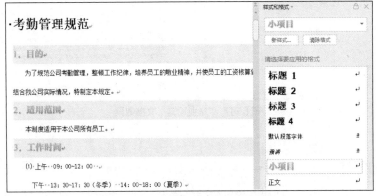

图 6-46　为标题应用修改后的新样式

（6）单击快速访问工具栏中的"保存"按钮 🖫，保存修改完毕的文档（配套文件:\效果文件\项目六\考勤管理规范.wps）。

> **提示** 在"样式和格式"任务窗格中单击 清除格式 按钮，可将文本插入点处的文本格式全部清除，使文本恢复至正文格式。

任务三 排版和打印毕业论文

任务要求

肖雪是某职业院校的一名大三学生，临近毕业，她按照指导老师发放的毕业设计任务书要求，完成了实验调查和论文写作，接下来，她需要使用 WPS 文字对论文进行排版，完成排版后的效果如图 6-47 所示，相关要求如下。

- 新建样式，设置正文字体，中文为"宋体"，西文为"Times New Roman"，字号为"五号"，首行统一缩进 2 个字符。
- 设置一级标题字体格式为"华文中宋，三号，加粗"，段落格式为"居中对齐，段前间距为"17 磅"，段后间距为"16.5 磅"，行距为"2 倍行距"，大纲级别为"1 级"。
- 设置二级标题文本格式为"思源黑体 CN ExtraLight，四号，加粗"，段落格式为"左对齐，1.5 倍行距"，大纲级别为"2 级"。
- 设置"关键词:"文本格式为"思源黑体 CN ExtraLight，四号，加粗"，其后的关键词格式与正文相同。
- 使用大纲视图查看文档结构，然后在相应部分的前面插入分页符或分节符。
- 添加短虚线样式的页眉，设置字体为"等线"，字号为"五号"，对齐方式为"居中对齐"。
- 添加页脚，页脚需显示当前页码。
- 添加预设样式中的第一个封面样式，保留标题、副标题、日期、姓名、学号和专业名称对应的占位符，其他占位符全部删除，最后删除原来的封面。
- 提取目录。在"目录"对话框中的"制表符前导符"下拉列表中选择第 3 个选项，设置显示级别为"2"，取消选中"使用超链接"复选框。
- 预览并打印文档。

图 6-47 "毕业论文"文档效果

相关知识

（一）添加题注

题注通常用于对文档中的图片或表格进行自动编号，从而节约手动编号的时间。添加题注的具体操作如下。

（1）在"引用"选项卡中单击"题注"按钮，打开"题注"对话框。

（2）在"标签"下拉列表中选择需要设置的标签，也可以单击 新建标签(N)... 按钮，打开"新建标签"对话框，在"标签"文本框中输入自定义的标签名称。

微课：添加题注

（3）单击 确定 按钮返回对话框，可查看添加的新标签。然后单击 确定 按钮可返回文档，查看添加的题注。

（二）创建交叉引用

交叉引用可以为文档中的图片、表格与正文相关的说明文字创建对应的关系，从而提供自动更新功能。创建交叉引用的具体操作如下。

（1）将文本插入点定位到需要使用交叉引用的位置，在"引用"选项卡中单击"交叉引用"按钮，打开"交叉引用"对话框。

（2）在"引用类型"下拉列表中选择需要引用的类型，这里选择"书签"，如图 6-48 所示。

微课：创建交叉
引用

图 6-48 "交叉引用"对话框

（3）在"引用哪一个书签"列表框中选择需要引用的选项，如果文档中没有创建书签，就没有选项。单击 插入(I) 按钮即可创建交叉引用。在选择插入的文本范围时，插入的交叉引用的内容将以灰色底纹形式显示，修改被引用的内容后，返回引用时按【F9】键即可更新。

（三）插入和删除批注

批注用于在阅读时对文中的内容添加评语和注解。插入和删除批注的具体操作如下。

（1）选择要插入批注的文本，在"审阅"选项卡中单击"插入批注"按钮，此时被选择的文本处出现一条引至文档右侧的引线。

微课：插入批注

（2）批注中将显示批注人用户名（登录 WPS 所用的名称）、批注日期与时间，在批注文本框中可输入批注内容。

（3）使用相同的方法为文档添加多个批注。单击"审阅"选项卡中的"上一条"按钮或"下一条"按钮，可查看前后的批注。

（4）为文档添加批注后，若要删除，可单击"编辑批注"按钮，在打开的下拉列表中选择"删除"选项，如图 6-49 所示。或者在要删除的批注上单击鼠标右键，在打开的快捷菜单中选择"删除批注"命令。

图6-49　删除文档中的批注

（5）若在下拉列表中选择"答复"选项，则可回复插入的批注；如果当前批注问题已经解决，则选择"解决"选项。

> **提示**　为文档添加批注后，若要删除文档中的所有批注，则可在"审阅"选项卡中单击 删除· 按钮，在打开的下拉列表中选择"删除文档中的所有批注"选项。

微课：添加修订

（四）添加修订

为错误的内容添加修订，并将文档发送给用户确认，可降低文档出错率，具体操作如下。

（1）在"审阅"选项卡中单击"修订"按钮 ，进入修订状态，此时对文档的任何操作都将被记录下来。

（2）修改文档内容，修改后原位置会显示修订的结果，并在左侧出现一条竖线，表示该处进行了修订。

（3）在"审阅"选项卡第4栏中单击 显示标记· 按钮右侧的下拉按钮·，在打开的下拉列表中选择"使用批注框"选项，在子列表中选择"在批注框中显示修订内容"。

（4）修订结束后，需单击"修订"按钮 退出修订状态，否则文档中的任何操作都会被视为修订操作。

微课：接受与拒绝修订

（五）接受与拒绝修订

对于文档中的修订，用户可根据需要选择接受或拒绝，具体操作如下。

（1）在"审阅"选项卡中单击"接受"按钮 接受修订，或单击"拒绝"按钮 拒绝修订。

（2）单击"接受"按钮 下方的下拉按钮·，在打开的下拉列表中选择"接受对文档所做的所有修订"选项，可一次性接受对文档的所有修订。一次性拒绝对文档的所有修订的操作与之类似。

微课：插入并编辑公式

（六）插入并编辑公式

当需要插入一些复杂的数学公式时，如根式公式、积分公式等，可使用WPS文字提供的公式编辑器快速、方便地编写数学公式。下面插入分式和根式模板，并输入条件，具体操作如下。

（1）在"插入"选项卡中单击"公式"按钮π，打开公式编辑器窗口，如图 6-50 所示，该窗口的功能区显示了常用的公式模板，比如积分模板、求和模板等。

图 6-50　公式编辑器窗口

（2）在编辑区中输入"$x=$"后，单击功能区中的"分式和根式模板"按钮，在打开的下拉列表中选择图 6-51 所示的选项。

（3）在分数式上方输入"$-b$"，单击功能区中的"运算符号"按钮±·⊗，在打开的下拉列表中选择"加或减"选项。

（4）单击功能区中的"分式和根式模板"按钮，在打开的下拉列表中选择"平方根"选项，然后在文本框中输入"b"，如图 6-52 所示。

图 6-51　选择公式模板

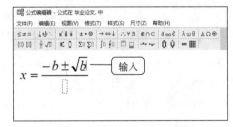

图 6-52　插入公式并输入数据

（5）继续单击功能区中的"下标和上标模板"按钮，在打开的下拉列表中选择"上标"选项，然后输入数字"2"。

（6）输入上标数字后按【→】键，然后继续输入图 6-53 所示的数据。

（7）单击分式中的分母文本框，并输入"$2a$"，单击窗口右上角的"关闭"按钮×，如图 6-54 所示，关闭公式编辑器窗口后，公式就成功插入文档了。

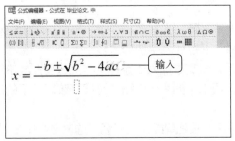

图 6-53　输入分子

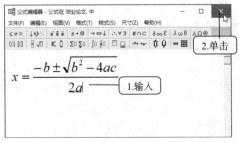

图 6-54　输入分母

131

任务实现

（一）设置文本格式

微课：设置文本
格式

在初步完成毕业论文后需要设置相关的文本格式，使其结构分明，具体操作如下。

（1）打开"毕业论文.wps"文档（配套文件:\素材文件\项目六\毕业论文.wps），将文本插入点定位到"提纲"文本中，单击"开始"选项卡中的"新样式"按钮▨。

（2）打开"新建样式"对话框，通过前面讲解的方法在对话框中设置一级标题的样式。其中，设置文字格式为"华文中宋，三号，加粗"，设置对齐方式为"居中对齐"，如图 6-55 所示。通过"段落"对话框，将段前间距设置为"17 磅"，段后间距设置为"16.5磅"，行距设置为"2 倍行距"，大纲级别设置为"1 级"。

（3）打开"样式和格式"任务窗格，在"请选择要应用的格式"列表框中选择新建样式"一级标题"选项。

（4）通过相同的方法继续为其他一级标题应用样式，效果如图 6-56 所示。

图 6-55　创建样式

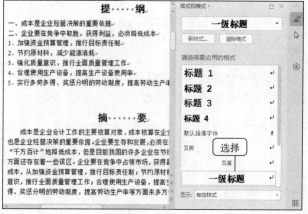

图 6-56　应用样式的效果

（5）使用相同的方法设置二级标题的样式。设置文本格式为"思源黑体 CN ExtraLight，四号，加粗"，段落格式为"左对齐，1.5 倍行距"，大纲级别为"2 级"。

（6）设置正文格式，中文为"宋体"，西文为"Times New Roman"，字号为"五号"，首行统一缩进"2 个字符"，设置正文行距为"1.5 倍行距"。完成后为文本应用相关的样式。

（二）使用大纲视图

微课：使用大纲
视图

大纲视图适用于长文档中文本级别较多的情况，以便用户查看和调整文档结构，具体操作如下。

（1）在"视图"选项卡中单击"大纲"按钮▧，将视图模式切换到大纲视图，在"大纲"选项卡中的"显示级别"下拉列表中选择"显示级别 2"选项。

（2）查看所有二级标题文本后，将文本插入点定位到"降低企业成本途径分析"文本段落中，单击"大纲"选项卡中的▧展开按钮，可展开该段落下的所有内容，如图 6-57 所示。

（3）设置完成后，在"大纲"选项卡中单击"关闭"按钮▣或在"视图"选项卡中单击"页面"按钮▩，返回页面视图模式。

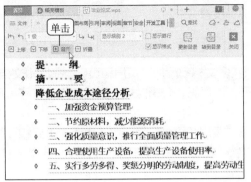 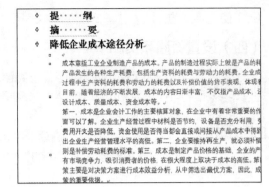

图 6-57　使用大纲视图

（三）插入分隔符

分隔符主要用于标识文字分隔的位置，它包括分页符、分栏符、换行符、分节符等不同类型，其中分页符和分节符是较常用的。下面将在文档中插入不同类型的分隔符，具体操作如下。

微课：插入
分隔符

（1）将文本插入点定位到文本"提纲"之前，在"页面布局"选项卡中单击"分隔符"按钮，在打开的下拉列表中选择"分页符"选项。

（2）在文本插入点所在位置插入分页符，此时，"提纲"的内容将从下一页开始，效果如图 6-58 所示。

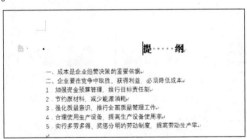

图 6-58　插入分页符后的效果

（3）将文本插入点定位到文本"摘要"之前，在"页面布局"选项卡中单击"分隔符"按钮，在打开的下拉列表中选择"下一页分节符"选项。

（4）此时在"提纲"的结尾部分会插入分节符，"摘要"的内容将从下一页开始，效果如图 6-59 所示。

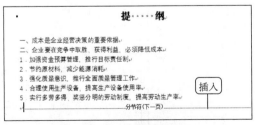

图 6-59　插入分节符后的效果

提示　如果文档中的编辑标记未显示，则可以在"开始"选项卡中单击"显示/隐藏编辑标记"按钮，使该按钮呈选中状态，此时隐藏的编辑标记会显示出来。

（5）使用相同的方法为"降低企业成本途径分析"设置分节符。

（四）设置页眉和页脚

微课：设置
页眉页脚

为了使页面美观、便于阅读，许多文档都添加了页眉和页脚。在编辑文档时，可在页眉和页脚中插入文本和图形，如页码、公司徽标、日期和作者名等，具体操作如下。

（1）在"插入"选项卡中单击"页眉和页脚"按钮，激活"页眉和页脚"选项卡，单击该选项卡中的"页眉横线"按钮，在打开的下拉列表中选择图6-60所示的样式。

（2）在页眉编辑区中输入文本"毕业论文"，将字体设置为"等线"，字号设置为"五号"，对齐方式设置为"居中对齐"。

（3）在"页眉和页脚"选项卡中单击"页眉页脚选项"按钮，打开"页眉/页脚设置"对话框，按图6-61所示的内容设置后，单击按钮。

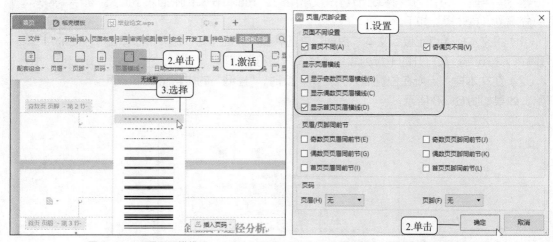

图6-60　设置页眉横线　　　　　　　　　　图6-61　设置不同页面的显示方式

（4）在"页眉和页脚"选项卡中单击"页眉页脚切换"按钮，切换至页脚编辑区，单击按钮，在打开的列表中选择"位置"栏中的"居中"选项，然后单击按钮，如图6-62所示。

（5）在"页眉和页脚"选项卡中单击"关闭"按钮退出页眉和页脚视图，查看页眉和页脚的效果，如图6-63所示。

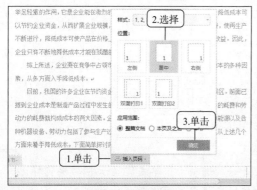

图6-62　设置页脚

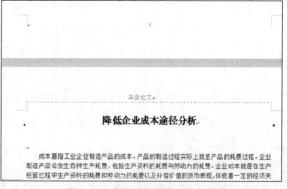

图6-63　插入的页眉和页脚的效果

（五）设置封面和创建目录

封面格式需要通过设置文本格式来完成，对于设置了多级标题样式的文档，可通过索引和目录功能提取目录。设置封面和创建目录的具体操作如下。

（1）在文档开始处单击定位文本插入点，在"插入"选项卡中单击"封面页"按钮，在打开的列表中选择"预设封面页"栏中的第一种样式，在文档标题处输入文本"毕业论文"，在文档副标题处输入文本"降低企业成本途径分析"。

（2）删除封面页中的其他占位符，只保留研究生姓名、学号、专业名称3项，设置完成后删除原来的封面页内容，参考效果如图6-64所示。

图6-64　封面效果

> **提示**　由于设置封面后，页眉可能会根据封面页调整，若出现这一问题，可手动重新设置页眉。

（3）选择摘要中的"关键词："文本，设置文本格式为"思源黑体 CN ExtraLight，四号，加粗"。

（4）在封面页的末尾定位文本插入点，按【Ctrl+Enter】组合键快速分页，在新创建的空白页第一行输入文本"目　录"，将文本格式设置为"居中，加粗，三号"，如图6-65所示。

（5）按【↓】键，将文本插入点定位于第二行左侧，在"引用"选项卡中单击"目录"按钮，在打开的下拉列表中选择"自定义目录"选项，打开"目录"对话框。在"制表符前导符"下拉列表中选择第3个选项，在"显示级别"数值框中输入"2"，取消选中"使用超链接"复选框，单击　按钮，如图6-66所示。

图6-65　输入并设置文本格式

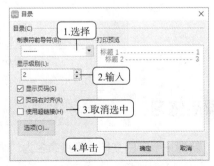

图6-66　提取目录

（6）返回文档编辑区即可查看插入的目录，效果如图6-67所示。

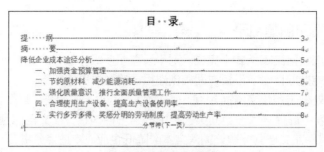

图 6-67　插入目录效果

（六）预览并打印文档

微课：预览
并打印文档

　　文档中的文本内容编辑完成后可将其打印到纸张上。为了使打印出的文档内容效果更佳，需及时检查发现文档中隐藏的排版问题，可在打印文档之前预览打印效果，具体操作如下。

　　（1）在 WPS 文字的快速访问工具栏中单击"打印预览"按钮，在打开的窗口中预览打印效果。

　　（2）预览文档打印效果确定没有问题后，在"打印预览"选项卡的"份数"数值框中设置打印份数，这里设置为"2"，如图 6-68 所示，然后单击"直接打印"按钮开始打印。

> **提示**　选择【文件】/【打印】命令，在打开的"打印"对话框中的"页码范围"栏中选中"当前页"单选按钮，将只打印文本插入点所在的页面；若选中"页码范围"单选按钮，再在其右边的文本框中输入起始页码或页码范围（连续页码可以使用英文半角半字线"-"分隔，不连续的页码可以使用英文半角逗号","分隔），则可打印指定页面。

图 6-68　设置打印份数

课后练习

　　1. 新建一个空白文档，将其命名为"个人简历.wps"并保存，按照下列要求对文档进行操作，效果如图 6-69 所示。

　　（1）在新建的文档中绘制一个 8 行 7 列的表格，然后通过"表格工具"选项卡对单元格进行合并和拆分操作。

（2）利用表格下边框中间位置显示的"添加"按钮，添加4行新的表格，然后将多个单元格合并成一个单元格，并输入相应的文本内容。

（3）为表格添加颜色为"钢蓝，着色5"的双横线的外边框，然后添加黑色的内边框。

（4）调整表格的行高，并为单元格添加"矢车菊蓝，着色1，浅色80%"的底纹颜色（配套文件:\效果文件\项目六\课后练习\个人简历.wps）。

查看"个人简介"
具体操作

个人简历

基本信息					
姓名		性别		出生年月日	
民族		学历		政治面貌	
身份证号			居住地		
工作年限			户籍所在地		

受教育经历		
时间	学校	学历

工作经历			
时间	所在公司	担任职位	离职原因

自我评价

图6-69 "个人简历"文档效果

2. 打开"员工手册.wps"文档（配套文件:\素材文件\项目六\课后练习\员工手册.wps），按照下列要求对文档进行操作，效果如图6-70所示。

（1）将纸张宽度调整为"22厘米"，高度调整为"28厘米"。

（2）在文档中为每一章的章标题、"声明"文本、"附件"文本应用"标题1"样式；为第一章、第三章、第五章和第六章的标题下方含大写数字的段落应用"标题2"样式。

（3）使用大纲视图显示3级大纲内容，然后退出大纲视图状态。

查看"员工手册"
具体操作

（4）为文档中的图片插入题注，将插入文本定位到文档第五章中的《招聘员工申请表》和《职位说明书》文本后面，然后输入文本（请参阅），在"参阅"文字后面创建一个"标题"类型的交叉引用。

（5）在"第一章"文本前插入一个分页符，然后为文档添加相应的页眉"新源科技——员工手册"。

（6）将文本插入点定位在"序"文本前，添加 2 级目录（配套文件:\效果文件\项目六\课后练习\员工手册.wps）。

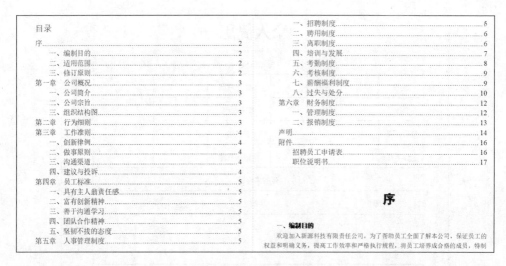

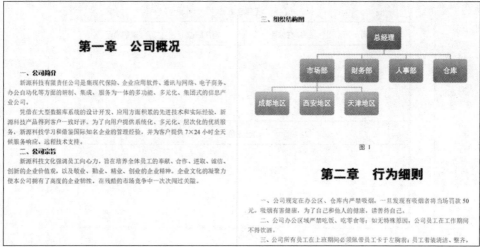

图 6-70 "员工手册"文档效果

项目七

制作表格

07

WPS 表格是一款功能强大的电子表格处理软件,主要用于将庞大的数据转换为比较直观的表格或图表。本项目将通过两个任务,介绍 WPS 表格的使用方法,包括新建并保存工作簿、输入工作表数据、设置格式和打印表格等。

课堂学习及素养目标

- 制作学生成绩表。
- 制作产品价格表。

- 培养严谨的工作态度。

任务一　制作学生成绩表

任务要求

期末考试后,班主任让班长晓雪制作本班同学的成绩表,并以"学生成绩表"为名保存,晓雪在获得各位同学的成绩单后,便开始使用 WPS 表格制作电子表格,参考效果如图 7-1 所示,相关要求如下。

	A	B	C	D	E	F	G	H	I	J	K
1					建筑设计专业学生成绩表						
2	序号	学号	姓名	建筑概论	建筑美术	建筑设计基础	计算机辅助设计	建筑构造	建筑材料	外语	
3	1	2020011001	张明	90	80	74	89	81	88	优	
4	2	2020011002	李丽	55	65	87	75	91	60	及格	
5	3	2020011003	赵春梅	65	75	63	78	77	68	及格	
6	4	2020011004	樟月	87	86	74	72	60	88	良	
7	5	2020011005	张春菊	68	90	91	98	99	68	优	
8	6	2020011006	縢思思	69	66	72	61	65	70	及格	
9	7	2020011007	沈青	89	75	83	68	65	60	及格	
10	8	2020011008	何梦	72	68	63	65	60	62	不及格	
11	9	2020011009	于梦溪	65	78	63	78	56	87	及格	
12	10	2020011010	张潇	76	65	57	88	65	65	及格	
13	11	2020011011	王丽	44	66	98	98	46	48	及格	
14	12	2020011012	李春花	56	55	99	56	88	87	及格	
15	13	2020011013	钱小样	38	58	65	87	8	52	不及格	
16	14	2020011014	孙涯	90	98	66	88	65	63	良	
17	15	2020011015	孟亮	98	45	87	49	48	65	不及格	
18	16	2020011016	周雨	65	68	45	65	58	98	不及格	
19	17	2020011017	王丽君	48	38	55	66	32	65	不及格	
20	18	2020011018	邓宇	68	69	60	98	63	35	不及格	

Sheet1 +

图 7-1　"学生成绩表"工作簿效果

- 新建一个空白工作簿,并以"学生成绩表"为名保存。
- 在 A1 单元格中输入"建筑设计专业学生成绩表"文本,然后在 A2:J23 单元格区域输入相关文本内容。
- 在 A3 单元格中输入 1,然后拖动鼠标填充序列。
- 使用相同的方法输入学号列的数据,然后依次输入姓名以及各科的成绩。
- 合并 A1:J1 单元格区域,设置单元格格式为"方正兰亭中黑简体,18"。

查看"学生成绩表"相关知识

- 选择 A2:J2 单元格区域，设置单元格格式为"方正中等线简体，12，居中对齐"，设置底纹为"橙色，着色4，浅色40%"。
- 选择 D3:I23 单元格区域，设置条件格式为"加粗倾斜，红色"。
- 调整 F、G 列的列宽到适合的宽度，设置第3～23行的行高为"15"。
- 为工作表设置图片背景，背景图片为"背景.jpg"素材。

相关知识

（一）熟悉 WPS 表格工作界面

WPS 表格的工作界面与 WPS 文字的工作界面相似，由快速访问工具栏、标题栏、"文件"菜单、功能选项卡、功能区、编辑栏、工作表编辑区和状态栏等部分组成，如图7-2所示。下面主要介绍编辑栏、工作表编辑区和状态栏的作用，其他区域的功能与 WPS 文字的相同，这里不赘述。

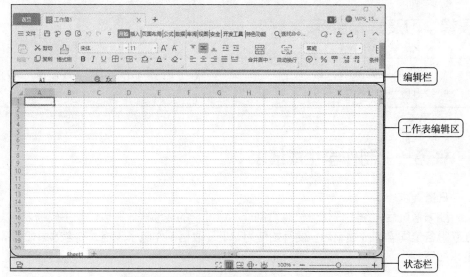

图 7-2 WPS 表格的工作界面

1. 编辑栏

编辑栏用来显示和编辑当前选择的单元格中的数据或公式。在默认情况下，编辑栏包括名称框、"浏览公式结果"按钮、"插入函数"按钮 fx 和编辑框。在单元格中输入数据或插入公式与函数时，编辑栏中的"取消"按钮×和"输入"按钮√将显示出来。

- 名称框。名称框用来显示当前单元格的地址或函数名称，如在名称框中输入"A3"后，按【Enter】键则会选中 A3 单元格。
- "浏览公式结果"按钮。单击该按钮将自动显示当前包含公式或函数的单元格的计算结果。
- "插入函数"按钮 fx。单击该按钮会打开"插入函数"对话框，可在其中选择相应的函数插入表格。
- "取消"按钮×。单击该按钮表示取消输入的内容。
- "输入"按钮√。单击该按钮表示确定并完成输入。
- 编辑框。编辑框用于显示在单元格中输入或编辑的内容，也可直接在其中输入和编辑内容。

2. 工作表编辑区

工作表编辑区是 WPS 表格编辑数据的主要区域，包括行号与列标、单元格地址和工作表标签等。

- 行号与列标、单元格地址。行号用 1、2、3 等阿拉伯数字标识，列标用 A、B、C 等大写英文字母标识。一般情况下，单元格地址表示为"列标+行号"，如位于 A 列 1 行的单元格可表示为 A1 单元格。
- 工作表标签。工作表标签用来显示工作表的名称，WPS 表格默认只包含一张工作表，单击"新建工作表"按钮 ＋，将新建一张工作表。当工作簿中包含多张工作表后，便可单击任意一个工作表标签实现工作表之间的切换。

3. 状态栏

状态栏位于工作界面的最底端，主要用于调节当前表格的显示比例和视图显示模式。

（二）认识工作簿、工作表、单元格

工作簿、工作表和单元格是构成 WPS 表格的框架，它们之间也存在包含与被包含的关系。了解其概念和相互之间的关系，有助于在 WPS 表格中进行操作。

1. 工作簿、工作表和单元格的概念

下面介绍工作簿、工作表和单元格的概念。

- 工作簿。工作簿即 WPS 表格文件，它是用来存储和处理数据的主要文档，也称为电子表格。默认情况下，新建的工作簿以"工作簿 1"命名，若继续新建工作簿将以"工作簿 2""工作簿 3"……命名，且工作簿的名称显示在标题栏的文档名处。
- 工作表。工作表是用来显示和分析数据的区域，它存储在工作簿中。默认情况下，一个工作簿只包含一张工作表，以"Sheet1"命名，若继续新建工作簿，将以"Sheet2""Sheet3"……命名，其名称显示在"工作表标签"栏中。
- 单元格。单元格是 WPS 表格中基本的存储数据单元，它通过对应的行号和列标进行命名和引用。单个单元格地址表示为"列标+行号"，多个连续的单元格称为单元格区域，其地址表示为"单元格:单元格"，如 A2 单元格与 C5 单元格之间连续的单元格可表示为 A2:C5 单元格区域。

2. 工作簿、工作表、单元格的关系

在计算机中，工作簿以文件的形式独立存在，工作簿包含一张或多张工作表，工作表是由排列成行和列的单元格组成的，它们三者的关系是包含与被包含的关系。

（三）切换工作簿视图

在 WPS 表格中，用户可根据需要在状态栏中单击视图按钮组 中的相应按钮，或在"视图"选项卡中单击相应的按钮来切换工作簿视图。下面介绍各工作簿视图的作用。

- 全屏显示视图。当表格中储存着很多数据时，用户可通过全屏显示视图最大限度地把表格的行列在同一个屏幕中全部显示出来，以方便查看数据。进入全屏显示视图后，WPS 表格中的功能选项卡、功能区和状态栏将自动隐藏，如图 7-3 所示，单击 关闭全屏显示(C) 按钮可退出该视图。
- 普通视图。普通视图是 WPS 表格中的默认视图，用于正常显示工作表，可以执行数据输入、数据计算和图表制作等操作。
- 分页预览视图。分页预览视图可以显示蓝色的分页符，用户可以用鼠标拖动分页符改变显示的页数和每页的显示比例。
- 阅读模式视图。在阅读模式视图中，用户可以查看与当前单元格处于同一行和同一列的相关数据。图 7-4 所示为查看与 J9 单元格处于同一行和同一列的数据。

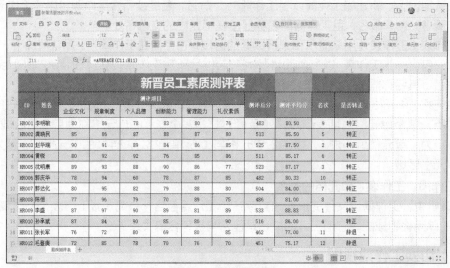

图 7-3　全屏显示视图

图 7-4　阅读模式视图

提示　用户通过阅读模式视图查看表格内容时，与当前单元格处于同一行和同一列的数据将自动填充为茶色。若用户对默认的填充色不满意，可单击状态栏右侧"阅读模式"按钮⊕右侧的"展开"按钮，在打开的下拉列表中选择所需的填充颜色。

- 护眼模式视图。应用该视图，可以缓解眼疲劳。

（四）选择单元格

要在表格中输入数据，首先应选择要输入数据的单元格。在工作表中选择单元格的方法有以下 6 种。

- 选择单个单元格。单击单元格，或在名称框中输入单元格的行号和列标后按【Enter】键选择所需的单元格。

- 选择所有单元格。单击行号和列标左上角交叉处的"全选"按钮 ，或按【Ctrl+A】组合键选择工作表中的所有单元格。
- 选择相邻的多个单元格。选择起始单元格后，拖动鼠标到目标单元格，或在按住【Shift】键的同时选择目标单元格，以选择相邻的多个单元格。
- 选择不相邻的多个单元格。在按住【Ctrl】键的同时依次单击需要选择的单元格，以选择不相邻的多个单元格。
- 选择整行单元格。将鼠标指针移动到需选择行的行号上，当鼠标指针变成➡时，单击选择该行单元格。
- 选择整列单元格。将鼠标指针移动到需选择列的列标上，当鼠标指针变成⬇时，单击选择该列单元格。

（五）合并与拆分单元格

当默认的单元格样式不能满足实际需要时，可通过合并与拆分单元格的方法来设置表格。

1. 合并单元格

在编辑表格的过程中，为了使表格结构看起来更美观、层次更清晰，有时需要合并某些单元格。选择需要合并的多个单元格，在"开始"选项卡中单击"合并居中"按钮 ，即可合并单元格，并使其中的内容居中显示。除此之外，单击 按钮下方的下拉按钮 ，还可在打开的下拉列表中选择"合并单元格""合并相同单元格""合并内容"等选项。

2. 拆分单元格

拆分单元格需先选择合并后的单元格，然后单击 按钮；或单击鼠标右键，在打开的快捷菜单中选择"设置单元格格式"选项，打开"单元格格式"对话框，在"对齐"选项卡中的"文本控制"栏中取消选中"合并单元格"复选框，然后单击 确定 按钮，即可拆分已合并的单元格。

（六）插入与删除单元格

在表格中可插入与删除单个单元格，也可插入与删除一行或一列单元格。

1. 插入单元格

插入单元格的具体操作如下。

（1）选择单元格，在"开始"选项卡中单击"行和列"按钮 ，在打开的下拉列表中选择"插入单元格"选项，再在打开的子列表中选择"插入行"或"插入列"选项，即可插入整行或整列单元格。

（2）在"开始"选项卡中单击"行和列"按钮 ，在打开的下拉列表中选择"插入单元格"选项，再在打开的子列表中选择"插入单元格"选项，打开"插入"对话框，如图7-5所示。选中"活动单元格右移"或"活动单元格下移"单选按钮后，单击 确定 按钮，可在选中单元格的左侧或上侧插入单元格；选中"整行"或"整列"单选按钮，并在其后的数值框中输入相关数据，然后单击 确定 按钮，可在选中单元格上侧插入整行单元格或在选中单元格左侧插入整列单元格。

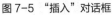

图7-5 "插入"对话框

微课：插入
单元格

微课：删除
单元格

2. 删除单元格

删除单元格的具体操作如下。

（1）选择要删除的行或列中的单元格，单击"开始"选项卡中的"行和列"按钮 ，在打开的下拉列表中选择"删除单元格"选项，再在打开的子列表中选择"删除行"或"删除列"选项，即可删除整行或整列单元格。

（2）选择"删除单元格"选项，打开"删除"对话框，选中对应单选按钮后，单击 确定 按钮可删除所选单元格，并可使不同位置的单元格代替所选单元格。

（七）查找与替换数据

在 WPS 表格中手动查找与替换数据非常麻烦，且容易出错，此时可利用查找与替换功能快速定位满足查找条件的单元格，并将单元格中的数据替换为需要的数据。

微课：查找数据

1. 查找数据

利用查找功能查找数据的具体操作如下。

（1）在"开始"选项卡中单击"查找"按钮 ，在打开的下拉列表中选择"查找"选项，打开"查找"对话框。

（2）在"查找"选项卡下的"查找内容"文本框中输入要查找的数据，单击 查找下一个(F) 按钮，可快速查找到符合条件的单元格。

（3）单击 查找全部(I) 按钮，在"查找"对话框下方的列表框中会显示所有包含需要查找数据的单元格位置。单击 关闭 按钮关闭"查找"对话框。

微课：替换数据

2. 替换数据

替换数据的具体操作如下。

（1）在"开始"选项卡中单击"查找"按钮 ，在打开的下拉列表中选择"替换"选项，打开"替换"对话框，单击"替换"选项卡。

（2）在"查找内容"文本框中输入要查找的数据，在"替换为"下拉列表中输入替换的数据。

（3）单击 查找下一个(F) 按钮，查找符合条件的数据，然后单击 替换(R) 按钮进行替换，或单击 全部替换(A) 按钮，一次性替换所有符合条件的数据。

任务实现

（一）新建并保存工作簿

微课：新建并保
存工作簿

新建并保存工作簿的方法与新建并保存 WPS 文档的方法类似，具体操作如下。

（1）选择【开始】/【WPS Office】命令，启动 WPS Office 2019。

（2）单击"新建"按钮 ，在打开的界面中单击"表格"按钮 ，然后选择"新建空白文档"选项。

（3）稍后系统将自动新建一个名为"工作簿 1"的空白工作簿。

（4）选择【文件】/【保存】命令，打开"另存为"窗口，在"位置"下拉列表中选择文件保存路径，在"文件名"文本框中输入"学生成绩表"文本，然后单击 保存(S) 按钮。

> **提示** 按【Ctrl+N】组合键可快速新建空白工作簿，在桌面或文件夹的空白位置单击鼠标右键，在弹出的快捷菜单中选择【新建】/【XLSX 工作表】命令也可以新建空白工作簿。

（二）输入工作表数据

输入数据是制作表格的基础，WPS 表格支持输入各种类型的数据，如文本和数字等，具体操作如下。

（1）选择 A1 单元格，在其中输入"建筑设计专业学生成绩表"文本，然后按【Enter】键切换到 A2 单元格，在其中输入"序号"文本。

（2）按【Tab】键或【→】键切换到 B2 单元格，在其中输入"学号"文本，使用相同的方法依次在后面的单元格中输入"姓名""建筑概论""建筑美术""建筑设计基础""计算机辅助设计""建筑构造""建筑材料""外语"等文本。

（3）选择 A3 单元格，在其中输入"1"，将鼠标指针移动到单元格右下角，出现➕控制柄，在按住【Alt】键的同时，将控制柄拖动至 A23 单元格，此时 A4:A23 单元格区域会自动生成序号。

（4）在 B3 单元格中输入学号"2020011001"，使用相同的方法按住【Alt】键并拖动控制柄自动填充 B4:B23 单元格区域，然后拖动鼠标选择 B3:B23 单元格区域，在"开始"选项卡的 常规 下拉列表中选择"文本"选项，自动填充数据的效果如图 7-6 所示。

图 7-6　自动填充数据的效果

（三）设置数据有效性

为单元格设置数据有效性，可保证输入的数据在指定的范围内，从而减小出错率，具体操作如下。

（1）在 C3:C23 单元格区域输入学生姓名，然后选择 D3:I23 单元格区域。

（2）在"数据"选项卡中单击"有效性"按钮，在打开的下拉列表中选择"有效性"选项，打开"数据有效性"对话框。在"允许"下拉列表中选择"整数"选项，在"数据"下拉列表中选择"介于"选项，在"最小值"和"最大值"文本框中分别输入"0"和"100"，如图 7-7 所示。

（3）单击"输入信息"选项卡，在"标题"文本框中输入"注意"文本，在"输入信息"文本框中输入"请输入 0-100 之间的整数"文本。

（4）单击"出错警告"选项卡，在"标题"文本框中输入"警告"文本，在"错误信息"文本框中输入"输入的数据不在正确范围内，请重新输入"文本，设置完成后单击 确定 按钮。

（5）在单元格中依次输入学生成绩，选择 J3:J23 单元格区域，打开"数据有效性"对话框，在"设置"选项卡的"允许"下拉列表中选择"序列"选项，在"来源"文本框中输入"优,良,及格,不及格"文本，单击 确定 按钮。

（6）选择 J3:J23 单元格区域的任意单元格，然后单击单元格右侧的下拉按钮 ▼ ，在打开的下拉列表中选择需要的选项即可，如图 7-8 所示。

图 7-7　设置数据有效性　　　　　　　　图 7-8　选择需要的选项

（四）设置单元格格式

微课：设置单元格格式

输入数据后，通常还需要对单元格进行相关设置，以美化表格，具体操作如下。

（1）选择 A1:J1 单元格区域，在"开始"选项卡中单击"合并居中"按钮 或单击该按钮下方的下拉按钮 ▼ ，在打开的下拉列表中选择"合并居中"选项。

（2）返回工作表可看到选中的单元格区域合并为了一个单元格，且其中的数据自动居中显示。

（3）保持单元格的选择状态，在"开始"选项卡的"字体"下拉列表中选择"方正兰亭中黑简体"选项，在"字号"下拉列表中选择"18"选项。

（4）选择 A2:J2 单元格区域，设置字体为"方正中等线简体"，字号为"12 号"，然后在"开始"选项卡中单击"水平居中"按钮 。

（5）在"开始"选项卡中单击"填充颜色"按钮 右侧的下拉按钮 ▼ ，在打开的下拉列表中选择"橙色，着色 4，浅色 40%"选项。选择剩余的数据，设置对齐方式为"水平居中"，完成后的效果如图 7-9 所示。

建筑设计专业学生成绩表

序号	学号	姓名	建筑概论	建筑美术	建筑设计基础	计算机辅助设计	建筑构造	建筑材料	外语
1	2020011001	张明	90	80	74	89	81	88	优
2	2020011002	李丽	55	65	87	75	91	60	及格
3	2020011003	赵春梅	65	75	63	78	77	68	及格
4	2020011004	柳月	87	86	74	72	60	86	良
5	2020011005	张春菊	68	90	91	98	99	68	优
6	2020011006	熊思思	69	66	72	61	65	70	及格
7	2020011007	沈青	89	75	83	68	65	60	及格
8	2020011008	何梦	72	68	63	65	60	62	不及格
9	2020011009	于梦溪	65	78	63	78	56	87	及格
10	2020011010	张潇	76	65	57	88	65	65	及格
11	2020011011	王丽	44	66	98	98	46	48	优
12	2020011012	李春花	56	55	99	56	88	87	及格
13	2020011013	钱小祥	38	58	65	87	8	52	不及格
14	2020011014	孙渔	90	98	66	88	65	63	良
15	2020011015	孟亮	98	45	87	49	48	65	不及格
16	2020011016	周萌	65	45	45	65	98	98	及格
17	2020011017	王丽君	48	38	55	66	32	65	不及格
18	2020011018	邓宇	68	69	60	36	63	35	不及格
19	2020011019	陈慧	56	78	98	78	95	25	及格

图 7-9　设置单元格格式的效果

（五）设置条件格式

设置条件格式可以将不满足或满足条件的数据单独显示出来，具体操作如下。

（1）选择 D3:I23 单元格区域，在"开始"选项卡中单击"条件格式"按钮，在打开的下拉列表中选择"新建规则"选项，打开"新建格式规则"对话框。

（2）在"选择规则类型"列表框中选择"只为包含以下内容的单元格设置格式"选项。在"编辑规则说明"栏中的第二个下拉列表中选择"小于"选项，在其右侧的数值框中输入"60"，如图 7-10 所示。

（3）在该对话框中单击 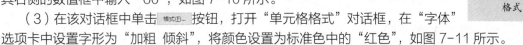 按钮，打开"单元格格式"对话框，在"字体"选项卡中设置字形为"加粗 倾斜"，将颜色设置为标准色中的"红色"，如图 7-11 所示。

（4）依次单击  按钮返回工作界面，即可查看设置完条件格式的工作表。

微课：设置条件
格式

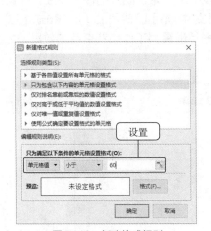

图 7-10　新建格式规则

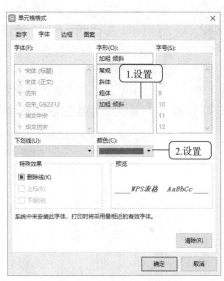

图 7-11　设置条件格式

（六）调整行高与列宽

在默认状态下，单元格的行高和列宽是固定不变的，当单元格中的内容太多而不能完全显示时，需要调整单元格的行高或列宽，使其能完全显示内容，具体操作如下。

（1）选择 F 列单元格，在"开始"选项卡中单击"行和列"按钮，在打开的下拉列表中选择"最适合的列宽"选项，返回工作表中可看到 F 列单元格变宽，如图 7-12 所示。

微课：调整行高
与列宽

（2）按照相同的操作方法，将 G 列单元格调整到适合的宽度。

（3）将鼠标指针移到第一行行号间的间隔线上，当鼠标指针变为 时，向下拖动鼠标，此时鼠标指针右侧会显示具体的数据，待拖动至适合的距离后释放鼠标左键。

（4）选择第 3～23 行，在"开始"选项卡中单击"行和列"按钮，在打开的下拉列表中选择"行高"选项，打开的"行高"对话框的数值框中默认显示"13.5"，这里输入"15"，然后单击 按钮。此时，工作表第 3～23 行的行高增大，效果如图 7-13 所示。

图 7-12　自动调整列宽　　　　　　　　　　图 7-13　设置行高后的效果

（七）设置工作表背景

微课：设置工作表背景

在默认情况下，WPS 表格中的数据呈白底黑字显示。为使工作表更美观，除了填充颜色外，用户还可插入喜欢的图片作为背景，具体操作如下。

（1）在"页面布局"选项卡中单击"背景图片"按钮■，打开"工作表背景"对话框，在"位置"下拉列表中选择背景图片的保存路径，在窗口工作区选择"背景.jpg"（配套文件:\素材文件\项目七\背景.jpg），单击 打开(O) 按钮。

（2）返回工作表，可看到将图片设置为工作表背景后的效果，如图 7-14 所示（配套文件:\效果文件\项目七\学生成绩表.et）。

图 7-14　设置工作表背景后的效果

任务二　制作产品价格表

任务要求

查看"产品价格表"相关知识

李涛是某商场护肤品专柜的库管，由于季节变换，最近需要新进一批产品，经理让李涛制作一份产品价格表，用于对比产品成本。李涛使用 WPS 表格的功能完成了产品价格表的制作，完成后的效果如图 7-15 所示，相关要求如下。

- 打开素材工作簿，先插入一个工作表，然后删除"Sheet2""Sheet3""Sheet4"工作表。
- 复制两次"Sheet1"工作表，并将所有工作表分别重命名为"BS 系列""MB 系列""RF 系列"。
- 将"BS 系列"工作表以 C4 单元格为中心拆分为 4 个窗格，将"MB 系列"工作表中的 B3 单元格作为冻结中心冻结表格。
- 将 3 个工作表标签依次设置为"红色""橙色""绿色"。
- 将工作表的对齐方式设置为"垂直居中"并横向打印 5 份。

- 选择"RF 系列"的 E3:E20 单元格区域，为其设置保护，最后为工作表和工作簿分别设置保护密码，密码为"123"。

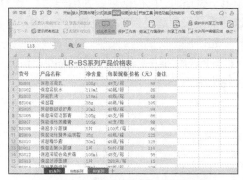

图 7-15　"产品价格表"工作簿效果

相关知识

（一）选择工作表

选择工作表的实质是选择工作表标签，主要有以下 4 种方法。

- 选择单张工作表。单击工作表标签，选择对应的工作表。
- 选择连续的多张工作表。单击选择第一张工作表，按住【Shift】键不放，继续选择其他工作表。
- 选择不连续的多张工作表。单击选择第一张工作表，按住【Ctrl】键不放，继续选择其他工作表。
- 选择全部工作表。在任意工作表上单击鼠标右键，在弹出的快捷菜单中选择"选定全部工作表"命令。

（二）隐藏与显示工作表

微课：隐藏与显示工作表

当不需要显示工作簿中的某个工作表时，可将其隐藏，需要时再使其重新显示，具体操作如下。

（1）选择需要隐藏的工作表，单击鼠标右键，在弹出的快捷菜单中选择"隐藏"命令，隐藏所选的工作表。

（2）在工作簿的任意工作表上单击鼠标右键，在弹出的快捷菜单中选择"取消隐藏"命令。

（3）在打开的"取消隐藏"对话框的"取消隐藏工作表"栏中选择需显示的工作表，然后单击 确定 按钮即可将隐藏的工作表显示出来，如图 7-16 所示。

图 7-16　"取消隐藏"对话框

微课：设置
超链接

（三）设置超链接

在制作电子表格时，可根据需要为相关的单元格设置超链接，具体操作如下。

（1）选择需要设置超链接的单元格，在"插入"选项卡中单击"超链接"按钮 ✎ ，打开"超链接"对话框。

（2）在打开的对话框中，用户可根据需要设置链接对象的地址等，如图 7-17 所示，设置完成后单击 确定 按钮即可。

图 7-17 "超链接"对话框

（四）套用表格样式

微课：套用表格
样式

如果用户希望工作表更美观，但又不想花费太多的时间设置工作表格式，则可利用"表格样式"功能直接套用系统中设置好的表格样式，具体操作如下。

（1）选择需要套用表格样式的单元格区域，在"开始"选项卡中单击"表格样式"按钮 ▦ ，在打开的下拉列表中选择一种预设的表格样式选项。

（2）由于已选择了需要套用表格样式的单元格区域，因此这里只需在打开的"套用表格样式"对话框中单击 确定 按钮，如图 7-18 所示。

（3）套用表格样式后，在"开始"选项卡中单击"格式"按钮 ▦ ，在打开的下拉列表中选择【清除】/【格式】选项，可将套用了表格样式的单元格区域转换为普通的单元格区域。

图 7-18 套用表格样式

任务实现

（一）打开工作簿

要查看或编辑保存在计算机中的工作簿，首先要打开该工作簿，具体操作如下。

（1）启动 WPS Office 2019 后，单击"打开"按钮■或按【Ctrl+O】组合键，打开"打开文件"窗口，其中显示了最近编辑过的文档、工作簿和演示文稿等。若要打开最近使用过的工作簿，则只需选择相应文件；若要打开计算机中保存的工作簿，则需在"位置"下拉列表中选择文件的保存路径。

（2）这里在"位置"下拉列表中选择"项目七"选项，在其下的"名称"栏中选择"产品价格表.et"工作簿（配套文件:\素材文件\项目七\产品价格表.et），单击 打开(O) 按钮即可打开选择的工作簿，如图 7-19 所示。

微课：打开
工作簿

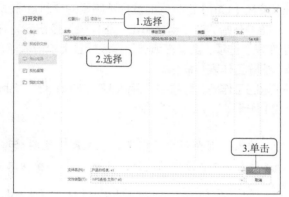

图 7-19　打开工作簿

（二）插入与删除工作表

当 WPS 表格中的工作表不够使用时，可插入工作表；若插入了多余的工作表，可将其删除，以节省系统资源。

微课：插入
工作表

1. 插入工作表

在默认情况下，WPS 表格只提供一张工作表，用户可以根据需要插入多张工作表。下面介绍如何在"产品价格表.et"工作簿中通过"插入工作表"对话框插入空白工作表，具体操作如下。

（1）在"Sheet1"工作表标签上单击鼠标右键，在弹出的快捷菜单中选择"插入"命令。

（2）打开"插入工作表"对话框，在其中可以设置工作表的插入数量和插入位置，这里选中"当前工作表之前"单选按钮，然后单击 确定 按钮，即可在所选工作表的前面插入一张新的空白工作表，如图 7-20 所示。

> **提示**　单击工作表标签后的"新建工作表"按钮+，或在"开始"选项卡中单击"工作表"按钮⊞，在打开的下拉列表中选择"插入工作表"选项，通过打开的"插入工作表"对话框都可快速插入空白工作表。

2. 删除工作表

当工作簿中存在不需要的工作表时，可以将其删除。下面删除"产品价格表.et"工作簿中的"Sheet2""Sheet3""Sheet4"工作表，具体操作如下。

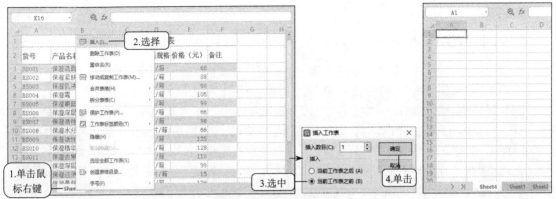

图 7-20　插入工作表

微课：删除
工作表

（1）按住【Ctrl】键，同时选择不需要的"Sheet2""Sheet3""Sheet4"工作表，在"开始"选项卡中单击"工作表"按钮，在打开的下拉列表中选择"删除工作表"选项，或者在所选工作表标签上单击鼠标右键，在弹出的快捷菜单中选择"删除工作表"命令。

（2）返回工作簿，可看到"Sheet2""Sheet3""Sheet4"工作表已被删除，如图 7-21 所示。

提示　若删除有数据的工作表，则会弹出询问是否永久删除这些数据的提示对话框，单击 确定 按钮删除工作表和工作表中的数据，单击 取消 按钮取消删除工作表的操作。

图 7-21　删除工作表

微课：移动与复制工作表

（三）移动与复制工作表

WPS 表格中工作表的位置并不是固定不变的，为了避免重复制作相同的工作表，用户可根据需要移动或复制工作表，具体操作如下。

（1）在"Sheet1"工作表标签上单击鼠标右键，在弹出的快捷菜单中选择"移动或复制工作表"命令。

（2）在打开的"移动或复制工作表"对话框的"下列选定工作表之前"列表框中选择移动工作

表的位置，这里选择"移至最后"选项，然后选中"建立副本"复选框，单击 [确定] 按钮移动并复制"Sheet1"工作表，如图 7-22 所示。

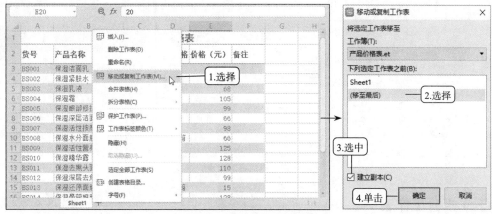

图 7-22 移动与复制工作表

> **提示** 将鼠标指针移动到需移动或复制的工作表标签上，按住鼠标左键不放，当鼠标指针变成 后，将其拖动到目标工作表位置之后，工作表标签上有一个▼符号随鼠标指针移动，释放鼠标左键后，在目标位置可看到移动的工作表。在按住【Ctrl】键的同时拖动工作表标签，可以复制工作表。

（3）用相同方法在"Sheet1（2）"工作表后继续移动并复制工作表，完成后的效果如图 7-23 所示。

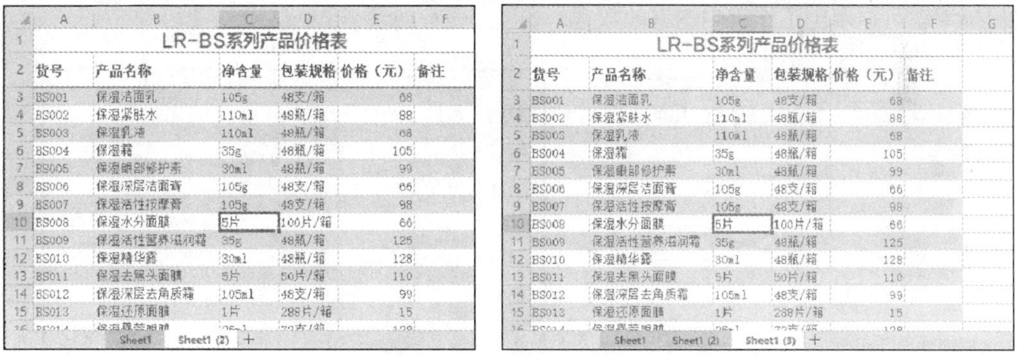

图 7-23 移动与复制工作表的效果

（四）重命名工作表

工作表的名称默认为"Sheet1""Sheet2"……为了便于查询，可重命名工作表。下面在"产品价格表.et"工作簿中重命名工作表，具体操作如下。

（1）双击"Sheet1"工作表标签，或在"Sheet1"工作表标签上单击鼠标右键，在弹出的快捷菜单中选择"重命名"命令，此时被选中的工作表标签呈可编辑状态。

（2）输入文本"BS 系列"，按【Enter】键或在工作表的任意位置单击以退出编辑状态。

（3）使用相同的方法分别将"Sheet1（2）"和"Sheet1（3）"工作表重命名为"MB 系列"

微课：重命名工作表

和"RF 系列"，完成后的效果如图 7-24 所示。

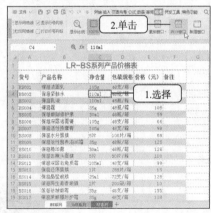

图 7-24　重命名工作表的效果

（五）拆分工作表

微课：拆分
工作表

在 WPS 表格中，用户可以通过拆分工作表功能将工作表拆分为多个窗格，在每个窗格中都可进行单独的操作，这样有助于在数据量比较大的工作表中查看数据的前后对照关系。要拆分工作表，首先要选中作为拆分中心的单元格，然后执行拆分命令。下面在"产品价格表.et"工作簿的"BS 系列"工作表中以 C4 单元格为中心拆分工作表，具体操作如下。

（1）在"BS 系列"工作表中选择 C4 单元格，然后在"视图"选项卡中单击"拆分窗口"按钮 。

（2）此时工作表以 C4 单元格为中心被拆分为 4 个窗格，在任意一个窗格中选择单元格，然后滚动鼠标滚轮可显示出工作表中的其他数据，如图 7-25 所示。

图 7-25　拆分工作表

（六）冻结窗格

微课：冻结窗格

在数据量比较大的工作表中，为了方便查看表头与数据的对应关系，用户可通过冻结工作表窗格来查看工作表的其他部分内容而不移动表头所在的行或列。下面在"产品价格表.et"工作簿的"MB 系列"工作表中以 B3 单元格为冻结中心冻结窗格，具体操作如下。

（1）选择"MB 系列"工作表，在其中选择 B3 单元格作为冻结中心，然后在"视图"选项卡中单击"冻结窗格"按钮，在打开的下拉列表中选择"冻结至第 2 行 A 列"选项。

（2）返回工作表中，拖动水平滚动条或垂直滚动条，可在保持 B3 单元格上方和左侧的行和列位置不变的情况下，查看工作表的其他行或列，如图 7-26 所示。

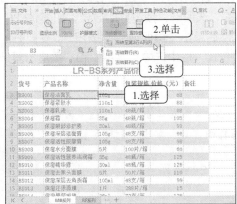

图 7-26　冻结窗格并查看工作表的其他行或列

（七）设置工作表标签颜色

在默认状态下，工作表标签呈灰底黑字或白底绿字显示，为了让工作表标签美观醒目，可设置工作表标签的颜色。下面在"产品价格表.et"工作簿中设置各工作表标签的颜色，具体操作如下。

微课：设置工作
表标签颜色

（1）选择"BS 系列"工作表标签，单击鼠标右键，在弹出的快捷菜单中选择【工作表标签颜色】/【红色】命令。

（2）返回工作表中可查看所设置的工作表标签颜色，如图 7-27 所示。

（3）单击其他工作表标签，使用相同的方法分别设置"MB 系列"和"RF 系列"工作表标签的颜色为"橙色"和"绿色"。

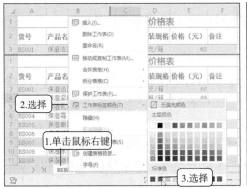

图 7-27　设置工作表标签颜色

（八）预览并打印表格数据

在打印表格之前需先预览打印效果，对表格内容的设置满意后再开始打印。在 WPS 表格中，根据打印内容的不同，可分为两种情况：一是打印整个工作表；二是打印区域数据。

微课：设置打印
参数

1. 设置打印参数

选择需打印的工作表，预览其打印效果后，若对表格内容和页面设置不满意，可重新设置至满意后再打印。下面介绍在"产品价格表.et"工作簿中预览并打印工作表，具体操作如下。

（1）选择【文件】/【打印】/【打印预览】命令或在快速访问工具栏中单击"打印预览"按钮，激活"打印预览"选项卡，预览打印效果，如图 7-28 所示。

（2）在"打印预览"选项卡中单击框内按钮，然后单击"页面设置"按钮。在打开的"页面设置"对话框中单击"页边距"选项卡，在"居中方式"栏中选中"水平"和"垂直"复选框，然后单击确定按钮，如图 7-29 所示。

> **提示** 在"页面设置"对话框中单击"工作表"选项卡，在其中可设置打印区域或打印标题等内容，然后单击确定按钮，返回工作簿的打印窗口，单击"打印"按钮可只打印设置区域的数据。

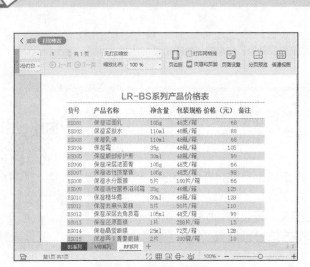

图 7-28 预览打印效果

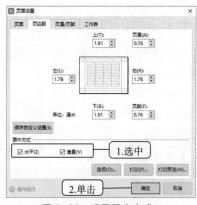

图 7-29 设置居中方式

（3）返回"打印预览"选项卡，在"份数"数值框中可设置打印份数，这里输入"5"，设置完成后单击"直接打印"按钮打印表格。

2. 设置打印区域数据

微课：设置打印
区域数据

当只需打印表格中的部分数据时，可设置工作表的打印区域。下面在"产品价格表.et"工作簿中，将"RF 系列"工作表的打印区域设置为 A2:E10 单元格区域，具体操作如下。

（1）在"RF 系列"工作表中选择 A2:E10 单元格区域，在"页面布局"选项卡中单击"打印区域"按钮，此时，工作表中所选区域四周出现虚线框，如图 7-30 所示。

（2）在快速访问工具栏中单击"打印"按钮，如图 7-31 所示，即可打印所选区域。

（九）保护表格数据

用户可能会在 WPS 表格中存放一些重要的数据，因此，利用 WPS 表格提供的保护单元格、保护工作表和保护工作簿功能对表格数据进行保护，能够有效避免他人查看或恶意更改表格数据。

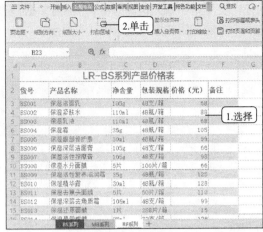

图 7-30　设置打印区域　　　　　　　　图 7-31　打印区域数据

1. 保护单元格

微课：保护
单元格

为防止他人更改单元格中的数据，可锁定重要的单元格，或隐藏单元格中包含的计算公式。下面在"产品价格表.et"工作簿中为"RF 系列"工作表的 E3:E20 单元格区域设置保护功能，具体操作如下。

（1）选择"RF 系列"工作表，然后在选择 E3:E20 单元格区域后按【Ctrl+1】组合键，或者在所选单元格上单击鼠标右键，在弹出的快捷菜单中选择"设置单元格格式"命令。

（2）在打开的"单元格格式"对话框中单击"保护"选项卡，选中"锁定"和"隐藏"复选框，然后单击　确定　按钮完成对单元格的保护设置，如图 7-32 所示。

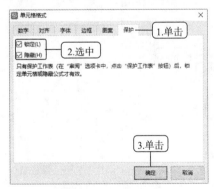

图 7-32　保护单元格

2. 保护工作表

微课：保护
工作表

设置保护工作表功能后，其他用户只能查看该工作表的表格数据，不能修改数据，这样可避免他人恶意更改表格数据。下面在"产品价格表.et"工作簿中设置工作表的保护功能，具体操作如下。

（1）选择"RF 系列"工作表，在"审阅"选项卡中单击"保护工作表"按钮　。

（2）在打开的"保护工作表"对话框的"密码（可选）"文本框中输入密码，这里输入密码"123"，然后单击　确定　按钮。

（3）在打开的"确认密码"对话框的"重新输入密码"文本框中输入相同的密码，然后单击 确定 按钮，如图 7-33 所示，返回工作表中可发现相应选项卡中的按钮或命令呈灰色状态显示。

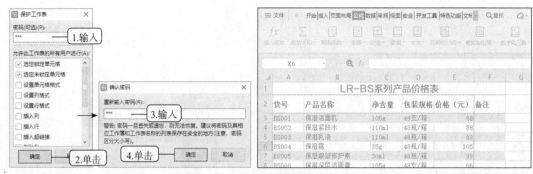

图 7-33　保护工作表

微课：保护
工作簿

3. 保护工作簿

若不希望工作簿中的重要数据被他人查看或使用，可使用工作簿的保护功能。下面在"产品价格表.et"工作簿中设置工作簿的保护功能，具体操作如下。

（1）在"审阅"选项卡中单击"保护工作簿"按钮 。

（2）打开"保护工作簿"对话框，在"密码（可选）"文本框中输入密码"123"，然后单击 确定 按钮。

（3）在打开的"确认密码"对话框的"重新输入密码"文本框中输入相同的密码，然后单击 确定 按钮，如图7-34所示。返回工作表中，完成保护工作簿设置后再保存并关闭工作簿（配套文件:\效果文件\项目七\产品价格表.et）。

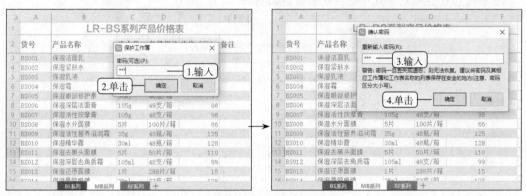

图 7-34　保护工作簿

> **提示**　要撤销工作表或工作簿的保护功能，可在"审阅"选项卡中单击"撤销工作表保护"按钮 或单击"撤销工作簿保护"按钮 ，然后在打开的对话框中输入工作表或工作簿的保护密码，单击 确定 按钮。

课后练习

1. 新建一个空白工作簿，并将其以"预约客户登记表.et"为名保存，按照下列要求对表格进行操作，效果如图 7-35 所示。

预约客户登记表								
预约号	公司名称	预约人姓名	联系电话	接待人	预约日期	预约时间	事由	备注
1	有限公司	顾建	1584562****	莫雨菲	2020/10/20	9:30	采购	
2	有限公司	贾云国	1385462****	苟丽	2020/10/21	15:45	设备维护检修	★★★
3	有限公司	关玉贵	1354563****	莫雨菲	2020/10/22	10:00	采购	
4	有限公司	孙林	1396564****	莫雨菲	2020/10/23	10:25	采购	
5	公司	蒋安辉	1302458****	苟丽	2020/10/24	16:00	质量检验	★
6	有限公司	罗红梅	1334637****	苟丽	2020/10/25	17:00	送货	
7	公司	王富贵	1585686****	章正翱	2020/10/26	11:30	送货	
8	有限公司	郑珊	1598621****	章正翱	2020/10/27	11:45	技术咨询	
9	有限公司	张波	1586985****	章正翱	2020/10/28	14:00	技术咨询	
10	公司	高天水	1598546****	莫雨菲	2020/10/29	11:00	质量检验	
11	有限公司	耿跃升	1581254****	章正翱	2020/10/30	14:30	技术培训	
12	公司	郑立志	1375382****	苟丽	2020/10/31	16:30	设备维护检修	★★★
13	有限公司	郑才枫	1354582****	苟丽	2020/11/1	15:00	技术培训	

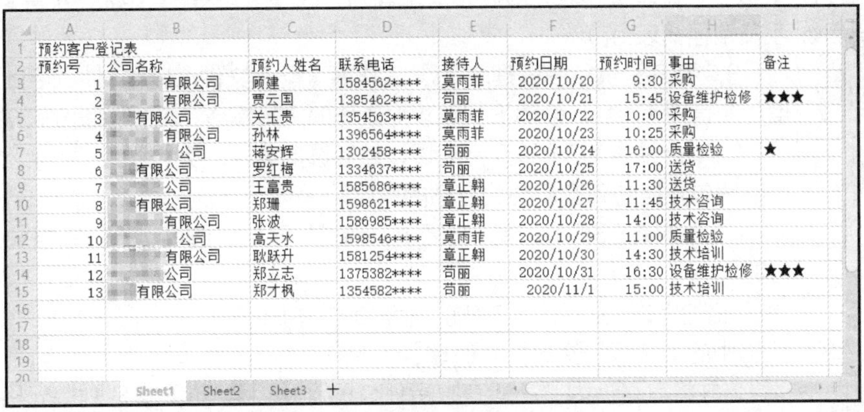

图 7-35 “预约客户登记表”效果

（1）依次在单元格中输入相关的文本、数字、日期与时间、特殊符号等。

（2）在“开始”选项卡中单击“填充”按钮，在打开的下拉列表中选择“序列”命令，通过“序列”对话框填充数据。

（3）数据录入完成后新建 2 张空白工作表，保存工作簿并退出 WPS 表格（配套文件:\效果文件\项目七\课后练习\预约客户登记表.et）。

查看“预约客户登记表”具体操作

2．新建一个空白工作簿，按照下列要求进行操作，效果如图 7-36 所示。

员工档案表										
职员编号	姓名	性别	出生日期	身份证号码	学历	专业	进公司日期	工龄	职位	职位状态
KOP0001	郭	女	1985年1月	504850********4850	大专	市场营销	2013年7月	7	销售员	在职
KOP0002	张	男	1983年10月	565432********5432	本科	文秘	2015年7月	5	设计师	在职
KOP0003	何	女	1981年6月	575529********5529	本科	装饰艺术	2012年4月	8	设计师	在职
KOP0004	陈	男	1982年8月	585626********5626	研究生	市场营销	2013年10月	7	市场部经理	在职
KOP0005	方	男	1985年3月	595723********5723	本科	市场营销	2013年10月	7	销售员	在职
KOP0006	杜	女	1983年5月	605820********5820	大专	市场营销	2015年7月	5	销售员	在职
KOP0007	谢	女	1980年12月	646208********6208	本科	电子商务	2013年10月	7	设计师	在职
KOP0008	范	女	1981年11月	656305********6305	本科	市场营销	2013年10月	7	设计师助理	在职
KOP0009	郑	男	1980年12月	686596********6596	大专	电子商务	2012年4月	8	销售员	在职
KOP0010	宋	女	1982年8月	696693********6693	本科	电子工程	2013年10月	7	设计师	在职
KOP0011	欧阳	女	1983年7月	747178********7178	本科	电子工程	2015年7月	5	工程师	在职
KOP0012	邓	女	1980年4月	787566********7566	大专	市场营销	2012年4月	8	销售员	在职
KOP0013	李	男	1984年10月	797663********7663	研究生	装饰艺术	2015年7月	5	工程师	在职

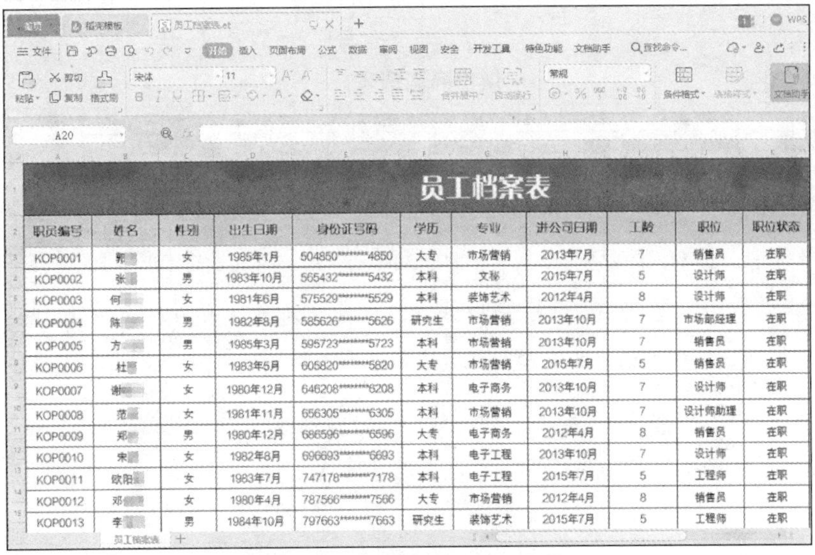

图 7-36 “员工档案表”效果

（1）打开 WPS Office 2019 并新建一个空白工作簿，将“Sheet1”工作表重命名为“员工档案表”，然后输入员工档案的相关数据。

（2）调整行高和列宽，合并 A1:M1 单元格区域，然后为单元格设置边框和底纹。

（3）设置单元格中的文本的格式，包括字体、字号，再设置底纹、对齐方式。

（4）以 A3 单元格为冻结中心冻结窗格，查看“职位状态”为“离职”的员

查看“员工档案表”具体操作

工，然后将该员工所在行的数据全部删除。

（5）设置打印参数，并打印工作表，最后设置密码为"123"来保护工作表（配套文件:\效果文件\项目七\课后练习\员工档案表.et）。

查看"供货商管理表"具体操作

3. 打开"供货商管理表.et"工作簿（配套文件:\素材文件\项目七\课后练习\供货商管理表.et），按照下列要求对工作簿进行操作，效果如图 7-37 所示。

（1）合并 A1:G1 单元格区域，然后选择 A～G 列，利用"行和列"按钮，将所选单元格的列宽调整为合适的宽度。

（2）选择 F3:F15 单元格区域，通过"开始"选项卡将日期格式设置为"长日期"。

（3）在第 7 行单元格的上方插入新行，并输入相应的文本内容。

（4）将 A8 单元格中的"庆云"修改为"德瑞"。

（5）查找"私营"，并将其替换为"私营有限责任公司"，然后手动调整 B 列单元格的列宽。

（6）选择 A1 单元格，设置文本格式为"方正兰亭中黑简体，20，蓝色"，选择 A2:G15 单元格区域，设置文本格式为"方正黑体简体，12"。

（7）选择 A2:G15 单元格区域，套用表格样式"表样式浅色 16"。

（8）选择 G3:G15 单元格区域，打开"新建格式规则"对话框，将"合同金额"大于或等于 50 的单元格文本设置为"红色，加粗，倾斜"。

（9）删除多余的工作表"Sheet2""Sheet3"，并将"最早客户"工作表标签颜色设置为"深蓝"，设置完成后保存工作簿。

	A	B	C	D	E	F	G	H
1	供货商管理表							
2	公司名称	公司性质	主要负责人姓名	电话	注册资金（万元）	与本公司第一次合作时间	合同金额（万元）	
3		私营有限责任公司	李先生	8967****	100	2020年6月3日	20	
4		联营	姚女士	8875****	50	2018年6月4日	15	
5		私营有限责任公司	刘经理	8777****	20	2019年6月5日	5	
6		私营有限责任公司	王小姐	8988****	200	2020年6月6日	25	
7		股份公司	李女士	8759****	100	2021年6月3日	65	
8		个体户	蒋先生	8662****	100	2019年6月7日	20	
9		个体户	胡先生	8777****	20	2019年6月8日	10	
10		合伙企业	方女士	2514****	200	2020年8月9日	50	
11		私营有限责任公司	袁经理	8662****	150	2019年6月3日	20	
12		有限责任公司	吴小姐	8754****	50	2021年7月3日	20	
13		私营有限责任公司	杜先生	8988****	200	2020年6月1日	55	
14		私营有限责任公司	郑经理	8662****	100	2019年9月2日	30	
15		股份公司	师小姐	8777****	200	2018年4月1日	50	
16		股份公司	陈经理	8988****	100	2021年6月3日	70	

图 7-37 "供货商管理表"效果

项目八
计算和分析数据

WPS 表格强大的数据处理功能主要体现在计算数据和分析数据上。本项目将通过 4 个典型任务，介绍在 WPS 表格中计算和分析数据的方法，包括公式与函数的使用、数据排序、数据筛选、数据分类汇总、创建和使用数据透视表和数据透视图分析数据等。

课堂学习及素养目标

- 制作产品销售测评表。
- 制作业务人员提成表。
- 制作销售分析表。

- 分析固定资产统计表。
- 寻找更高效的方法解决问题。

任务一　制作产品销售测评表

任务要求

某公司旗下各门店总结了上半年的营业情况，李总让肖雪统计各门店每个月的营业额，并制作"产品销售测评表"，以便根据各门店的营业情况评出优秀门店并予以奖励。肖雪根据李总提出的要求，使用 WPS 表格制作了上半年产品销售测评表，效果如图 8-1 所示，相关要求如下。

- 使用求和函数 SUM 计算各门店月营业总额。
- 使用平均值函数 AVERAGE 计算月平均营业额。
- 使用最大值函数 MAX 和最小值函数 MIN 计算各门店的月最高营业额和月最低营业额。
- 使用排名函数 RANK 计算各门店的销售排名。
- 使用 IF 嵌套函数计算各门店的月营业总额是否达到评定优秀门店的标准。
- 使用 INDEX 函数查询"产品销售测评表"中的"B 店二月营业额"和"D 店五月营业额"。

查看"产品销售测评表"相关知识

相关知识

（一）公式运算符和语法

在 WPS 表格中使用公式前，需要大致了解公式中的运算符和公式的语法，下面分别进行简单介绍。

图 8-1　"产品销售测评表"工作簿效果

1. 运算符

运算符即公式中的运算符号，主要用于"连接数字"并产生相应的计算结果。运算符有算术运算符（如加、减、乘、除）、比较运算符（如逻辑值 FALSE 与 TRUE）、文本运算符（如&）、引用运算符（如冒号与空格）和括号运算符（如()）5 种。当一个公式包含这 5 种运算符时，应遵循从高到低的优先级进行计算。若公式中包含括号运算符，则一定要注意每个左括号必须配一个右括号。

2. 语法

WPS 表格中的公式是按照特定的顺序进行数值运算的，这一特定顺序即语法。WPS 表格中的公式遵循特定的语法：前面是等号，后面是参与计算的元素和运算符。如果公式中同时用到了多个运算符，则需按照运算符的优先级进行运算。如果公式包含相同优先级的运算符，则先进行括号里面的运算，再从左到右依次计算。

（二）单元格引用和单元格引用分类

在使用公式计算数据前要了解单元格引用和单元格引用分类的基础知识。

1. 单元格引用

WPS 表格是通过单元格的地址来引用单元格的，单元格地址是指单元格的行号与列标的组合。例如，"=193800+123140+146520+152300"中的数据"193800"位于 B3 单元格中，其他数据依次位于 C3、D3 和 E3 单元格中。通过单元格引用，使用公式"=B3+C3+D3+E3"，同样可以获得这 4 个数据的计算结果。

2. 单元格引用分类

在计算数据表中的数据时，通常会通过复制或移动公式来实现快速计算，因此会涉及不同的单元格引用方式。WPS 表格中包括相对引用、绝对引用和混合引用 3 种引用方式，不同的引用方式得到的计算结果也不相同。

- 相对引用。相对引用是指输入公式时直接通过单元格地址来引用单元格。相对引用单元格后，如果复制或剪切公式到其他单元格，那么公式中引用的单元格地址会根据复制或剪切的位置发生相应改变。
- 绝对引用。绝对引用是指无论引用单元格的公式的位置如何改变，所引用的单元格均不会发生变化。绝对引用的形式是在单元格的行号和列标前加上符号"$"。
- 混合引用。混合引用包含相对引用和绝对引用。混合引用有两种形式，一种是行绝对、列相对，如"B$2"表示行不发生变化，但是列会随着新的位置发生变化；另一种是行相对、列绝对，如"$B2"表示列保持不变，但是行会随着新的位置发生变化。

（三）使用公式计算数据

WPS 表格中的公式是对工作表中的数据进行计算的等式，它以"="（等号）开始，其后是公式的表达式。公式的表达式可包含运算符、常量数值、单元格地址和单元格区域地址。

1. 输入公式

在 WPS 表格中输入公式的方法为选择要输入公式的单元格，在单元格或编辑栏中输入"="，接着输入公式内容，输入完成后按【Enter】键或单击编辑栏中的"输入"按钮 ✓。

在单元格中输入公式后，按【Enter】键可在计算出公式结果的同时选择同列的下一个单元格；按【Tab】键可在计算出公式结果的同时选择同行的下一个单元格；按【Ctrl+Enter】组合键则可在计算出公式结果后，仍保持选择当前单元格。

2. 编辑公式

编辑公式与编辑数据的方法相同。选择含有公式的单元格，将文本插入点定位在编辑栏或单元格中需要修改的位置，按【BackSpace】键删除多余或错误的内容，再输入正确的内容。完成后按【Enter】键即可完成对公式的编辑，WPS 表格会自动计算新公式的内容。

3. 复制公式

在 WPS 表格中复制公式是快速计算数据的极佳方法，因为在复制公式的过程中，WPS 表格会自动改变引用单元格的地址，避免手动输入公式带来的麻烦，可以提高工作效率。通常使用"开始"选项卡或单击鼠标右键进行复制粘贴；也可以拖动控制柄进行复制；还可选择添加了公式的单元格，按【Ctrl+C】组合键进行复制，然后将文本插入点定位到要复制到的单元格中，按【Ctrl+V】组合键进行粘贴。

（四）WPS 表格的常用函数

WPS 表格提供了多种函数，每个函数的功能、语法结构及参数的含义各不相同，除本书提到的 SUM 函数和 AVERAGE 函数外，常用的函数还有 IF 函数、MAX/MIN 函数、COUNT 函数、SIN 函数、PMT 函数和 SUMIF 函数等。

- SUM 函数。SUM 函数的功能是对被选择的单元格或单元格区域进行求和计算。其语法结构为 SUM(number1,number2,...)，其中，number1,number2,...表示若干个需要求和的参数。填写参数时，可以使用单元格地址（如 E6,E7,E8），也可以使用单元格区域（如 E6:E8），甚至可以混合输入（如 E6,E7:E8）。

- AVERAGE 函数。AVERAGE 函数的功能是求平均值，计算方法是：将选择的单元格或单元格区域中的数据先相加，再除以单元格数量。其语法结构为 AVERAGE(number1,number2,...)，其中，number1,number2,...表示需要计算平均值的若干个参数。

- IF 函数。IF 函数是一种常用的条件函数，它能判断真假值，并根据逻辑计算的真假值返回不同的结果。其语法结构为 IF(logical_test,value_if_true,value_if_false)，其中，logical_test 表示计算结果为 true 或 false 的任意值或表达式；value_if_true 表示 logical_test 为 true 时要返回的值，可以是任意数据；value_if_false 表示 logical_test 为 false 时要返回的值，也可以是任意数据。

- MAX/MIN 函数。MAX 函数的功能是返回被选中单元格区域中所有数值的最大值，MIN 函数用来返回所选单元格区域中所有数值的最小值。它们的语法结构为 MAX/MIN(number1,number2,...)，其中，number1,number2,...表示要筛选的若干个参数。

- COUNT 函数。COUNT 函数的功能是返回包含数字及包含参数列表中的数字的单元格数量，通常利用它来计算单元格区域或数字数组中数字字段的输入项数。其语法结构为 COUNT(value1,value2,...)，其中，value1,value2,...为包含或引用各种类型数据的参数（1～30 个），但只有数字类型的数据才会被计算。

- SIN 函数。SIN 函数的功能是返回给定角度的正弦值。其语法结构为 SIN(number)，其中，number 为需要计算正弦值的角度，以弧度表示。

- PMT 函数。PMT 函数的功能是基于固定利率及等额分期付款方式，返回贷款的每期付款额。其语法结构为 PMT(rate,nper,pv,fv,type)，其中，rate 为贷款利率；nper 为该项贷款的付款总数；pv 为现值，或一系列未来付款的当前值的累积和，也称为本金；fv 为未来值，或在最后一次付款后希望得到的现金余额，如果省略 fv，则假设其值为 0，也就是指贷款的未来值为 0；type 为数字 0 或 1，用于指定各期的付款时间是在期初还是期末。

- SUMIF 函数。SUMIF 函数的功能是根据指定条件对若干单元格求和。其语法结构为 SUMIF(range,criteria,sum_range)，其中，range 为用于条件判断的单元格区域；criteria 为确定哪些单元格将被求和的条件，其形式可以为数字、表达式或文本；sum_range 为需要求和的实际单元格。

- RANK 函数。RANK 函数是排名函数，RANK 函数是返回某数字在一列数字中相对于其他数字的大小排名。其语法结构为 RANK(number,ref,order)，其中，函数名后面参数中的 number 为需要找到排位的数字（单元格内必须为数字）；ref 为数字列表数组或对数字列表的引用；order 可指明排位的方式。order 的值为 0 和 1，默认不用输入，得到从大到小的排名。若想求倒数第几名，order 的值则应使用 1。

- INDEX 函数。INDEX 函数用于返回数据清单或数组中的元素值，此元素由行序号和列序号的索引值给定。函数 INDEX 的语法结构为 INDEX(array,row_num,column_num)，其中，array 为单元格区域或数组常数；row_num 为数组中某行的行序号，函数从该行返回数值；column_num 是数组中某列的列序号，函数从该列返回数值。如果省略 row_num，则必须有 column_num；如果省略 column_num，则必须有 row_num。

微课：使用求和
函数 SUM 计算
月营业总额

任务实现

（一）使用求和函数 SUM 计算月营业总额

求和函数 SUM 主要用于计算某一单元格区域中所有数字之和。使用 SUM 函数计算月营业总额的具体操作如下。

（1）打开"产品销售测评表.et"工作簿（配套文件:\素材文件\项目八\产品销售测评表.et），选择 H4 单元格，在"公式"选项卡中单击"自动求和"按钮 Σ。

（2）此时，在 H4 单元格中插入求和函数"SUM"，同时 WPS 表格将自动识别函数参数"B4:G4"，如图 8-2 所示。

（3）单击编辑区中的"输入"按钮 ✓，完成求和计算，将鼠标指针移动到 H4 单元格右下角，当其变为 ✛ 时，向下拖动鼠标，至 H15 单元格时释放鼠标左键，系统将自动填充各门店月营业总额，如图 8-3 所示。

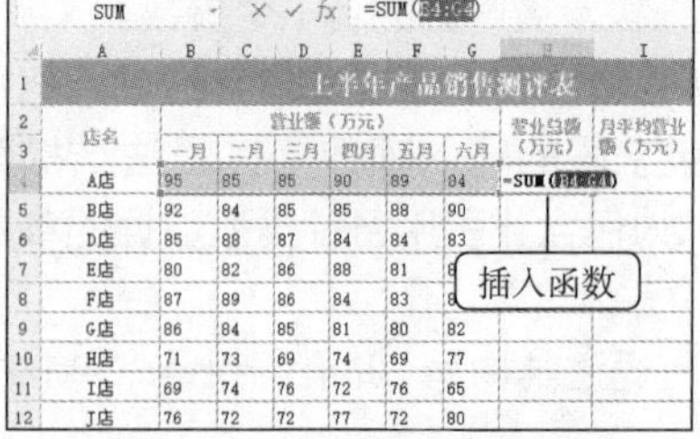

图 8-2　插入求和函数

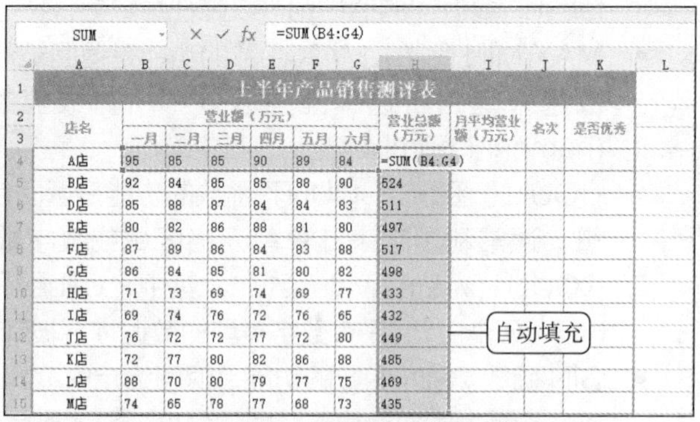

图 8-3　自动填充月营业总额

（二）使用平均值函数 AVERAGE 计算月平均营业额

平均值函数 AVERAGE 用来计算某一单元格区域中的数据平均值，即先将单元格区域中的数据相加再除以单元格数量。使用 AVERAGE 函数计算月平均营业额的具体操作如下。

（1）选择 I4 单元格，在"公式"选项卡中单击"自动求和"按钮 Σ 下方的下拉按钮 ，在打开的下拉列表中选择"平均值"选项。

查看常用统计函数

微课：使用平均值函数 AVERAGE 计算月平均营业额

（2）此时，系统自动在 I4 单元格中插入平均值函数"AVERAGE"，同时 WPS 表格会自动识别函数参数"B4:H4"，将自动识别的函数参数手动更改为"B4:G4"，如图 8-4 所示。

（3）单击编辑区中的"输入"按钮 ，完成求平均值的计算。

（4）将鼠标指针移动到 I4 单元格右下角，当其变为 ✚ 时，向下拖动鼠标，当拖动至 I15 单元格时释放鼠标左键，系统将自动填充各门店月平均营业额，如图 8-5 所示。

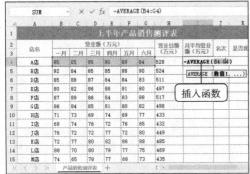

图 8-4 更改函数参数

图 8-5 自动填充月平均营业额

（三）使用最大值函数 MAX 和最小值函数 MIN 计算营业额

最大值 MAX 函数和最小值 MIN 函数分别用于显示一组数据中的最大值或最小值，使用这两个函数计算营业额的最大值和最小值的具体操作如下。

微课：使用最大值函数 MAX 和最小值函数 MIN 计算营业额

（1）选择 B16 单元格，在"公式"选项卡中单击"自动求和"按钮 Σ 下方的下拉按钮 ，在打开的下拉列表中选择"最大值"选项，如图 8-6 所示。

（2）此时，系统自动在 B16 单元格中插入最大值函数"MAX"，同时 WPS 表格会自动识别函数参数"B4:B15"，如图 8-7 所示。

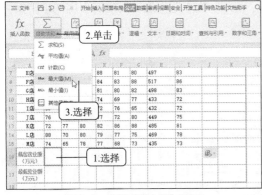

图 8-6 选择"最大值"选项

图 8-7 插入最大值函数

（3）单击编辑区中的"输入"按钮 ，得到函数的计算结果，将鼠标指针移动到 B16 单元格右下角，当其变为 ✚ 时，向右拖动鼠标，至 I16 单元格时释放鼠标左键，将自动计算出各门店月最高营业额、月最高营业总额和月最高平均营业额。

（4）选择 B17 单元格，在"公式"选项卡中单击"自动求和"按钮 Σ 下方的下拉按钮 ·，在打开的下拉列表中选择"最小值"选项。

（5）此时，系统自动在 B17 单元格中插入最小值函数"MIN"，同时 WPS 表格会自动识别函数参数"B4:B16"，手动将其更改为"B4:B15"。单击编辑区中的"输入"按钮 ✓，得到函数的计算结果，如图 8-8 所示。

（6）将鼠标指针移动到 B17 单元格右下角，当其变为 ✚ 时，向右拖动鼠标，至 I17 单元格时释放鼠标左键，将自动计算出各门店月最低营业额、月最低营业总额和月最低平均营业额，如图 8-9 所示。

图 8-8　插入最小值函数得到计算结果

图 8-9　自动填充月最低营业额

（四）使用排名函数 RANK 计算销售排名

微课：使用排名函数 RANK 计算销售排名

排名函数 RANK 用来计算某个数字在数字列表中的名次。使用 RANK 函数计算销售排名的具体操作如下。

（1）选择 J4 单元格，在"公式"选项卡中单击"插入函数"按钮 fx，打开"插入函数"对话框。

（2）在"或选择类别"下拉列表中选择"统计"选项，在"选择函数"列表框中选择"RANK"选项，单击 确定 按钮，如图 8-10 所示。

（3）打开"函数参数"对话框，在"数值"文本框中输入"H4"，单击"引用"文本框右侧的"收缩"按钮 。

（4）此时该对话框呈收缩状态，拖动鼠标选择要计算的 H4:H15 单元格区域，单击右侧的"展开"按钮 。

（5）返回"函数参数"对话框，按【F4】键将"引用"文本框中的单元格的引用地址转换为绝对引用地址，单击 确定 按钮，如图 8-11 所示。

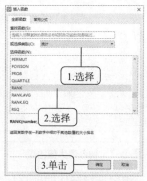

图 8-10　选择 RANK 函数

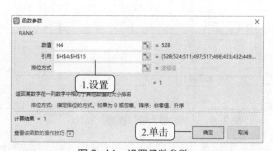

图 8-11　设置函数参数

（6）返回工作界面，可查看排名情况。选中 J4 单元格，将鼠标指针移动到 J4 单元格右下角，当其变为 **+** 时，向下拖动鼠标，至 J15 单元格时，释放鼠标左键，即可显示出每个门店的销售排名。

 提示 除了上述排名函数外，WPS 表格还提供了另外两个排名函数：RANK.AVG 和 RANK.EQ。这两个函数主要用于判断排名相同的情况。RANK.AVG 函数返回某数字在一列数字中相对于其他数字的大小排名，如果多个数字排名相同，则返回平均值排名，该函数的语法结构为 RANK.AVG(number,rdf,order)。RANK.EQ 函数返回某数字在一列数字中相对于其他数字的大小排名，如果多个数字排名相同，则返回该组数字的最佳排名，该函数的语法结构为 RANK.EQ（number,rdf,order）。

（五）使用 IF 嵌套函数计算等级

IF 嵌套函数用于判断数据表中的某个数据是否满足指定条件，如果满足则返回特定值，不满足则返回其他值。使用该函数计算等级的具体操作如下。

（1）选择 K4 单元格，单击编辑栏中的"插入函数"按钮 *f*，打开"插入函数"对话框。

（2）在"或选择类别"下拉列表中选择"常用函数"选项，在"选择函数"列表框中选择"IF"选项，单击 确定 按钮，如图 8-12 所示。

微课：使用 IF 嵌套函数计算等级

（3）打开"函数参数"对话框，分别在 3 个文本框中输入测试条件和返回逻辑值，单击 确定 按钮，如图 8-13 所示。

图 8-12　选择 IF 函数

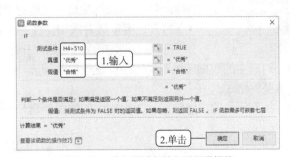

图 8-13　输入测试条件和返回逻辑值

（4）返回工作界面，由于 H4 单元格中的值大于"510"，因此 K4 单元格显示为"优秀"。将鼠标指针移动到 K4 单元格右下角，当其变为 **+** 时，向下拖动鼠标至 K15 单元格时释放鼠标左键，分析其他门店是否满足优秀条件，若低于"510"，则显示"合格"。

微课：使用 INDEX 函数查询营业额

（六）使用 INDEX 函数查询营业额

INDEX 函数用于显示工作表或单元格区域中的值或对值的引用。使用该函数查询营业额的具体操作如下。

（1）选择 B19 单元格，在编辑栏中输入"=INDEX("，编辑栏下方将自动提示 INDEX 函数的参数输入规则，拖动鼠标选择 A4:G15 单元格区域，编辑栏中将自动录入"A4:G15"。

（2）继续在编辑栏中输入参数",2,3)"，单击编辑栏中的"输入"按钮✓，如图 8-14 所示，确认函数的计算结果。

（3）选择 B20 单元格，在编辑栏中输入"=INDEX("，拖动鼠标选择 A4:G15 单元格区域，编辑栏中将自动录入"A4:G15"，如图 8-15 所示。

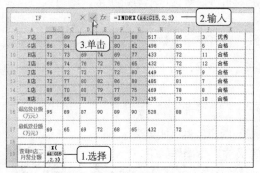

图 8-14　应用 INDEX 函数

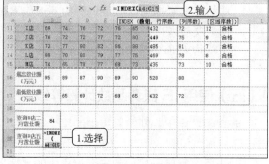

图 8-15　选择参数

（4）继续在编辑栏中输入参数",3,6)"，按【Ctrl+Enter】组合键确认函数的应用并得到计算结果（配套文件:\效果文件\项目八\产品销售测评表.et）。

任务二　制作业务人员提成表

查看"业务人员提成表"相关知识

任务要求

小丽被公司安排到了销售部做文员,销售经理让她每个月都要制作本部门的"业务人员提成表",以方便制订下个月的部门计划。月末,小丽使用 WPS 表格统计公司销售部业务人员的提成,完成的工作簿效果如图 8-16 所示,相关要求如下。

- 打开已经创建并编辑完成的业务人员提成表,对其中的数据分别进行简单排序、多重排序和自定义排序。
- 对表中的数据按照不同的条件进行自动筛选、自定义筛选和高级筛选操作,并在表格中使用条件格式。
- 按照不同的设置字段,为表格中的数据创建分类汇总,然后查看分类汇总的数据。

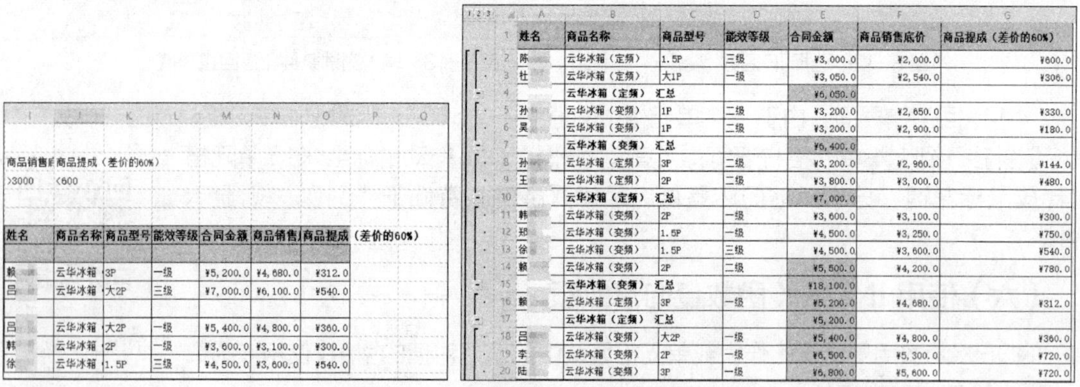

图 8-16　"业务人员提成表"工作簿效果

相关知识

（一）数据排序

数据排序是统计工作中的一项重要内容，在 WPS 表格中，可将数据按照指定的顺序排序。一般情况下，数据排序分为以下 3 种情况。

- 单列数据排序。单列数据排序是指在工作表中以一列单元格中的数据为依据，对工作表中的所有数据进行排序。
- 多列数据排序。在对多列数据进行排序时，需要按某个数据排列，该数据称为"关键字"。以关键字为依据排序，其他列中的单元格数据将随之变化。对多列数据进行排序时，首先要选择多列数据对应的单元格区域，然后选择关键字，排序时会自动以该关键字进行排序，未选择的单元格区域将不参与排序。
- 自定义排序。使用自定义排序可以设置多个关键字对数据进行排序，并可以通过其他关键字对相同的数据进行排序。

（二）数据筛选

数据筛选是对数据进行分析时常用的操作之一。数据筛选分为以下 3 种情况。

- 自动筛选。自动筛选数据即根据用户设定的筛选条件，自动将表格中符合条件的数据显示出来，而表格中的其他数据将被隐藏。
- 自定义筛选。自定义筛选是在自动筛选的基础上进行的，即单击自动筛选后需自定义的字段名称右侧的下拉按钮，在打开的下拉列表中选择相应的选项来确定筛选条件，然后在打开的"自定义筛选方式"对话框中进行相应的设置。
- 高级筛选。若需要根据自己设置的筛选条件对数据进行筛选，则需要使用高级筛选功能。高级筛选功能可以筛选出同时满足两个或两个以上条件的数据。

（三）数据分类汇总

数据分类汇总可分为分类和汇总两部分，即以某一列字段为分类项目，然后对表格中其他数据列的数据进行汇总。对数据进行分类汇总的方法很简单，首先选择工作表中包含数据的任意一个单元格，然后单击"数据"选项卡中的"分类汇总"按钮，在打开的"分类汇总"对话框中设置分类字段、汇总方式、选定汇总项等参数后，单击 确定 按钮即可自动生成分类汇总表，如图 8-17 所示。其中，第一级是总计表，第二级是汇总项目表，第三级是各项明细数据表。

图 8-17　生成分类汇总表

任务实现

（一）排序业务人员提成表数据

使用 WPS 表格中的数据排序功能对数据进行排序，有助于快速、直观地显示、组织和查找所需的数据，具体操作如下。

（1）打开"业务人员提成表.et"工作簿（配套文件:\素材文件\项目八\业务人员提成表.et），选择 E 列任意单元格，在"数据"选项卡中单击"升序"按钮 ，将选择的数据表按照"合同金额"由低到高排序。

微课：排序业务
人员提成表数据

（2）选择 A2:G17 单元格区域，在"数据"选项卡中单击"排序"按钮 。

（3）打开"排序"对话框，在"主要关键字"下拉列表中选择"合同金额"选项，在"排序依据"下拉列表中选择"数值"选项，在"次序"下拉列表中选择"降序"选项，如图 8-18 所示。

（4）单击 + 添加条件(A) 按钮，在"次要关键字"下拉列表中选择"商品提成（差价的 60%）"选项，在"排序依据"下拉列表中选择"数值"选项，在"次序"下拉列表中选择"升序"选项，单击 确定 按钮。

（5）此时可对数据表先按照"合同金额"列降序排列，对于"合同金额"列中相同的数据，按照"商品提成（差价的 60%）"列升序排列，结果如图 8-19 所示。

商品型号	能效等级	合同金额	商品销售底价	商品提成（差价的60%）
3P	一级	¥8,520.0	¥6,520.0	¥1,200.0
大2P	三级	¥7,000.0	¥6,100.0	¥540.0
3P	一级	¥6,800.0	¥5,600.0	¥720.0
2P	一级	¥6,500.0	¥5,300.0	¥720.0
2P	二级	¥5,500.0	¥4,200.0	¥780.0
大2P	一级	¥5,400.0	¥4,800.0	¥360.0
3P	一级	¥5,200.0	¥4,680.0	¥312.0
1.5P	三级	¥4,500.0	¥3,600.0	¥540.0
1.5P	一级	¥4,500.0	¥3,250.0	¥750.0
2P	二级	¥3,800.0	¥3,000.0	¥480.0
2P	一级	¥3,600.0	¥3,100.0	¥300.0
3P	二级	¥3,200.0	¥2,960.0	¥144.0
1P	一级	¥3,200.0	¥2,900.0	¥180.0
1P	二级	¥3,200.0	¥2,650.0	¥330.0
大1P	一级	¥3,050.0	¥2,540.0	¥306.0

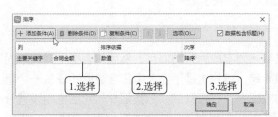

图 8-18　设置主要排序条件　　　　　　图 8-19　排序结果

（6）选择【文件】/【选项】命令，打开"选项"对话框，在左侧的列表框中单击"自定义序列"选项卡。

（7）在"输入序列"中输入序列字段"3P、大 2P、2P、1.5P、大 1P、1P"，单击 添加(A) 按钮，将自定义字段添加到左侧的"自定义序列"列表框中，如图 8-20 所示。

（8）单击 确定 按钮，返回数据表，选择任意一个单元格，在"排序和筛选"组中单击"排序"按钮 ，打开"排序"对话框。

（9）单击 删除条件(D) 按钮，删除设置好的多条件排序格式，在"主要关键字"下拉列表中选择"商品型号"选项，在"次序"下拉列表中选择"自定义序列"选项，打开"自定义序列"对话框，在"自定义序列"列表框中选择前面创建的序列，单击 确定 按钮。

（10）返回"排序"对话框，"次序"下拉列表中将显示设置的自定义序列，单击 确定 按钮，如图 8-21 所示。

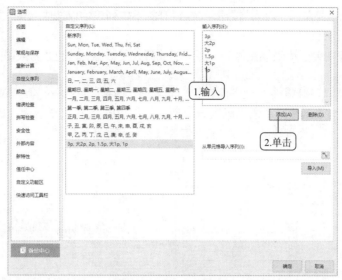

图 8-20　自定义排序字段

（11）此时可将数据表按照"商品型号"序列中的自定义序列进行排序，结果如图 8-22 所示。

图 8-21　设置自定义序列

图 8-22　自定义序列排序的结果

提示　输入自定义序列时，各个字段之间必须使用逗号或分号（英文符号）隔开，也可以换行输入。对数据进行排序时，如果出现提示框提示"要求合并单元格都具有相同大小"，则表示当前数据表中包含合并后的单元格，此时需要用户先手动选择规则的排序区域，再进行排序操作。

（二）筛选业务人员提成表数据

WPS 表格的筛选数据功能可根据需要显示满足某一个或某几个条件的数据，并隐藏其他的数据。

1. 自动筛选

通过自动筛选功能可以快速地在数据表中显示指定字段的记录并隐藏其他记录。下面在"业务人员提成表.et"工作簿中筛选出商品型号为"3P"的业务人员提成数据，具体操作如下。

微课：自动筛选

（1）打开表格，选择工作表中包含数据的任意单元格，在"数据"选项卡中单击"自动筛选"按钮▽，进入筛选状态，列标题单元格右侧会显示出"筛选"按钮▽。

（2）在 C1 单元格中单击"筛选"按钮▾，在打开的下拉列表中仅选中"3P"复选框，单击 [确定] 按钮，如图 8-23 所示。

（3）此时数据表中会显示商品型号为"3P"的业务人员数据，其他业务人员的数据全部被隐藏。

> **提示**　选择字段可以同时筛选多个字段的数据。单击"筛选"按钮▾，打开设置筛选条件的下拉列表，只需在其中选中对应的复选框即可。在 WPS 表格中还能通过颜色、数字和文本进行筛选，但是使用这类筛选方式都需要进行提前设置。

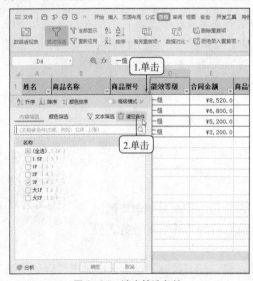

图 8-23　自动筛选指定数据

2. 自定义筛选

微课：自定义
筛选

　　自定义筛选多用于筛选数值数据，通过设定筛选条件可以将满足指定条件的数据筛选出来，而隐藏其他数据。下面在"业务人员提成表.et"工作簿中筛选出合同金额大于"5500"的相关数据，具体操作如下。

（1）单击 C1 单元格右侧的"筛选"按钮▾，在打开的下拉列表中单击"清空条件"按钮 🔘 清空条件，如图 8-24 所示，取消对商品型号的筛选操作。

（2）单击 E1 单元格右侧的"筛选"按钮▾，在打开的下拉列表中单击"数字筛选"按钮▾数字筛选，再在打开的下拉列表中选择"大于"选项，如图 8-25 所示。

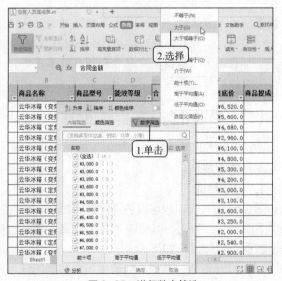

图 8-24　清空筛选条件　　　　　　　图 8-25　进行数字筛选

（3）打开"自定义自动筛选方式"对话框，在"合同金额"栏的"大于"下拉列表右侧的下拉列表中输入"5500"，然后单击 确定 按钮，如图 8-26 所示。

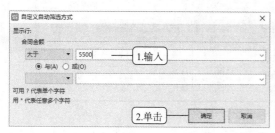

图 8-26 自定义筛选

> **提示** 筛选并查看数据后，在"数据"选项卡中单击"全部显示"按钮，可清除筛选结果，但仍会保持筛选状态；单击"自动筛选"按钮，可直接退出筛选状态，返回筛选前的数据表。

3. 高级筛选

通过高级筛选功能，可以自定义筛选条件，在不影响当前数据表的情况下显示筛选结果。对于较复杂的筛选，可以使用高级筛选功能。下面在"业务人员提成表.et"工作簿中筛选出商品销售底价大于"3000"，商品提成小于"600"的数据，具体操作如下。

微课：高级筛选

（1）单击"数据"选项卡中的"自动筛选"按钮，退出筛选状态，在"Sheet1"工作表的 I2:J3 单元格区域中输入筛选条件：商品销售底价大于"3000"，商品提成（差价的 60%）小于"600"，如图 8-27 所示。

（2）单击"自动筛选"按钮所在栏右下角的对话框启动器图标，如图 8-28 所示。

图 8-27 在工作表中输入筛选条件　　图 8-28 单击图标

（3）打开"高级筛选"对话框，在"方式"栏中选中"将筛选结果复制到其它位置"单选按钮，将"列表区域"设置为"Sheet1!$A$1:$G$17"，将"条件区域"设置为"Sheet1!$I$2:$J$3"，将"复制到"设置为"Sheet1!$I$5"，选中"选择不重复的记录"复选框，最后单击 确定 按钮，如图 8-29 所示。

（4）此时即可在"Sheet1"工作表中的以 I5 单元格为起始单元格的 I5:O10 单元格区域中单独显示出筛选结果，如图 8-30 所示。

图 8-29　设置高级筛选条件

图 8-30　高级筛选结果

4. 使用条件格式

微课：使用条件
格式

　　条件格式用于将数据表中满足指定条件的数据以特定的格式显示出来，以便用户直观地查看与区分数据。下面在"业务人员提成表.et"工作簿中将合同金额大于"5000"的数据以浅红色填充显示，具体操作如下。

　　（1）选择 E2:E17 单元格区域，在"开始"选项卡中单击"条件格式"按钮，在打开的下拉列表中选择【突出显示单元格规则】/【大于】选项。

　　（2）打开"大于"对话框，在数值框中输入"5000"，在"设置为"下拉列表中选择"浅红色填充"选项，单击　确定　按钮，如图 8-31 所示。

　　（3）此时即可将 E2:E17 单元格区域中所有数据大于"5000"的单元格以浅红色填充显示，如图 8-32 所示。

图 8-31　设置条件格式

图 8-32　应用条件格式结果

（三）对数据进行分类汇总

微课：对数据进
行分类汇总

　　运用 WPS 表格的分类汇总功能可对表格中的同一类数据进行统计，使工作表中的数据更加清晰、直观，具体操作如下。

　　（1）选择工作表中包含数据的任意一个单元格，在"数据"选项卡中单击"升序"按钮，对数据进行排序。

　　（2）在"数据"选项卡中单击"分类汇总"按钮，打开"分类汇总"对话框，在"分类字段"下拉列表中选择"商品名称"选项，在"汇总方式"下拉列表中选择"求和"选项，在"选定汇总项"列表框中选中"合同金额"复选框，单击　确定　按钮，如图 8-33 所示。

　　（3）此时即可对数据进行分类汇总，同时可直接在表格中显示分类汇总结果，如图 8-34 所示。

| 提示 | 分类汇总实际上就是分类加汇总，其操作过程是首先通过排序功能对数据进行分类排序，然后按照分类进行汇总。如果没有进行排序，汇总的结果就没有意义。所以，在分类汇总之前，必须先对数据进行排序，再进行汇总操作，且排序的条件涉及的字段最好是需要分类汇总的相关字段，这样汇总的结果才会更加清晰。 |

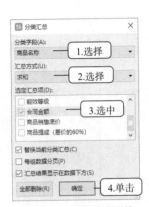

图 8-33　设置分类汇总

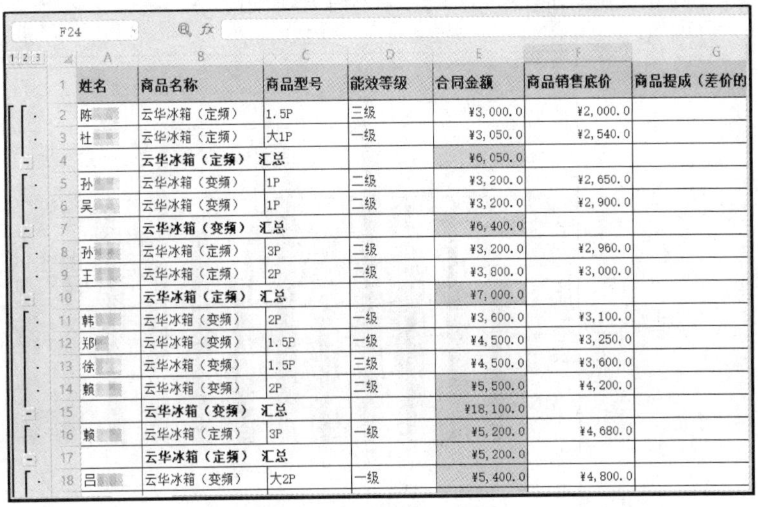

图 8-34　分类汇总结果

（4）在分类汇总数据表格的左上角单击 2 按钮，隐藏汇总的部分数据，如图 8-35 所示。

（5）在分类汇总数据表格的左上角单击 1 按钮，隐藏汇总的全部数据，只显示总计的汇总数据，如图 8-36 所示（配套文件\效果文件\项目八\业务人员提成表.et）。

图 8-35　隐藏汇总的部分数据

图 8-36　隐藏汇总的全部数据

| 提示 | 对数据进行分类汇总后，单击分类汇总数据表格左侧的"展开"按钮 + ，可显示对应栏中的单个分类汇总的明细行；单击"收缩"按钮 - ，可以将对应栏中单个分类汇总的明细行隐藏。 |

| 提示 | 并不是所有数据表都能够进行分类汇总，只有数据表中具有可以分类的序列，才能进行分类汇总。另外，打开已经进行了分类汇总的工作表，在表中选择任意单元格，然后在"数据"选项卡中单击"分类汇总"按钮 ，打开"分类汇总"对话框，单击 全部删除(R) 按钮可删除已创建的分类汇总。 |

任务三　制作销售分析表

任务要求

年关将至，总经理需要在年终总结会议上确定来年的销售方案，因此，需要一份数据差异和走势明显，并且能够辅助预测发展趋势的电子表格。总经理让小夏在一周之内制作一份销售分析表，制作完成后的效果如图 8-37 所示，相关要求如下。

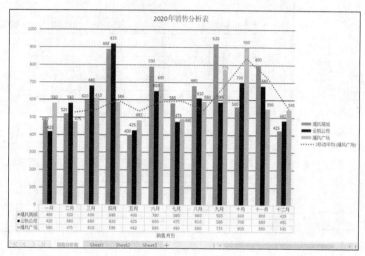

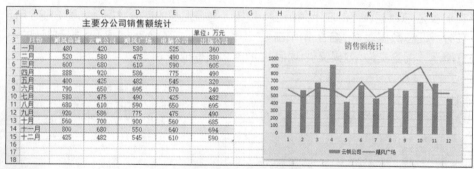

图 8-37　"销售分析表"效果

查看"销售分析表"相关知识

- 打开已经创建并编辑好的素材表格，根据表格中的数据创建图表，并将其移动到新的工作表中。
- 对图表进行编辑，包括修改图表数据、修改图表类型、设置图表样式、调整图表布局、设置图表格式、调整图表对象的显示与分布方式和使用趋势线等。
- 在表格中插入组合图。

相关知识

（一）图表的类型

图表是 WPS 表格中重要的数据分析工具，WPS 表格提供了多种图表类型，包括柱形图、条形图、折线图、饼图和面积图等，用户可根据需要选用不同类型的图表。下面介绍 5 种常用的图表类型及其适用情况。

- 柱形图。柱形图常用于几个项目之间数据的对比。
- 条形图。条形图与柱形图的用法相似，但数据位于 y 轴，值位于 x 轴，位置与柱形图的相反。
- 折线图。折线图多用于显示等时间间隔数据的变化趋势，强调数据的时间性和变动率。
- 饼图。饼图用于显示一个数据系列中各项的大小与各项总和的比例。
- 面积图。面积图用于显示每个数值的变化量，强调数据随时间变化的幅度，还能直观地体现整体和部分的关系。

（二）使用图表的注意事项

图表除了要具备必要的图表元素外，还需让人一目了然，制作图表前应该注意以下 6 点。

- 在制作图表前如需先制作表格，应根据前期收集的数据制作出相应的电子表格，并对表格进行一定的美化。
- 根据表格中的某些数据项或所有数据项创建相应形式的图表。选择表格中的数据时，可根据图表的需要而定。
- 检查创建的图表中的数据，及时添加或删除数据，然后对图表形状、样式和布局等进行相应的设置，完成图表的创建与修改。
- 不同类型的图表能够进行的操作可能不同，如二维图表和三维图表就具有不同的格式设置。
- 图表中的数据较多时，应该尽量将所有数据都显示出来，一些非重点的部分，如图表标题、坐标轴标题和数据表格等都可以省略。
- 办公文件讲究简单明了，因此最好使用 WPS 表格自带的格式作为图表的格式。除非有特定的要求，否则没有必要设置复杂的格式来影响图表的查阅。

任务实现

（一）创建图表

图表可以将数据以图例的方式展现出来。创建图表时，首先需要创建或打开 WPS 表格，然后根据表格创建图表。下面为"销售分析表.et"工作簿创建图表，具体操作如下。

微课：创建图表

（1）打开"销售分析表.et"工作簿（配套文件:\素材文件\项目八\销售分析表.et），选择 A3:F15 单元格区域，在"插入"选项卡中单击"插入柱形图"按钮，在打开的下拉列表的"二维柱形图"栏中选择"簇状柱形图"选项。

（2）此时即可在当前工作表中创建一个柱形图，图中显示了各公司每月的销售情况。将鼠标指针移动到图中的某一系列，会显示该系列对应的分公司在该月的销售数据，效果如图 8-38 所示。

> **提示** 在 WPS 表格中，如果不选择数据而直接插入图表，则图表显示的内容为空白。这时可以在"图表工具"选项卡中单击"选择数据"按钮，打开"编辑数据源"对话框，在其中设置与图表数据对应的单元格区域，在图表中添加数据。

（3）在"图表工具"选项卡中单击"移动图表"按钮，打开"移动图表"对话框，选中"新工作表"单选按钮，在其后面的文本框中输入工作表的名称，这里输入"销售分析表"文本，单击 **确定** 按钮，如图 8-39 所示。

（4）此时图表移动到新工作表中，同时图表将被自动调整成适合工作表区域的大小。

> **提示** 在WPS表格中成功插入图表后，图表右侧会自动显示5个按钮，从上至下依次为"图表元素"按钮，可以用于添加、删除和更改图表元素，如坐标轴、数据标签、图表标题等；"图表样式"按钮，可以用于设置图表的样式和配色方案；"图表筛选器"按钮，可以用于设置图表上需要显示的数据点和名称；"在线图表"按钮，可以用于使用更加丰富的图表样式，但计算机需要接入互联网；"设置图表区域格式"按钮，可以用于精确地设置所选图表元素的格式。

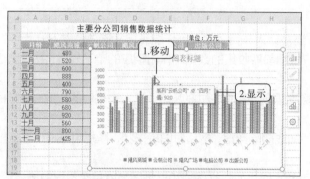

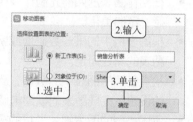

图 8-38　插入柱形图的效果　　　　　　　图 8-39　移动图表

（二）编辑图表

微课：编辑图表

编辑图表包括修改图表数据、修改图表类型、设置图表样式、调整图表布局、设置图表格式、调整图表对象的显示与分布方式等操作，具体操作如下。

（1）选择创建好的图表，在"图表工具"选项卡中单击"选择数据"按钮，打开"编辑数据源"对话框，单击"图表数据区域"文本框右侧的"收缩"按钮。

（2）对话框将收缩，在工作表中选择A3:D15单元格区域，单击按钮展开"编辑数据源"对话框，如图8-40所示，在"图例项（系列）"和"轴标签（分类）"列表框中可看到修改的数据区域。

（3）单击按钮，返回图表，可以看到图表显示的序列发生了变化，如图8-41所示。

图 8-40　选择数据源

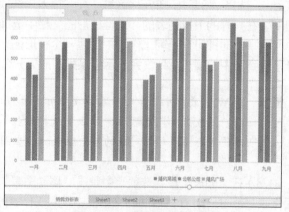

图 8-41　修改数据后的效果

（4）在"图表工具"选项卡中单击"更改类型"按钮，打开"更改图表类型"对话框，单击对话框左侧的"条形图"选项,在对话框右侧选择"簇状条形图"选项,如图 8-42 所示,单击 插入 按钮,更改所选图表的类型与样式。

(5)更改类型与样式后,图表中展现的数据并不会发生变化,如图 8-43 所示。

(6)在"图表工具"中单击"快速布局"按钮,在打开的下拉列表中选择"布局 5"选项。

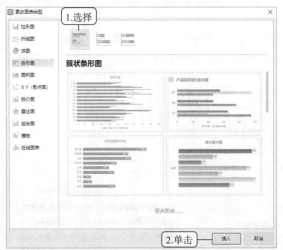

图 8-42 更改图表类型

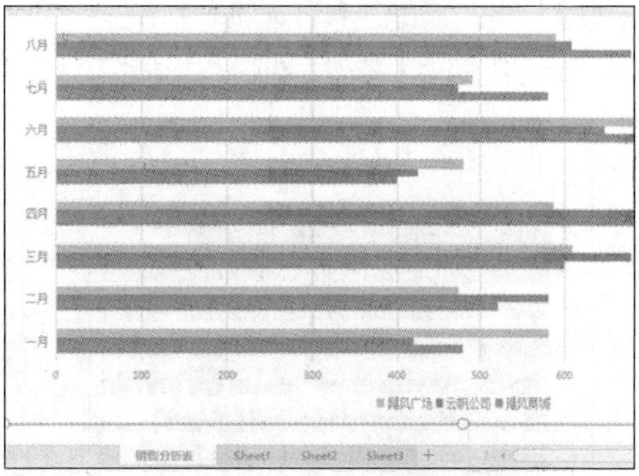

图 8-43 修改类型与样式后的效果

(7)此时即可将所选图表的布局更改为同时显示数据表与图表,效果如图 8-44 所示。

(8)在图表区中单击任意一条红色数据条(系列"云帆公司"),WPS 表格会自动选择图表中该公司的所有数据系列,在"图表工具"选项卡中单击"设置格式"按钮,打开"属性"任务窗格,单击"填充与线条"按钮,在"填充"下拉列表中选择"黑色,文本 1,浅色 25%",如图 8-45 所示,此时图表中该序列的样式亦随之变化。

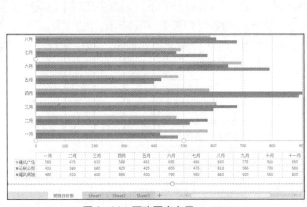

图 8-44 更改图表布局

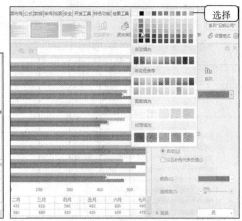

图 8-45 设置数据系列样式

(9)在"图表工具"选项卡的"图表元素"下拉列表 系列"云帆公司" 中选择"水平(值)轴 主要网格线"选项,在"属性"任务窗格中单击"填充与线条"按钮,在"线条"栏中选中"实线"单选按钮,然后将实线格式设置为"黑色,1.00 磅",如图 8-46 所示。

> **提示**　如果用户对图表中设置的图表元素的格式不满意，可以将图表元素恢复到默认设置，然后重新设置。其方法为：单击"图表工具"选项卡中的"重置样式"按钮⬚。需要注意的是，单击"重置样式"按钮⬚只能恢复最近一次的设置，如果最近一次进行的是图标题样式设置，那么只能恢复图标题样式，不能恢复数据标签样式。

（10）单击图表上方的图表标题，输入图表标题内容，这里输入"2020销售分析表"文本。

（11）在"图表工具"选项卡中单击"添加元素"按钮⬚，在打开的下拉列表中选择【轴标题】/【主要纵向坐标轴】选项，如图8-47所示。

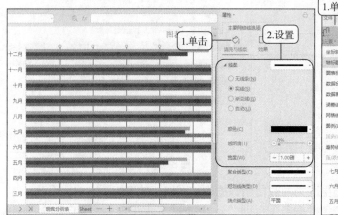

图8-46　设置主要网格线样式　　　　　　图8-47　添加纵向坐标轴

（12）在纵向坐标轴左侧显示出坐标轴标题框，单击插入的纵向坐标轴标题框后，输入"销售月份"文本，在"图表工具"选项卡中单击"添加元素"按钮⬚，在打开的下拉列表中选择【图例】/【右侧】选项添加图例元素，效果如图8-48所示。

（13）在"图表工具"选项卡中单击"添加元素"按钮⬚，在打开的下拉列表中选择【数据标签】/【数据标签外】选项，在条形图中添加数据标签，完成后的效果如图8-49所示。

（14）此时可看到条形图中有部分数据标注被遮挡，可选择被遮挡的数据，按住鼠标左键轻微移动。

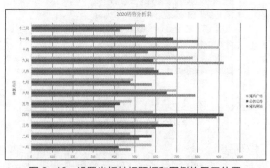

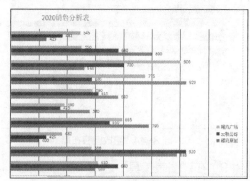

图8-48　设置坐标轴标题框和图例的显示位置　　　　图8-49　设置数据标签的显示位置

（三）使用趋势线

趋势线用于标识图表数据的分布与规律，使用户能够直观地了解数据的变化趋势，或根据数据进行预测、分析。下面为"销售分析表.et"工作簿中的图表添加趋势线，具体操作如下。

（1）在"图表工具"选项卡中单击"更改类型"按钮，打开"更改图表类型"对话框，在左侧的列表框中单击"柱形图"，在右侧列表框中选择"簇状柱形图"选项，单击 插入 按钮。

（2）在"图表工具"选项卡中单击"添加元素"按钮，在打开的下拉列表中选择【趋势线】/【移动平均】选项，如图8-50所示。

（3）打开"添加趋势线"对话框，在"添加基于系列的趋势线"列表中选择"飓风广场"选项，然后单击 确定 按钮。

（4）选择添加的趋势线，在"属性"任务窗格中将趋势线的线条颜色设置为"印度红，着色2"，趋势线的宽度设置为"2.5磅"，效果如图8-51所示。

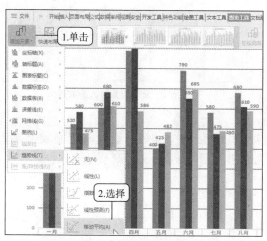

图8-50　选择趋势线类型

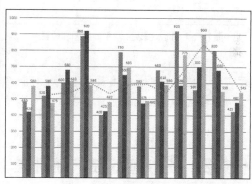

图8-51　添加趋势线的效果

（四）插入组合图

WPS表格提供的组合图能够帮助用户处理和分析各种复杂的数据，尤其是当图表中数据的范围变化较大或具有混合类型的数据时，使用组合图将为数据分析工作提供极大的便利。插入组合图的具体操作如下。

（1）切换到"Sheet1"工作表，选择 C3:D15 单元格区域，在"插入"选项卡中单击"插入组合图"按钮，在打开的下拉列表中选择"组合图"栏中的第一个样式，如图8-52所示。

（2）此时"Sheet1"工作表中会插入由柱形图和拆线图组成的组合图，如图8-53所示。

图8-52　选择组合图样式

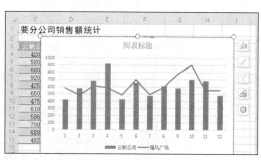

图8-53　创建的组合图

（3）将图表标题文本更改为"销售数据统计"，并适当移动图表的位置，如图 8-54 所示。

（4）单击选择图表，在"绘图工具"选项卡的"样式"列表框 ◼◻◻◻◻◻ 中选择"细微效果-深绿色，强调颜色 3"选项，效果如图 8-55 所示（配套文件:\效果文件\项目八\销售分析表.et）。

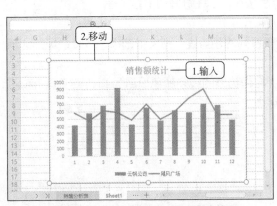

图 8-54　输入图表标题和调整图表位置

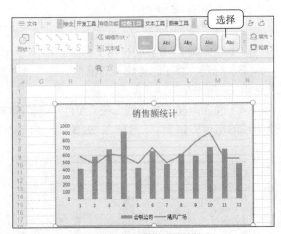

图 8-55　设置样式后的效果

> **提示**　插入图表中的标题名称文本或坐标轴名称文本的格式可以通过"文本工具"选项卡设置，可设置的内容包括字体、字号、文本填充颜色、文本轮廓和文本效果等。

任务四　分析固定资产统计表

查看"固定资产统计表"相关知识

任务要求

每个企业都有自己的固定资产，也都需要对固定资产进行管理，如盘点、折旧、租用、出售等，因此大多数情况下，企业都需要对固定资产的各方面数据进行汇总统计和分析管理。财务部的小张就接到经理下达的任务，让她对公司的固定资产进行盘点，并以表格的形式将相关数据发送到财务主管李青的电子邮箱。小张打算使用 WPS 表格提供的数据透视表和数据透视图功能来灵活汇总和分析固定资产表格中的数据。制作完成后的效果如图 8-56 所示，相关要求如下。

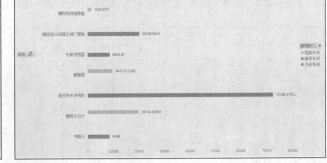

图 8-56　"固定资产统计表"工作簿效果

- 打开已经创建并编辑好的素材表格，根据表格中的数据创建数据透视表，并对数据透视表进行显示和隐藏明细数据、排序、筛选以及刷新等操作。
- 对数据透视表进行相应美化，包括应用预设样式、手动美化等。
- 在表格中创建数据透视图，并对图表进行筛选和美化操作。

相关知识

（一）认识数据透视表

数据透视表是一种交互式报表，利用它可以按照不同的需要以及不同的关系来提取、组织和分析数据，从而得到需要的分析结果，它集筛选、排序和分类汇总等功能于一身，是 WPS 表格中重要的分析性报告工具。数据透视表如图 8-57 所示。

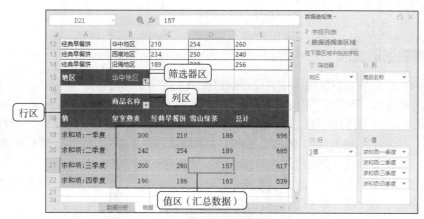

图 8-57　数据透视表

从结构来看，数据透视表分为以下 4 个部分。

- 行区。该区域中的字段将作为数据透视表的行标签。
- 列区。该区域中的字段将作为数据透视表的列标签。
- 值区（汇总数据）。该区域中的字段将作为数据透视表显示汇总的数据。
- 筛选器区。该区域中的字段将作为数据透视表的报表筛选字段。

（二）认识数据透视图

数据透视图可为关联数据透视表中的数据提供其图形表示形式，数据透视图也是交互式的。使用数据透视图可以直观地分析数据的各种属性。创建数据透视图时，数据透视图中将显示数据系列、图例、数据标记和坐标轴（与标准图表相同）。对关联数据透视表中的布局和数据的更改会立即体现在数据透视图的布局和数据中。图 8-58 所示为基于数据透视表的数据透视图。

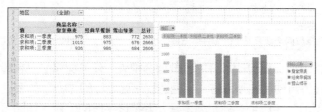

图 8-58　基于数据透视表的数据透视图

需要注意的是，数据透视图是数据透视表和图表的结合体，其效果与为表格创建图表的效果类似。但数据透视图与标准图表也有区别，主要表现在以下 5 个方面。

- 行/列方向。数据透视图不能通过"编辑数据源"对话框切换数据透视图的行/列方向。但是，可以通过旋转关联数据透视表的"行"和"列"标签来实现。
- 图表类型。数据透视图不能用于制作 XY 散点图、股价图和气泡图。
- 嵌入方式。标准图表默认为嵌入当前工作表，而数据透视图默认为嵌入图表工作表（仅包含图表的工作表）。
- 格式。刷新数据透视图时，将保留大多数格式（包括添加的图表元素、布局和样式），但不能保留趋势线、数据标签、误差线，以及对数据集执行的其他更改。标准图表一旦应用此类格式，就不会将这些格式丢失。
- 源数据。标准图表中的数据直接链接到工作表单元格，数据透视图中的数据则是基于关联数据透视表的数据。

任务实现

（一）创建数据透视表

微课：创建数据
透视表

要在 WPS 表格中创建数据透视表，首先要选择需要创建数据透视表的单元格区域。下面在"固定资产统计表.et"工作簿中创建数据透视表，具体操作如下。

（1）打开"固定资产统计表.et"工作簿（配套文件:\素材文件\项目八\固定资产统计表.et），在"明细"工作表中选择 A2:F16 单元格区域，然后单击"插入"选项卡中的"数据透视表"按钮，如图 8-59 所示。

（2）打开"创建数据透视表"对话框，选中"请选择放置数据透视表的位置"栏中的"新工作表"单选按钮，单击 按钮，如图 8-60 所示。

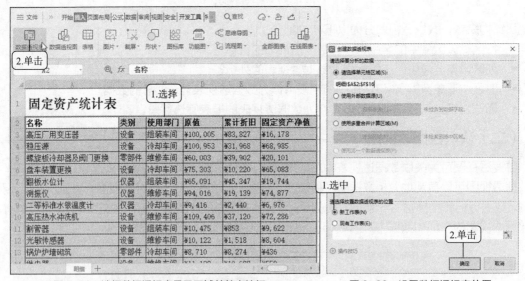

图 8-59　选择数据透视表显示区域并单击按钮　　　图 8-60　设置数据透视表位置

（3）创建数据透视表后，在自动打开的"数据透视表"任务窗格的"字段列表"中选中"使用部门"复选框，该字段将自动添加到下方"数据透视表区域"的"行"列表框中。

（4）拖动"使用部门"字段至"列"列表框，调整该字段的位置，如图 8-61 所示。

（5）选中"字段列表"中的"类别"复选框和"原值"复选框，此时，在"Sheet1"工作表中，可见数据透视表的行标签对应"类别"字段的内容；列标签对应"使用部门"字段的内容；值标签对应"求和项：原值"字段的内容，如图 8-62 所示。

图 8-61　拖动字段

图 8-62　添加字段

（二）使用数据透视表

　　成功创建数据透视表后，用户便可使用数据透视表来进行数据分析。下面在数据透视表中进行显示与隐藏明细数据、排序、筛选以及刷新数据透视表，具体操作如下。

　　（1）在"Sheet1"工作表中选中"字段列表"中的"名称"复选框，将"名称"字段添加到"数据透视表区域"的"行"列表框中，使行标签中出现两个字段。

微课：使用数据
透视表

　　（2）在"行"列表框中将"名称"字段拖动至"类别"字段上方，调整两个字段的放置顺序，如图 8-63 所示。

　　（3）选择工作表中的 A5 单元格，单击"分析"选项卡中的"折叠字段"按钮，此时，产品名称下的明细数据被隐藏起来，如图 8-64 所示。

　　（4）单击"分析"选项卡中的"展开字段"按钮，将隐藏的数据重新显示出来。

图 8-63　调整字段顺序

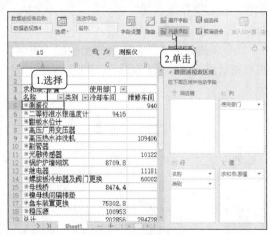

图 8-64　隐藏字段数据

　　（5）选择"数据透视表"窗格的"行"列表框中的"名称"字段，在打开的下拉列表中选择"删除字段"选项，如图 8-65 所示。

　　（6）单击工作表中"类别"单元格右侧的下拉按钮，在打开的下拉列表中选择"降序"选项，如图 8-66 所示。

图 8-65　删除字段

图 8-66　对字段进行降序排列

（7）此时，数据透视表的数据将按照名称（拼音的字母顺序）降序排序。再次单击"类别"单元格右侧的下拉按钮，在打开的下拉列表中选择"其他排序选项"选项。

（8）打开"排序（类别）"对话框，选中"降序排序（Z 到 A）依据"单选按钮后，在其下方的列表框中选择"求和项：原值"选项，然后单击　　　按钮，此时，数据透视表的数据将按照不同类别固定资产原值的总计数，由高到低排列，如图 8-67 所示。

图 8-67　对字段进行自定义排序

（9）将"使用部门"字段拖动到"数据透视表区域"的"筛选器"列表框中；将"类别"字段拖动到"数据透视表区域"的"列"列表框中，效果如图 8-68 所示，然后选中"字段列表"中的"名称"复选框。

（10）单击数据透视表左上方出现的"使用部门"字段右侧的下拉按钮，在打开的下拉列表中将鼠标指针移至"维修车间"选项上，单击"仅筛选此项"，如图 8-69 所示。

图 8-68　调整数据透视表中的字段

图 8-69　筛选部门

（11）此时，数据透视表中只显示维修车间的固定资产原值数据。

提示 如果用户想要一次筛选多个数据，可以单击要筛选字段右侧的下拉按钮▼，在打开的下拉列表中选中"选择多项"复选框，然后依次选中要筛选的字段名称，最后单击 确定 按钮。

（12）选择"明细"工作表，修改测振仪的原值、累计折旧和固定资产净值的数据。

（13）切换到"Sheet1"工作表，此时可见数据透视表中测振仪的固定资产净值并没有同步更改。单击"分析"选项卡中的"刷新"按钮，更新数据透视表中测振仪的数据，使之与数据源中的数据保持一致。

（三）美化数据透视表

数据透视表虽然是根据源数据创建的，但同样可以对其外观进行美化设置。下面为数据透视表应用样式，并手动美化数据透视表，具体操作如下。

微课：美化数据透视表

（1）在"Sheet1"工作表中单击 B1 单元格右侧的"筛选"按钮，将鼠标指针移至打开的下列列表中的"全部"选项上，单击"清除筛选"，如图 8-70 所示。

（2）此时，数据透视表中重新显示所有部门的固定资产原值数据。

（3）选择数据透视表中包含数据的任意一个单元格，在"设计"选项卡中的"预设样式"列表框中选择"数据透视表样式浅色 3"选项，如图 8-71 所示。

图 8-70 清除数据透视表中的筛选结果

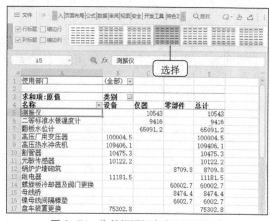

图 8-71 为数据透视表应用预设样式

（4）选中"设计"选项卡中的"镶边行"复选框和"镶边列"复选框，此时，数据透视表各行各列都添加了边框，设计数据透视表样式后的效果如图 8-72 所示。

（5）选择"Sheet1"工作表中的 A1:E19 单元格区域，在"开始"选项卡的"字体"下拉列表中选择"方正新楷体简体"；在"字号"下拉列表中选择"14"选项。

（6）选择 A、E 列单元格，单击"开始"选项卡中的"行和列"按钮，在打开的下拉列表中选择"最适合的列宽"选项。

（7）选择第 5~18 行单元格，打开"行高"对话框，将行高设置为"20"，然后单击 确定 按钮，手动美化数据透视表的效果如图 8-73 所示。

	A	B	C	D	E
1	使用部门	(全部)			
2					
3	求和项:原值	类别			
4	名称	设备	仪器	零部件	总计
5	测振仪		10543		10543
6	二等标准水银温度计		9416		9416
7	翻板水位计		65091.2		65091.2
8	高压厂用变压器	100004.5			100004.5
9	高压热水冲洗机	109406.1			109406.1
10	割管器	10475.3			10475.3
11	光敏传感器	10122.2			10122.2
12	锅炉炉墙砌筑			8709.8	8709.8
13	继电器	11181.5			11181.5
14	螺旋板冷却器及阀门更换			60002.7	60002.7
15	母线桥			8474.4	8474.4
16	镍母线间隔棒垫			6002.7	6002.7
17	盘车装置更换	75302.8			75302.8
18	稳压源	100953			100953
19	总计	417445	85050.2	83189.6	585685

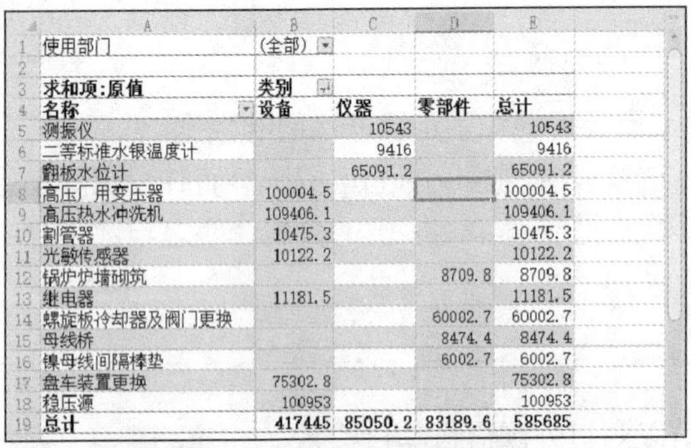

图 8-72　设计数据透视表样式后的效果

	A	B	C	D	E
1	使用部门	(全部)			
2					
3	求和项:原值	类别			
4	名称	设备	仪器	零部件	总计
5	测振仪		10543		10543
6	二等标准水银温度计		9416		9416
7	翻板水位计		65091.2		65091.2
8	高压厂用变压器	100004.5			100004.5
9	高压热水冲洗机	109406.1			109406.1
10	割管器	10475.3			10475.3
11	光敏传感器	10122.2			10122.2
12	锅炉炉墙砌筑			8709.8	8709.8
13	继电器	11181.5			11181.5
14	螺旋板冷却器及阀门更换			60002.7	60002.7
15	母线桥			8474.4	8474.4
16	镍母线间隔棒垫			6002.7	6002.7
17	盘车装置更换	75302.8			75302.8
18	稳压源	100953			100953
19	总计	417445.4	85050.2	83189.6	585685.2

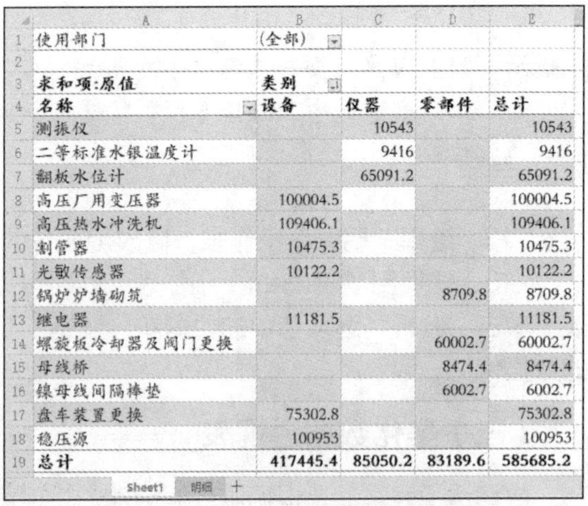

图 8-73　手动美化数据透视表的效果

（四）创建数据透视图

微课：创建数据透视图

插入数据透视图需要指定源数据，同样也需要将字段添加到“数据透视图”窗格。下面在“固定资产统计表.et”工作簿中插入数据透视图，具体操作如下。

（1）在“明细”工作表中选择 A5 单元格，在“插入”选项卡中单击“数据透视图”按钮，如图 8-74 所示。

（2）打开“创建数据透视图”对话框，“请选择单元格区域”文本框中会默认显示“明细!$A$2:$F$16”，单击确定按钮，如图 8-75 所示。

（3）此时，在“Sheet2”工作表中会成功创建数据透视图并打开“数据透视图”任务窗格，在“字段列表”中选中“名称”“使用部门”“固定资产净值”复选框。

	A	B	C	D	E	F
1	固定资产统计表					
2	名称	类别	使用部门	原值	累计折旧	固定资产净值
3	高压厂用变压器	设备	组装车间	¥100,005	¥83,827	¥16,178
4	稳压源	设备	冷却车间	¥100,953	¥31,968	¥68,985
5	螺旋板冷却器及阀门更换	零部件	维修车间	¥60,003	¥39,902	¥20,101
6	盘车装置更换	设备	冷却车间	¥75,303	¥10,220	¥65,083
7	翻板水位计	仪器	组装车间	¥65,091	¥45,347	¥19,744
8	测振仪	仪器	维修车间	¥10,543	¥2,045	¥8,498
9	二等标准水银温度计	仪器	冷却车间	¥9,416	¥2,440	¥6,976
10	高压热水冲洗机	设备	维修车间	¥109,406	¥37,120	¥72,286

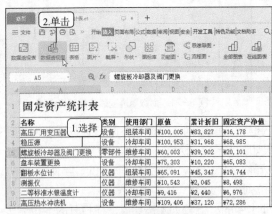

图 8-74　选择单元格并单击按钮

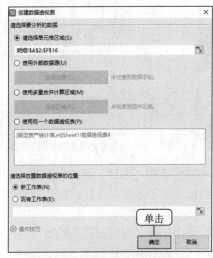

图 8-75　设置数据透视图参数

（4）将“轴（类别）”列表框中的“使用部门”字段拖动至“图例（系列）”列表框中，如图 8-76 所示。

（5）在“图表工具”选项卡中单击“移动图表”按钮，打开“移动图表”对话框，在“选择放置图表的位置”栏中选中“新工作表”单选按钮，然后单击确定按钮，如图 8-77 所示。

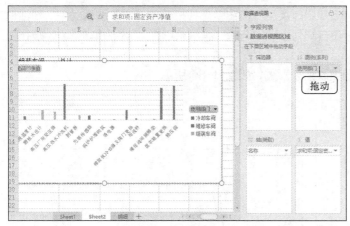

图 8-76　拖动字段

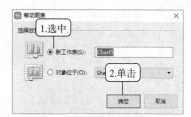

图 8-77　设置移动数据透视图

（6）此时，数据透视图会移动到自动新建的"Chart1"工作表中，该数据透视图成为工作表中的唯一对象，随工作表大小的变化自动变化。

（五）使用数据透视图

数据透视图兼具数据透视表和图表的功能，因此它也可用这两种对象的操作方法。下面对数据透视图进行筛选、添加数据标签、设置和美化等操作，具体操作如下。

微课：使用数据
透视图

（1）切换至"Chart1"工作表，单击数据透视图中的"名称"按钮，在打开的下拉列表中取消选中"二等标准水银温度计"复选框、"高压厂用变压器"复选框、"锅炉炉墙砌筑"复选框、"继电器"复选框和"母线桥"复选框，然后单击 确定按钮，如图 8-78 所示。

（2）此时，数据透视图中不再显示取消选中的复选框的信息。

（3）在"图表工具"选项卡中单击"添加元素"按钮 ，在打开的下拉列表中选择【数据标签】/【数据标签外】选项，如图 8-79 所示。

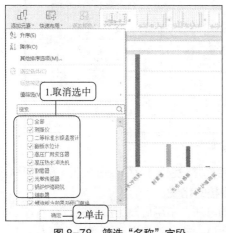

图 8-78　筛选"名称"字段

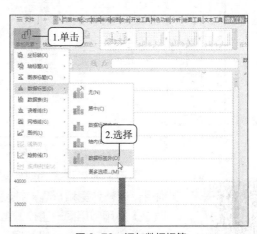

图 8-79　添加数据标签

（4）选择图表区，在"绘图工具"选项卡中单击"填充"按钮 右侧的下拉按钮 ，在打开的下拉列表中选择"金色，背景 2"选项，如图 8-80 所示。

（5）在"图表工具"选项卡中单击"更改类型"按钮👆，在打开的"更改图表类型"对话框左侧的列表框中单击"条形图"选项，在右侧列表框中选择"簇状条形图"，然后单击 插入 按钮（配套文件:\效果文件\项目八\固定资产统计表.et）。

（6）此时，数据透视图从柱形图更改为条形图，如图8-81所示。

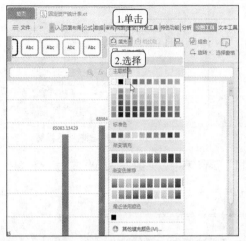

图8-80 为图表区添加背景色

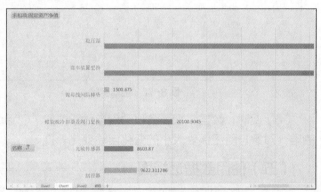

图8-81 更改类型后的效果

课后练习

1. 打开素材文件"员工工资明细表.et"工作簿（配套文件:\素材文件\项目八\课后练习\员工工资明细表.et），按照下列要求对表格进行操作，参考效果如图8-82所示。

图8-82 "员工工资明细表"效果

查看"员工工资表"具体操作

（1）重命名工作表为对应表格名称并设置工作表标签颜色，输入工资表的全部项目，调整列宽和行高，并设置表格的格式。

（2）使用引用同一工作簿数据的方法，引用应发工资数据。

（3）引用其他单元格数据，并通过公式计算应发工资合计。

（4）使用函数计算个人所得税以及实发金额（配套文件:\效果文件\项目八\课后练习\员工工资明细表.et）。

2. 打开"空调维修记录表.et"工作簿（配套文件:\素材文件\项目八\课后练习\空调维修记录表.et），按照下列要求对表格进行操作，参考效果如图 8-83 所示。

（1）打开空调维修记录表，对"序号"列进行排序，然后对"品牌"列进行自定义排序，排序方式为"升序"。

（2）对工作表中的数据进行高级筛选，筛选条件为"价格>3000，维修次数>2"，并将筛选结果显示在其他位置。

（3）对 G3:G18 单元格区域使用条件格式，将维修次数大于等于 2 的单元格的文本格式设置为"加粗、倾斜、红色"。

（4）对"品牌"字段进行分类汇总，查看分类汇总的数据，最后隐藏分类汇总数据（配套文件:\效果文件\项目八\课后练习\空调维修记录表.et）。

查看"空调维修记录表"具体操作

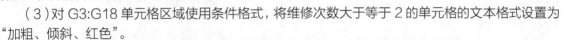

图 8-83 "空调维修记录表"效果

3. 打开"销售额统计表.et"工作簿（配套文件:\素材文件\项目八\课后练习\销售额统计表.et），按照下列要求对表格进行操作，参考效果如图 8-84 所示。

（1）创建数据透视表，并编辑创建后的数据透视表，包括添加字段、应用样式和筛选数据。

（2）在数据透视表的基础上创建数据透视图，编辑创建的数据透视图，并对数据透视图进行美化操作（配套文件:\效果文件\项目八\课后练习\销售额统计表.et）。

查看"销售额统计表"具体操作

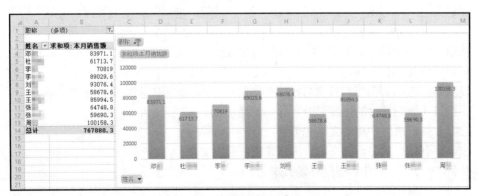

图 8-84 "销售额统计表"效果

项目九
制作幻灯片

WPS 演示主要用于制作与播放幻灯片，该软件能够应用于各种演讲、演示场合，它可以通过图表、视频和动画等多媒体形式表现复杂的内容，帮助用户制作出图文并茂、富有感染力的演示文稿。本项目将通过两个典型任务，介绍制作 WPS 演示文稿的基本操作，包括文本输入与美化，以及插入艺术字、图片、形状、表格以及媒体文件等内容。

课堂学习及素养目标

- 制作工作总结演示文稿。
- 编辑产品上市策划演示文稿。

- 重视美育，培养视觉艺术感。

任务一　制作工作总结演示文稿

查看"工作总结"
相关知识

任务要求

王林大学毕业后应聘到一家公司工作，年底，公司要求员工结合自己的工作情况写一份工作总结，并在年终总结会议上演讲。王林知道用 WPS 演示来完成这个任务是再合适不过了，但作为 WPS 演示的新手，王林希望尽量通过简单的操作制作出演示文稿。图 9-1 所示为制作完成后的"工作总结"演示文稿，相关要求如下。

- 启动 WPS Office 2019，使用"工作总结"模板新建一个演示文稿，然后以"工作总结.dps"为名并将其保存在桌面上。
- 在标题幻灯片中输入演示文稿的标题和副标题。
- 删除第 2~13 张幻灯片，然后新建一张"标题和内容"版式的幻灯片，作为演示文稿的目录，再在占位符中输入文本。
- 新建一张"标题和内容"版式的幻灯片，在占位符中输入文本，添加一个横排文本框，在文本框中输入文本。
- 复制 6 张与第 2 张幻灯片内容相同的幻灯片，然后分别在其中输入相应内容。
- 调整第 4 张幻灯片的位置至第 5 张幻灯片后面。
- 在第 8 张幻灯片中移动文本的位置。
- 在第 8 张幻灯片中复制文本，再修改复制后的文本。
- 在第 10 张幻灯片中删除副标题文本。

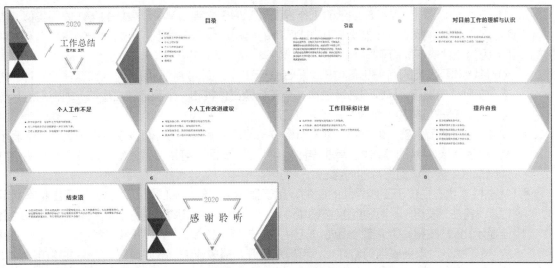

图 9-1 "工作总结"演示文稿

相关知识

（一）熟悉 WPS 演示工作界面

双击计算机中保存的 WPS 演示文稿（其扩展名为.dps）或打开 WPS Office 2019 软件，单击首页左侧的"新建"按钮⊕，在打开的页面中选择【演示】/【新建空白文档】选项，即可启动 WPS 演示软件，并打开 WPS 演示的工作界面，如图 9-2 所示。

图 9-2 WPS 演示工作界面

提示 以双击演示文稿的方式启动 WPS 演示，将在启动的同时打开该演示文稿；以单击按钮的方式启动 WPS 演示，将在启动的同时自动生成一个名为"演示文稿 1"的空白演示文稿。WPS Office 2019 的几个软件的启动方法类似，用户可触类旁通。

从图 9-2 中可以看出，WPS 演示的工作界面与 WPS 文字和 WPS 表格的工作界面类似。其中，快速访问工具栏、标题栏、选项卡和功能区等的结构及作用也很相近（选项卡的名称以及功能区的按钮会因为软件的不同而不同），下面介绍 WPS 演示特有的功能。

- 幻灯片编辑区。幻灯片编辑区位于 WPS 演示工作界面的中心，用于显示和编辑幻灯片的内容。在默认情况下，标题幻灯片包含一个正标题占位符和一个副标题占位符，内容幻灯片包含一个标题占位符和一个内容占位符。

- "幻灯片"浏览窗格。"幻灯片"浏览窗格位于幻灯片编辑区的左侧，主要用于显示当前演示文稿中所有幻灯片的缩略图，单击某张幻灯片的缩略图，可跳转到该幻灯片并在右侧的幻灯片编辑区中显示该幻灯片的内容。

- 状态栏。状态栏位于工作界面的底端，用于显示当前幻灯片的页面信息，主要由状态提示栏、"备注"按钮、视图切换按钮组、"播放"按钮、显示比例栏和最右侧的"最佳显示比例"按钮 6 个部分组成。其中，单击"备注"按钮，将隐藏备注面板；单击"播放"按钮，可以播放当前幻灯片，若想从头开始播放或进行放映设置，则需要单击"播放"按钮右侧的下拉按钮，在打开的下拉列表中进行选择；拖动显示比例栏中的缩放比例滑块，可以调节幻灯片的显示比例；单击状态栏最右侧的"最佳显示比例"按钮，可以使幻灯片显示比例自动适应当前窗口的大小。

（二）认识演示文稿与幻灯片

演示文稿和幻灯片是相辅相成的两个部分，它们的关系是包含与被包含的关系。演示文稿由幻灯片组成，每张幻灯片有自己独立表达的主题。

"演示文稿"由"演示"和"文稿"两个词语组成，这说明它是用于演示某种效果而制作的文档，主要应用于会议、产品展示和教学课件等方面。

（三）认识 WPS 演示视图

WPS 演示提供了普通视图、幻灯片浏览视图、阅读视图和备注页视图 4 种视图模式，在工作界面下方的状态栏中单击相应的视图按钮或在"视图"选项卡中单击相应的视图按钮，可进入相应的视图。各视图的功能如下。

- 普通视图。普通视图是 WPS 演示默认的视图模式，打开演示文稿即可进入普通视图，单击"普通视图"按钮也可切换到普通视图。在普通视图中，可以调整幻灯片的总体结构，也可以编辑单张幻灯片。普通视图是编辑幻灯片时常用的视图模式。

- 幻灯片浏览视图。单击"幻灯片浏览"按钮即可进入幻灯片浏览视图。在该视图中可以浏览演示文稿的整体效果，调整其整体结构，如调整演示文稿的背景、移动或复制幻灯片等，但是不能编辑幻灯片中的内容。

- 阅读视图。单击"阅读视图"按钮即可进入幻灯片阅读视图。进入阅读视图后，可以在当前计算机上以窗口的方式查看演示文稿的放映效果，单击"上一页"按钮和"下一页"按钮可切换幻灯片。

- 备注页视图。在"视图"选项卡中单击"备注页"按钮即可进入备注页视图。备注页视图以整页格式查看和使用"备注"窗格，在备注页视图中可以方便地编辑备注内容。

（四）演示文稿的基本操作

进入 WPS 演示工作界面后，就可以对演示文稿进行操作了，由于 WPS Office 2019 软件具有共通性，所以 WPS 演示的操作与 WPS 文字的操作有一定的相似之处。

1. 新建演示文稿

新建演示文稿的方法很多，如新建空白演示文稿、利用模板新建演示文稿，用户可根据实际需求进行选择。

- 新建空白演示文稿。启动 WPS Office 2019 后，在打开的界面中单击"新建"按钮 ⊕，然后选择【演示】/【新建空白文档】选项，即可新建一个名为"演示文稿 1"的空白演示文稿。另外，也可以选择【文件】/【新建】命令，打开子菜单，其中显示了多种演示文稿的新建方式，选择"新建"选项，新建一个空白演示文稿，如图 9-3 所示。另外在已打开的演示文稿中直接按【Ctrl+N】组合键可快速新建空白演示文稿。

图 9-3 选择"新建"选项

- 利用模板新建演示文稿。WPS 演示提供了免费和付费两种模板，这里主要介绍通过免费模板新建带有内容的演示文稿。其方法为：在 WPS 演示工作界面中选择【文件】/【新建】命令，在打开的子菜单中选择"本机上的模板"选项，打开"模板"对话框，其中提供了"常规"和"通用"两种模板，如图 9-4 所示。选择所需模板样式后，单击 确定 按钮，便可新建该模板样式的演示文稿。

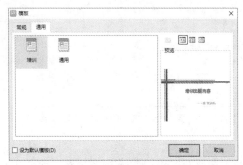

图 9-4 "模板"对话框

2. 打开演示文稿

当需要对演示文稿进行编辑、查看或放映操作时，首先应将其打开。打开演示文稿的主要方法如下。

- 打开演示文稿。在 WPS 演示工作界面中，选择【文件】/【打开】命令或按【Ctrl+O】组合键，打开"打开文件"窗口，在其中选择需要打开的演示文稿，单击 打开(O) 按钮。
- 打开最近使用的演示文稿。WPS 演示提供了记录最近打开的演示文稿的功能，如果想打开最近打开过的演示文稿，可在 WPS 演示工作界面中单击 ☰ 文件，在打开的"最近使用"列表中查看最近打开的演示文稿，选择需打开的演示文稿将其打开。

3. 保存演示文稿

制作好的演示文稿应及时保存在计算机中，用户可根据需要选择使用不同的保存方法，下面分别进行介绍。

- 直接保存演示文稿。直接保存演示文稿是常用的保存方法，其方法是：选择【文件】/【保存】命令或单击快速访问工具栏中的"保存"按钮 ，打开"另存为"窗口，在"位置"下拉列表中选择演示文稿的保存位置，在"文件名"文本框中输入文件名，单击 保存(S) 按钮完成保存。当执行过一次保存操作后，再次选择【文件】/【保存】命令或单击"保存"按钮 ，可将两次保存操作之间编辑的内容再次保存。

- 另存为演示文稿。若不想改变原有演示文稿中的内容，可通过"另存为"命令将演示文稿另存为一个新的文件，并将其保存在其他位置或更改名称。选择【文件】/【另存为】命令，在打开的"保存文档副本"下拉列表中选择所需保存类型，在打开的"另存为"窗口中进行设置即可。

- 自动保存演示文稿。选择【文件】/【选项】命令，打开"选项"对话框，单击左下角的 备份中心 按钮，在打开的"备份中心"界面中单击 设置 按钮，在展开界面中选中"定时备份"对应的单选按钮，并在其后的数值框中输入自动保存的时间间隔，如图 9-5 所示，然后单击该界面右上角的"关闭"按钮× 完成设置。

图 9-5 "备份中心"界面

> **注意** "保存文档副本"下拉列表提供了多种保存类型选项，常见的有一般文件、模板文件、输出为视频、转换为 WPS 文字文档、低版本的演示文稿等，用户可根据需要选择。

4. 关闭演示文稿

当不再需要对演示文稿进行操作时，可将其关闭，关闭演示文稿的常用方法有以下 3 种。

- 通过单击按钮关闭。单击 WPS 演示工作界面标题栏中的"关闭"按钮× 。
- 通过快捷菜单关闭。在 WPS 演示工作界面标题栏上单击鼠标右键，在弹出的快捷菜单中选择"关闭"命令。
- 通过组合键关闭。按【Alt+F4】组合键，在关闭 WPS 演示的同时退出 WPS Office 2019 软件。

（五）幻灯片的基本操作

幻灯片是演示文稿的重要组成部分，因此操作幻灯片是编辑演示文稿的重要操作。

1. 新建幻灯片

在新建空白演示文稿时，一般默认只有一张幻灯片，通常不能满足实际的编辑需要，因此需要用户手动新建幻灯片。新建幻灯片的方法主要有以下两种。

- 在"幻灯片"浏览窗格中新建。在"幻灯片"浏览窗格中单击鼠标右键，在弹出的快捷菜单中选择"新建幻灯片"命令。
- 通过"开始"选项卡新建。在普通视图或幻灯片浏览视图中选择一张幻灯片，在"开始"选项卡中单击"新建幻灯片"按钮下方的下拉按钮，在打开的下拉列表中选择一种幻灯片版式即可。

2. 应用幻灯片版式

如果对新建的幻灯片版式不满意，可进行更改。其方法为：在"开始"选项卡中单击"版式"按钮，在打开的下拉列表中选择一种幻灯片版式，将其应用于当前幻灯片。

3. 选择幻灯片

选择幻灯片是编辑幻灯片的前提，选择幻灯片主要有以下 3 种方法。

- 选择单张幻灯片。在"幻灯片"浏览窗格中单击幻灯片缩略图即可选择当前幻灯片。
- 选择多张幻灯片。在幻灯片浏览视图或"幻灯片"浏览窗格中按住【Shift】键并单击幻灯片，可选择多张连续的幻灯片，按住【Ctrl】键并单击幻灯片，可选择多张不连续的幻灯片。
- 选择全部幻灯片。在幻灯片浏览视图或"幻灯片"浏览窗格中按【Ctrl+A】组合键，可选择全部幻灯片。

4. 移动和复制幻灯片

当需要调整某张幻灯片的顺序时，可直接移动该幻灯片。当需要使用某张幻灯片中已有的版式或内容时，可直接复制该幻灯片进行更改，以提高工作效率。移动和复制幻灯片的方法主要有以下 3 种。

- 拖动鼠标。选择需移动的幻灯片，将该幻灯片拖动到目标位置后，释放鼠标左键完成移动操作；选择幻灯片，在按住【Ctrl】键的同时，将幻灯片拖动到目标位置，完成幻灯片的复制操作。
- 使用快捷菜单命令。选择需移动或复制的幻灯片，在其上单击鼠标右键，在弹出的快捷菜单中选择"剪切"或"复制"命令。定位到目标位置，单击鼠标右键，在弹出的快捷菜单中选择"粘贴"命令，完成幻灯片的移动或复制。
- 使用组合键。选择需移动或复制的幻灯片，按【Ctrl+X】组合键剪切或按【Ctrl+C】组合键复制幻灯片，然后在目标位置按【Ctrl+V】组合键进行粘贴，完成移动或复制操作。另外，在"幻灯片"浏览窗格或幻灯片浏览视图中选择幻灯片，使用同样的方法也可完成移动或复制操作。

5. 删除幻灯片

在"幻灯片"浏览窗格或幻灯片浏览视图中均可删除幻灯片，其方法如下。

- 选择要删除的幻灯片，单击鼠标右键，在弹出的快捷菜单中选择"删除幻灯片"命令。
- 选择要删除的幻灯片，按【Delete】键。

任务实现

（一）新建并保存演示文稿

微课：新建并保存演示文稿

下面新建一个模板为"工作总结"的演示文稿，然后以"工作总结.dps"为名将其保存在计算机桌面上，具体操作如下。

（1）启动 WPS Office 2019，选择【新建】/【演示】命令，在打开的界面的搜索栏中输入"工作总结 免费"文本，然后按【Enter】键，如图 9-6 所示。

（2）在打开的搜索界面中会自动显示相关的"工作总结"模板，这里选择图 9-7 所示的选项，单击 免费使用 按钮，软件将自动从互联网上下载该模板，并通过该模板创建一个名称为"演示文稿 1"的演示文稿。

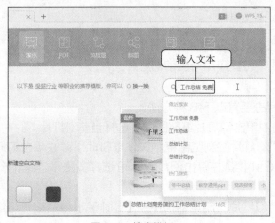

图 9-6　搜索模板

图 9-7　选择模板

（3）在快速访问工具栏中单击"保存"按钮，打开"另存为"窗口，在"位置"下拉列表中将演示文稿的保存位置设置为【此电脑】/【桌面】，在"文件名"文本框中输入"工作总结"文本，在"文件类型"下拉列表中选择"WPS 演示 文件（*.dps）"选项，单击 保存(S) 按钮。

（二）新建幻灯片并输入文本

下面制作前两张幻灯片，具体操作如下。

微课：新建幻灯片并输入文本

（1）新建的演示文稿有 14 张标题幻灯片，选择第 1 张幻灯片后，选择标题占位符中的文本内容，输入"工作总结"文本，然后按【Ctrl+E】组合键，使文本居中对齐，如图 9-8 所示。

（2）按照相同的操作方法，在第 1 张幻灯片的副标题占位符中输入"技术部 王林"文本，然后通过键盘中的空格键使文本居中对齐。

（3）在按住【Shift】键的同时，选择第 2~13 张幻灯片，按【Delete】键将所选幻灯片删除，效果如图 9-9 所示。

（4）在"幻灯片"浏览窗格中选择标题幻灯片，在"开始"选项卡中单击"新建幻灯片"按钮下方的下拉按钮，在打开的下拉列表中选择【新建】/【整套推荐】中的"标题和内容"选项，新建一张"标题和内容"版式的幻灯片，如图 9-10 所示。

（5）在各占位符中输入图 9-11 所示的文本，在"单击此处添加文本"占位符中输入文本时，系统默认在文本前添加项目符号，用户无须手动完成。按【Enter】键对文本进行分段，完成第 2 张幻灯片的制作。

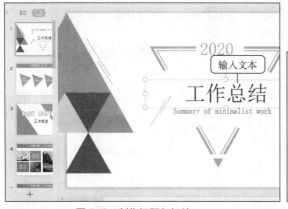

图 9-8　制作标题幻灯片

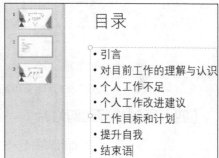

图 9-9　删除幻灯片

图 9-10　新建"标题和内容"版式的幻灯片

图 9-11　输入幻灯片正文文本

（三）文本框的使用

下面制作第 3 张幻灯片，具体操作如下。

（1）在"幻灯片"浏览窗格中选择第 2 张幻灯片，按【Enter】键新建一张"标题和内容"版式的幻灯片。

（2）在标题占位符中输入"引言"文本，将鼠标指针移动到文本占位符中，按【BackSpace】键，删除文本插入点前的项目符号，并输入图 9-12 所示的正文文本。

微课：文本框的使用

（3）选择"插入"选项卡并单击"文本框"按钮，将鼠标指针移至幻灯片编辑区中，此时鼠标指针呈+，在幻灯片右下角单击以定位文本插入点，并输入文本"帮助、感恩、成长"，效果如图 9-13 所示。

图 9-12　输入文本内容

图 9-13　插入文本框并输入文本后的效果

（4）选择第 2 张幻灯片，在"开始"选项卡中单击"版式"按钮，在打开的下拉列表中选择"推荐排版"中的第 2 种版式，然后单击 应用 按钮，如图 9-14 所示。

（5）稍后，幻灯片将自动应用新选择的版式。按照相同的操作方法，为第 3 张幻灯片应用图 9-15所示的版式。

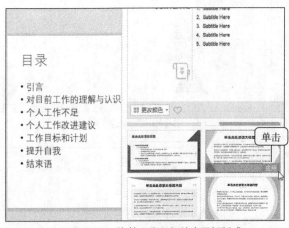

图 9-14　为第 2 张幻灯片应用新版式

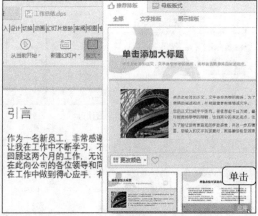

图 9-15　为第 3 张幻灯片应用版式

（四）复制并移动幻灯片

微课：复制并移
动幻灯片

下面制作第 4~9 张幻灯片，具体操作如下。

（1）在"幻灯片"浏览窗格中选择第 2 张幻灯片，按【Ctrl+C】组合键，将鼠标指针移动到第 3 张幻灯片之后，按【Ctrl+V】组合键，新建一张幻灯片，其内容与第 2 张幻灯片完全相同，如图 9-16 所示。

（2）按照相同的操作方法，继续在第 4 张幻灯片之后复制 5 张与第 2 张幻灯片完全相同的幻灯片。

（3）分别在复制的 6 张幻灯片的标题占位符和文本占位符中输入相应的内容。

（4）选择第 4 张幻灯片，将其拖动到第 5 张幻灯片后释放鼠标左键，此时第 4 张幻灯片将移动到第 5 张幻灯片后，如图 9-17 所示。

图 9-16　复制幻灯片

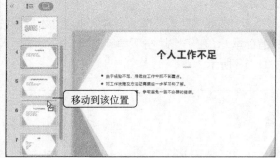

图 9-17　移动幻灯片

（五）编辑文本

下面编辑第 8 张和第 10 张幻灯片，首先在第 8 张幻灯片中移动文本，复制文本并修改其内容；然后在第 10 张幻灯片中删除标题文本，具体操作如下。

（1）选择第 8 张幻灯片，在右侧幻灯片编辑区中拖动鼠标选择第一段和第二段文本，按住鼠标左键，此时鼠标指针变为 ↘，拖动鼠标到第 4 段文本前，如图 9-18 所示。将选择的第一段和第二段文本移动到第 4 段文本前。

（2）选择第 4 段文本，按【Ctrl+C】组合键或在选择的文本上单击鼠标右键，在弹出的快捷菜单中选择"复制"命令。

微课：编辑文本

（3）在第 5 段文本前单击，按【Ctrl+V】组合键或单击鼠标右键，在弹出的快捷菜单中选择"粘贴"命令，将选择的第 4 段文本复制到第 5 段前，成为新的第 5 段文本，如图 9-19 所示。

图 9-18　移动文本

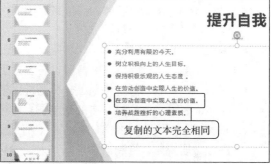

图 9-19　复制文本

（4）将鼠标指针移动到复制后的第 5 段文本的"中"字后，输入"找到工作的乐趣"文本，然后选择"实现人生价值"文本，按【Delete】键删除该文本，最终效果如图 9-20 所示。

（5）选择第 10 张幻灯片，在幻灯片编辑区中选择插入文本框中的文本"Thank　You"，如图 9-21 所示，按【Delete】键或【BackSpace】键将其删除，完成制作（配套文件:\效果文件\项目九\工作总结.dps）。

图 9-20　输入并删除文本

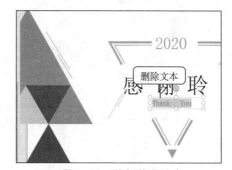

图 9-21　删除副标题文本

> **提示**　在版式为"标题和内容"的幻灯片中，删除标题占位符中的文本后，标题占位符中将显示"单击此处添加标题"文本，此时可不理会，在放映时不会显示其中的内容。用户也可选择该占位符，按【Delete】键将其删除。

任务二　编辑产品上市策划演示文稿

任务要求

王林所在的公司最近开发了一款新的果汁饮品，不管是原材料、加工工艺，还是产品包装都无可挑剔，现在产品已准备上市，整个公司的目光都集中到了企划部，企划部为这次的上市产品进行了立体包装，希望产品"一炮而红"。现在方案已基本"出炉"，需要在公司内部审查。王林作为企划部的一员，承担了将方案制作为演示文稿的任务。图 9-22 所示为编辑完成后的"产品上市策划"演示文稿效果，相关要求如下。

- 在第 4 张幻灯片中将第 2、3、4、6、7、8 段正文文本降级，然后设置降级文本的文本格式为"楷体，22"；设置未降级文本的颜色为"红色"。
- 在第 2 张幻灯片中插入"填充-金菊黄，着色 1，阴影"艺术字"目录"。移动艺术字到幻灯片顶部，设置其字体为"华文琥珀"，使用图片"橙汁.jpg"填充艺术字，设置其倒映效果为"半倒影，接触"。
- 在第 4 张幻灯片中插入"饮料瓶.jpg"图片，将其缩小后放在幻灯片右边，将图片向左旋转一些角度，再删除其白色背景，并设置阴影效果为"左上对角透视"。
- 在第 6、7 张幻灯片中新建一个智能图形，分别为"多向循环""棱锥图"智能图形，输入文本。在第 7 张幻灯片中的智能图形中添加一个形状，并输入文本。
- 在第 9 张幻灯片中绘制"房子"，在矩形中输入"学校"文本，设置格式为"黑体，20，白色，居中"；绘制折角形，输入"分杯赠饮"文本，设置格式为"楷体，加粗，28，白色，段落居中"；设置"房子"的快速样式为第二排最后一个选项；组合绘制的图形，向下垂直复制两个，再分别修改其中的文本内容。
- 在第 10 张幻灯片中制作一个 5 行 4 列的表格，输入内容后增加表格的行距，在最后一列和最后一行后各增加一列和一行，并输入文本。合并最后一行中除最后一个单元格外的所有单元格，设置该行底纹颜色为"浅蓝"。为第一个单元格绘制一条斜线，为表格添加"向下偏移"的阴影效果。
- 在第 1 张幻灯片中插入一个跨幻灯片循环播放的音频文件，并设置声音图标在播放时不显示。

图 9-22 "产品上市策划"演示文稿效果

相关知识

（一）幻灯片文本设计原则

文本是制作演示文稿的重要元素之一，不仅要求设计美观，还要符合观众需求，如根据演示文稿的类型设置文本的字体，为了方便用户观看，设置相对较大的字号等。

1. 字体设计原则

字体搭配效果与演示文稿的可阅读性和感染力息息相关。实际上，字体设计也有一定的原则可循，下面介绍 5 种常见的字体设计原则。

- 幻灯片标题字体最好选用容易阅读的较粗的字体，正文则使用比标题细的字体，以区分主次。
- 标题和正文尽量选用常用的字体，而且要考虑标题字体和正文字体的搭配效果。
- 在演示文稿中若要使用英文字体，可选择"Arial"与"Times New Roman"两种英文字体。
- WPS 演示不同于 WPS 文字，其正文内容不宜过多，正文中只列出较重点的内容即可，其余扩展内容可留给演讲者临场发挥。
- 在商业培训等较正式场合，可使用较正规的字体，如标题使用"方正粗宋简体""黑体""方正综艺简体"等，正文可使用"方正细黑简体"和"宋体"等；在一些相对轻松的场合，字体的使用可随意一些，如使用"方正粗倩简体""楷体（加粗）""方正卡通简体"等。

2. 字号设计原则

在演示文稿中，字号不仅会影响观众接受信息的体验，还会从侧面反映出演示文稿的专业度。字号需根据演示文稿演示的场合和环境来决定，因此在选用字号时要注意以下两点。

- 如果演示的场合较大，观众较多，幻灯片中文本的字号就应该较大，以保证最远位置的观众能看清幻灯片中的文字。此时，标题建议使用 36 号以上的字号，正文使用 28 号以上的字号。为了保证观众更易观看，一般情况下，演示文稿中的所有字号不应小于 20 号。
- 同类型和同级别的文本内容要设置同样大小的字号，这样可以保证内容的连贯性与文本的统一性，让观众更容易将信息归类，也更容易理解和接受信息。

> **注意** 除了字体、字号之外，对文本显示影响较大的元素还有颜色，文本一般使用与背景颜色反差较大的颜色，以方便观看。另外，除需重点突出的文本外，同一演示文稿中的文本最好用统一的颜色。

（二）幻灯片对象布局原则

幻灯片中除了文本之外，还包含图片、形状和表格等对象，在演示文稿中合理、有效地将这些元素布局在各张幻灯片中，不仅可以提高演示文稿的表现力，还可以提高演示文稿的说服力。在对幻灯片中的各个对象进行分布排列时，应遵循以下 5 个原则。

- 画面平衡。布局幻灯片时，应尽量保持幻灯片页面平衡，以避免左重右轻、右重左轻及头重脚轻等现象，使整个幻灯片画面更加协调。
- 布局简单。一张幻灯片中的对象不宜过多，否则会显得很拥挤，不利于传递信息。
- 统一和谐。同一演示文稿中各张幻灯片标题文本的位置，文字采用的字体、字号、颜色，以及页边距等应尽量统一，不能随意设置，以免破坏整体效果。
- 强调主题。要想使观众快速、深刻地对幻灯片中表达的内容产生共鸣，可通过颜色、字体以及样式等手段，强调幻灯片中要表达的核心部分和内容。
- 内容简练。幻灯片只是辅助演讲者传递信息的一种方式，且人在短时间内可接收并记忆的信息量并不多，因此，在一张幻灯片中只需列出核心内容。

任务实现

（一）设置幻灯片中的文本格式

微课：设置幻灯片中的文本格式

下面打开"产品上市策划.dps"演示文稿，设置幻灯片的文本格式，具体操作如下。

（1）选择【文件】/【打开】命令，打开"打开文件"窗口，在"位置"下拉列表中选择"产品上市策划.dps"演示文稿的保存位置，选择"产品上市策划.dps"演示文稿（配套文件:\素材文件\项目九\产品上市策划.dps），然后单击 打开(Q) 按钮将其打开。

（2）在"幻灯片"浏览窗格中选择第 4 张幻灯片，在右侧幻灯片编辑区中选择第 2～4 段正文文本，按【Tab】键，将选择的文本降低一个等级。

（3）保持文本的选择状态，在"开始"选项卡的"字体"下拉列表中选择"楷体"选项，在"字号"数值框中输入"22"，如图 9-23 所示。

（4）保持文本的选择状态，在"开始"选项卡中单击"格式刷"按钮 ，此时鼠标指针变为 ，拖动鼠标选择第 6～8 段正文文本，为其应用第 2～4 段正文文本的格式，如图 9-24 所示。

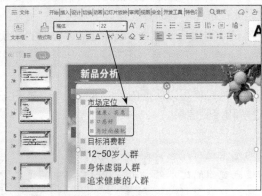

图 9-23　设置文本字体、字号　　　　　图 9-24　使用格式刷

（5）选择未降级的两段文本，在"开始"选项卡中单击"字体颜色"按钮 右边的下拉按钮 ，在打开的下拉列表中选择"标准色"栏中的"红色"选项。

> **提示**　要想更细致地设置字体格式，可以打开"字体"对话框，方法是：在"开始"选项卡中单击"字体"下拉列表所在栏右下角的对话框启动器图标 。在"字体"对话框的"字体"选项卡中可设置字体格式，在"字符间距"选项卡中还可设置字符与字符之间的距离。

（二）插入艺术字

微课：插入艺术字

在演示文稿中，艺术字使用得十分频繁，它比普通文本拥有更多的美化和设置功能，如渐变的颜色、不同的形状效果、立体效果等。下面在幻灯片中插入艺术字，具体操作如下。

（1）切换至第 2 张幻灯片，在"插入"选项卡中单击"艺术字"按钮 ，在打开的下拉列表中选择"填充-金菊黄，着色 1，阴影"选项，如图 9-25 所示。

（2）此时出现一个艺术字占位符，并显示文本"请在此处输入文字"，直接输入文本"目录"。

（3）将鼠标指针移动到"目录"文本框四周的非控制点上，鼠标指针变为 ⬦，拖动鼠标至幻灯片顶部，艺术字"目录"被移动到该位置。

（4）选择其中的"目录"文本，在"开始"选项卡的"字体"下拉列表中选择"华文琥珀"选项，修改艺术字的字体，并取消选中"加粗"按钮，效果如图9-26所示。

图9-25　添加艺术字

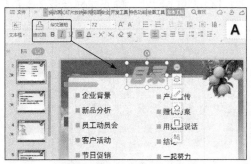

图9-26　设置艺术字的效果

（5）保持文本的选择状态，此时会自动激活"文本工具"选项卡，单击该选项卡中"文本填充"按钮 A 右侧的下拉按钮，在打开的下拉列表中选择【图片或纹理】/【本地图片】选项，在打开的"选择纹理"对话框中选择需要填充到艺术字中的图片"橙汁.jpg"（配套文件:\素材文件\项目九\橙汁.jpg），然后单击 打开(O) 按钮。

（6）继续在"文本工具"选项卡中单击"文本效果"按钮 A，在打开的下拉列表中选择【倒影】/【倒影变体】/【半倒影，接触】选项，如图9-27所示，最终效果如图9-28所示。

图9-27　设置文本效果

图9-28　最终效果

> **提示**　选择输入的艺术字，在激活的"文本工具"选项卡中还可设置艺术字的多种效果，各种效果的设置方法基本类似。例如，单击"文本效果"按钮 A，在打开的下拉列表中选择"转换"选项，打开的子列表中会列出所有变形的艺术字效果，选择任意一个，即可为艺术字设置该变形效果。

（三）插入图片

微课：插入图片

图片是演示文稿中非常重要的部分，下面在幻灯片中插入图片，具体操作如下。

（1）在"幻灯片"浏览窗格中选择第4张幻灯片，然后在"插入"选项卡中单击"图片"按钮 。

（2）打开"插入图片"窗口，选择需插入图片的保存位置，这里的位置为"项目九"，在窗口工作区中选择图片"饮料瓶.jpg"（配套文件:\素材文件\项目九\饮料瓶.jpg），单击 ![打开(O)] 按钮，如图 9-29 所示。

（3）返回幻灯片编辑区，可查看插入图片后的效果。将鼠标指针移动到图片四角的圆形控制点上，拖动鼠标调整图片大小。

（4）选择图片，将鼠标指针移动到图片任意位置上然后单击，当鼠标指针变为↔时，拖动鼠标到幻灯片右侧的空白处，释放鼠标左键将图片移到该位置，如图 9-30 所示。

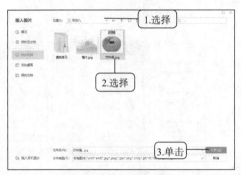
图 9-29　插入图片

图 9-30　移动图片

（5）将鼠标指针移动到图片上方的◎控制点上，当鼠标指针变为◎时，拖动鼠标使图片向左旋转一定角度。

（6）在"图片工具"选项卡中单击 ![抠除背景] 按钮，在打开的下拉列表中选择"设置透明色"选项，此时鼠标指针变为✐，将鼠标指针移至饮料瓶中的空白处并单击，如图 9-31 所示。

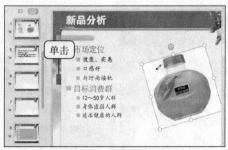
图 9-31　抠除饮料瓶背景

（7）此时，饮料瓶的白色背景消失。在"图片工具"选项卡中单击"图片效果"按钮 ![图片效果]，在打开的下拉列表中选择【阴影】/【透视】/【左上对角透视】选项，为图片设置阴影，效果如图 9-32 所示。

图 9-32　设置阴影的效果

（四）插入智能图形

通过 WPS 演示提供的智能图形可以快速制作出各种逻辑关系图形。下面在幻灯片中插入智能图形，具体操作如下。

（1）在"幻灯片"浏览窗格中选择第 6 张幻灯片，在右侧选择占位符，按【Delete】键将其删除。

（2）在"插入"选项卡中单击"智能图形"按钮，打开"选择智能图形"对话框，在左侧选择"循环"选项，在右侧选择"多向循环"选项，单击 插入 按钮，如图 9-33 所示。

（3）此时会在幻灯片编辑区中插入一个"多向循环"样式的智能图形，该图形主要由三部分组成，在每一部分的文本框中分别输入"产品+礼品""夺标行动""刮卡中奖"文本，如图 9-34 所示。

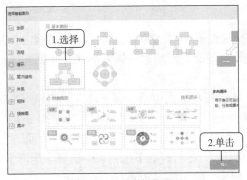

图 9-33　选择智能图形

图 9-34　输入文本内容

（4）选择第 7 张幻灯片，在右侧选择占位符，按【Delete】键将其删除。在"插入"选项卡中单击"智能图形"按钮。

（5）打开"选择智能图形"对话框，在左侧选择"棱锥图"选项，在右侧选择"棱锥形列表"选项，单击 插入 按钮。

（6）此时会在幻灯片编辑区中插入一个带有 3 个文本框的棱锥型图形，分别在各个文本框中输入对应文字，然后单击最后一项图形右侧浮动工具条上的"添加项目"按钮，在打开的下拉列表中选择"在后面添加项目"选项，如图 9-35 所示。

图 9-35　设置在后面添加项目

（7）在最后一项文本后添加形状，在该形状上单击，文本插入点会自动定位到新添加的形状中，输入"神秘、饥饿促销"文本。

（8）在"设计"选项卡的"样式"列表框中选择图 9-36 所示的选项，为插入的图形应用预设样式。

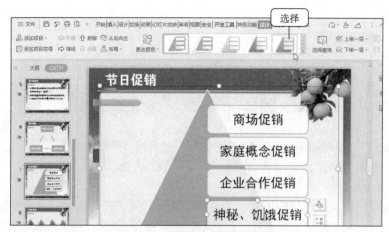

图 9-36　为插入的图形设置样式

（五）插入形状

微课：插入形状

　　形状是 WPS 演示提供的基础图形，通过基础图形的绘制、组合，有时可达到比图片和智能图形更好的效果。下面在幻灯片中插入形状，绘制图形，具体操作如下。

　　（1）选择第 9 张幻灯片，删除右侧的占位符，在"插入"选项卡中单击"形状"按钮，在打开的下拉列表中选择"基本形状"栏中的"梯形"选项，此时鼠标指针变为＋，在幻灯片左上方拖动鼠标绘制一个梯形，作为"房顶"。

　　（2）继续在"插入"选项卡中单击"形状"按钮，在打开的下拉列表中选择【矩形】/【矩形】选项，在绘制的梯形下方绘制一个矩形，作为"房子"的主体，如图 9-37 所示。

　　（3）选择绘制的矩形，文本插入点将自动定位到矩形中，输入"学校"文本。

　　（4）使用与前面相同的方法，在已绘制好的图形右侧绘制一个折角形，并在折角形中输入"分杯赠饮"文本，如图 9-38 所示。

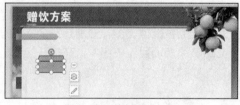

图 9-37　绘制矩形

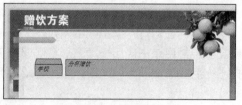

图 9-38　绘制图形并输入文本

　　（5）选择"学校"文本，在"开始"选项卡中将字体格式设置为"黑体，18，白色"，然后在"开始"选项卡中单击"居中"按钮，使文本在长方形中水平居中对齐。

　　（6）使用相同方法，设置折角形中的文本字体为"楷体"，字形为"加粗"，字号为"28 号"，颜色为"白色"。单击"倾斜"按钮，取消文本的倾斜状态，然后使文本在折角形中水平居中对齐。

　　（7）保持折角形中文本的选择状态，单击鼠标右键，在弹出的快捷菜单中选择"设置对象格式"命令，打开"对象属性"任务窗格，选择【文本选项】/【文本框】选项，在"上边距"数值框中输入"0.4 厘米"，使文本在折角形中居中显示，如图 9-39 所示。

　　（8）选择左侧绘制的"房子"图形，在"绘图工具"选项卡的"样式"下拉列表中选择第二排的最后一个选项，快速更改"房子"的填充颜色和边框颜色。

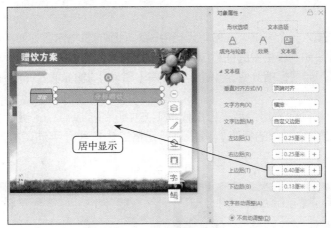

图 9-39　设置文本格式

（9）同时选择左侧的"房子"图形和右侧的折角形图形，单击鼠标右键，在弹出的快捷菜单中选择【组合】/【组合】命令，将绘制的 3 个形状组合为一个图形，如图 9-40 所示。

（10）选择组合的图形，按住【Ctrl】键和【Shift】键不放，向下拖动鼠标，将组合的图形再复制两个。

（11）修改所有复制图形中的文本，修改文本后的效果如图 9-41 所示。

图 9-40　组合图形

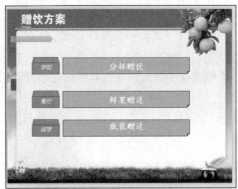

图 9-41　修改文本后的效果

提示　选择图形后，在拖动鼠标的同时按住【Ctrl】键是为了复制图形，按住【Shift】键则是为了使复制的图形与选择的图形能够在一个方向上保持平行或垂直，从而使最终制作完成的图形更加美观。在绘制形状的过程中，【Shift】键的使用频率较高，在绘制线和矩形等形状时，按住【Shift】键可绘制水平线、垂直线、正方形、圆等。

（六）插入表格

表格可直观、形象地反映数据，在 WPS 演示中，不仅可在幻灯片中插入表格，还可对插入的表格进行编辑和美化。下面在幻灯片中插入表格，具体操作如下。

（1）选择第 10 张幻灯片，单击占位符中的"插入表格"按钮，打开"插入表格"对话框，在"列数"数值框中输入"4"，在"行数"数值框中输入"5"，

微课：插入表格

单击 确定 按钮。

（2）在幻灯片中插入一个表格，在各单元格中输入相应的表格内容，如图 9-42 所示。

（3）将鼠标指针移动到表格中的任意位置上然后单击，此时表格四周出现一个操作框。将鼠标指针移动到操作框上，当鼠标指针变为 时，在按住【Shift】键的同时，向下拖动鼠标，使表格垂直向下移动。

（4）将鼠标指针移动到表格最后一行操作框下方中间的控制点处，当鼠标指针变为 形状时，向下拖动鼠标，增加表格各行的行距，再拖动单元格的边框线，手动调整其宽度，如图 9-43 所示。

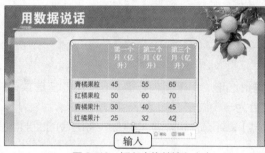

图 9-42　插入表格并输入文本

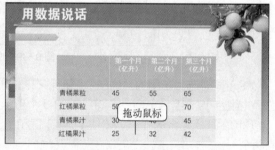

图 9-43　调整表格行距

（5）将鼠标指针移动到"第三个月"所在列上方，当鼠标指针变为 时单击，选择该列的所有区域，在"表格工具"选项卡中单击"在右侧插入列"按钮。

（6）此时，在"第三个月"列后面插入新列，并输入"季度总计"的相关内容。

（7）使用相同的方法在"红橘果汁"一行下方插入新行，在第一个单元格中输入"合计"文本，在最后一个单元格中输入所有饮料的销量合计"559"文本，然后调整表格的列宽，如图 9-44 所示。

（8）选择"合计"文本所在的单元格及其后的空白单元格，在"表格工具"选项卡中单击"合并单元格"按钮，效果如图 9-45 所示。

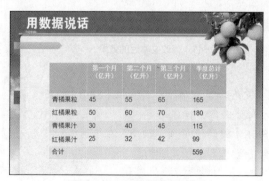

图 9-44　插入新行并输入文本

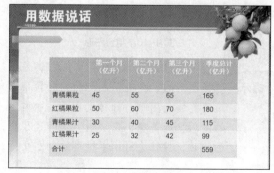

图 9-45　合并单元格

（9）选择"合计"文本所在的行，在"表格样式"选项卡中单击 填充 按钮，在打开的下拉列表中选择"浅蓝"选项。

（10）选择第一个单元格，在"表格样式"选项卡中单击"笔颜色"按钮 右侧的下拉按钮，在打开的下拉列表中选择"白色，背景 1"选项；单击"边框"按钮 右侧的下拉按钮 ，在打开的下拉列表中选择"斜下框线"选项，为表格添加白色的斜线表头，然后输入文本，并设置除该文本外，其余文本垂直居中对齐，效果如图 9-46 所示。

（11）选择整个表格，在"表格样式"选项卡中单击"效果"按钮🔲，在打开的下拉列框表中选择【阴影】/【外部】/【向下偏移】选项，为表格中的所有单元格应用该样式，并设置除第一单元格内文本，最终效果如图 9-47 所示。

图 9-46　绘制斜线表头并输入文本　　　　　　　　　图 9-47　设置表格阴影效果

> **提示**　以上将表格的常用操作串在一起进行了简单讲解。用户在实际操作过程中制作的表格可能会相对简单，只是需要编辑的内容较多。此时可选择需要操作的单元格或表格，自动激活"表格样式"选项卡和"表格工具"选项卡，其中"表格样式"选项卡与美化表格相关，"表格工具"选项卡与表格的内容相关，在这两个选项卡中可设置不同的表格效果。

（七）插入媒体文件

WPS 演示支持插入媒体文件，媒体文件是指音频和视频文件。与插入图片类似，用户可根据需要插入计算机中保存的媒体文件。下面在演示文稿中插入一个音频文件，并设置该音频跨幻灯片循环播放，以及在放映幻灯片时不显示声音图标，具体操作如下。

（1）选择第 1 张幻灯片，在"插入"选项卡中单击"音频"按钮🔊，在打开的下拉列表中选择"嵌入音频"选项。

（2）打开"插入音频"对话框，在"位置"下拉列表中选择背景音乐的存放位置，在窗口工作区中选择"背景音乐.mp3"（配套文件:\素材文件\项目九\背景音乐.mp3），单击 打开(Q) 按钮，如图 9-48 所示。

微课：插入
媒体文件

（3）将自动在幻灯片中插入一个声音图标🔊，选择该声音图标，将激活"音频工具"选项卡。在该选项卡中单击"播放"按钮▶，将在 WPS 演示中播放插入的背景音乐。

（4）在"音频工具"选项卡中，选中"循环播放，直至停止"和"放映时隐藏"复选框，然后选中"跨幻灯片播放"单选按钮，如图 9-49 所示（配套文件:\效果文件\项目九\产品上市策划.dps）。

图 9-48　插入音频

图 9-49　设置音频参数

信息技术基础

（Windows 10+WPS Office 2019）（微课版）

> **提示** 插入音频文件后，选择声音图标 ◀，在图标下方将自动显示声音工具栏 ，单击对应的按钮，可对音频文件执行播放、前进、后退和调整音量大小操作。

课后练习

查看"产品推广"
具体操作

　　1．按照下列要求制作一个"产品推广.dps"演示文稿（配套文件:\素材文件\项目九\课后练习\产品推广.dps），并将其保存在桌面上，参考效果如图 9-50 所示。

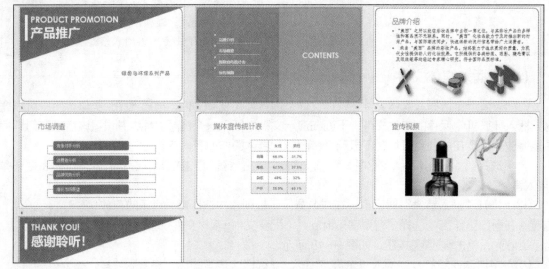

图 9-50 "产品推广"演示文稿效果

　　（1）以"产品推广 免费"为关键词，搜索模板来新建一个 WPS 演示文稿，将其保存为"产品推广.dps"，然后在第 1 张幻灯片中插入文本框，输入文本并将输入的文本的格式设置为"方正卡通简体，32"，然后对其应用"填充-巧克力黄，着色 1，阴影"文本样式。

　　（2）删除第 3~16 张幻灯片，在第 2 张幻灯片中删除无用的占位符，并更改文本内容和设置文本格式。

　　（3）在第 2 张幻灯片之后，新建 4 张版式为"标题和内容"的幻灯片。在第 3 张幻灯片中输入标题和正文内容后，插入 3 张图片（配套文件:\素材文件\项目九\课后练习\化妆品图片\图片 2.wmf、图片 3.wmf、图片 4.wmf），并使图片显示在幻灯片底部。

　　（4）删除第 4 张幻灯片中的正文占位符，插入"垂直框列表"样式的智能图形，输入相关内容后，添加一个项目。

　　（5）在第 5 张幻灯片中新建一个 5 行 3 列的表格，在表格中输入数据，然后通过预设样式功能对表格进行美化设置。

　　（6）在第 6 张幻灯片中插入视频文件（配套文件:\素材文件\项目九\课后练习\化妆品图片\视频.avi）。完成制作后，按【F5】键播放制作好的幻灯片，查看播放效果，最后保存文稿（配套文件:\

效果文件\项目九\课后练习\产品推广.dps）。

2. 新建"工作计划.dps"演示文稿（配套文件:\素材文件\项目九\课后练习\工作计划.dps），按照下列要求编辑并保存演示文稿，参考效果如图 9-51 所示。

（1）在 WPS 演示中新建一个空白演示文稿，并根据规划的内容创建相应数量的空白幻灯片。

（2）通过"幻灯片"浏览窗格创建需要的幻灯片。

（3）对内容进行梳理，并在每一张幻灯片中输入相应的内容，注意对内容量的控制，内容不宜太多或太少。

查看"工作计划"
具体操作

（4）设置每一张幻灯片中标题与正文内容的文本与段落格式，设置完成后将其进行保存（配套文件:\效果文件\项目九\课后练习\工作计划.dps）。

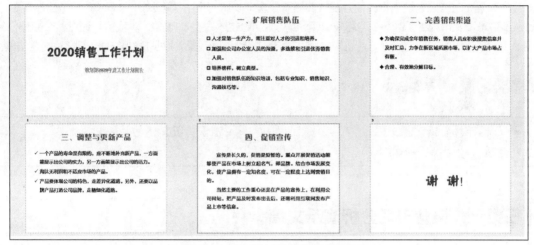

图 9-51 "工作计划"演示文稿效果

项目十
设置并放映演示文稿

10

WPS 演示作为主流的多媒体演示软件，在易学性、易用性等方面得到了广大用户的肯定，其中母版、主题和背景都是常用的功能，使用这些功能可以快速美化演示文稿，简化用户操作。WPS 演示的动画与幻灯片放映两个功能正是区别于其他办公软件的重要功能，这两个功能可以让呆板的演示文稿变得灵活起来，从某种意义上可以说，这两个功能成就了 WPS 演示多媒体软件的地位。本项目将通过两个典型任务，介绍 WPS 演示母版的使用、幻灯片切换动画、设置幻灯片动画效果，以及放映、输出幻灯片的方法等。

课堂学习及素养目标

- 设置市场分析演示文稿。
- 放映并输出课件演示文稿。

- 发现传统文化之美。

任务一　设置市场分析演示文稿

任务要求

查看"市场分析"
相关知识

　　　　　聂铭在一家商贸城工作，主要负责市场推广。随着公司的壮大以及响应批发市场搬离中心主城区的号召，公司准备在新规划的地块上新建一座商贸城。新建商贸城是公司近 10 年来重要的变化，公司上上下下都非常重视。在实体经济不景气的情况下，商贸城的定位，以及后期的运营对公司的发展至关重要。聂铭作为在公司工作多年的"老人"，接手了市场分析的重要任务。他决定好好调查周边的商家和人员情况，为正确定位商贸城出力。经过一段时间的努力后，聂铭完成了这个任务，并制作了一个演示文稿用于向公司汇报。演示文稿的效果如图 10-1 所示，相关要求如下。

- 打开演示文稿，应用"蓝色扁平清新模板"主题，配色方案为"复合"。
- 为演示文稿的标题页设置背景图片为"首页背景"。
- 在幻灯片母版视图中设置正文占位符的字号为"28"，字体为"方正中倩简体"；插入名为"标志"的图片并调整图片位置；插入艺术字，设置字体为"Arial"，字号为"16"；设置幻灯片的页眉和页脚效果；退出幻灯片母版视图。
- 适当调整幻灯片中各个对象的位置，使其符合应用主题和设置幻灯片母版后的效果。
- 为所有幻灯片设置"擦除"切换效果，设置切换声音为"照相机"。
- 为第 1 张幻灯片中的标题设置"飞入"动画，并设置其播放时间、速度和方向；为副标题设置"缩放"动画，并设置其动画效果选项。
- 为第 1 张幻灯片中的副标题添加一个名为"更改字体颜色"的强调动画，修改效果为"紫"，动画开始方式为"单击"，最后为标题动画添加"打字机"的声音。

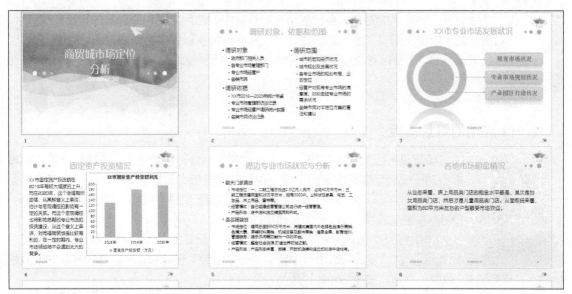

图 10-1 "市场分析"演示文稿效果

相关知识

（一）认识母版

母版是演示文稿中特有的概念，使用母版，可以快速使设置的内容在多张幻灯片、讲义和备注中生效。WPS 演示有 3 种母版：幻灯片母版、讲义母版和备注母版。其作用分别如下。

- 幻灯片母版。幻灯片母版用于存储关于模板信息的设计模板，这些模板信息包括字形、占位符大小和位置、背景设计和配色方案等，只要在母版中更改了样式，对应幻灯片中相应的样式会随之改变。
- 讲义母版。讲义是指为方便用户演示演示文稿使用的纸稿，纸稿中显示了每张幻灯片的大致内容、要点等。制作讲义母版就是设置该内容在纸稿中的显示方式，制作讲义母版主要包括设置每页纸张上显示的幻灯片数量、排列方式以及页眉和页脚的信息等。
- 备注母版。备注是指用户在幻灯片下方输入的内容，可根据需要将这些内容打印出来。备注母版的设置是指为将这些备注信息打印在纸张上，而对备注进行的相关设置。

（二）认识幻灯片动画

演示文稿之所以能够成为演示、演讲领域的主流，幻灯片动画起了非常重要的作用。WPS 演示的幻灯片动画有两种类型，即幻灯片切换动画和幻灯片对象动画。动画效果一般在幻灯片放映时才能看到并生效。

幻灯片切换动画是指放映演示文稿时幻灯片进入、离开屏幕时的动画效果；幻灯片对象动画是指为幻灯片中添加的各对象设置的动画效果，多种对象动画组合在一起可形成复杂而自然的动画效果。WPS 演示的幻灯片切换动画种类较简单，而幻灯片对象动画种类相对较复杂，幻灯片对象动画主要有以下 4 种。

- 进入动画。进入动画指对象从幻灯片显示范围之外，进入幻灯片内部的动画效果，如对象从左上角"飞入"幻灯片中指定的位置，对象在指定位置以翻转效果由远及近地显示出来等。
- 强调动画。强调动画是指对象本身已显示在幻灯片中，然后以指定的动画效果突出显示，从而起到强调作用，如将已存在的图片放大显示或旋转等。

- 退出动画。退出动画是指对象本身已显示在幻灯片中，然后以指定的动画效果离开幻灯片，如对象从显示位置左侧"飞出"幻灯片，对象从显示位置以弹跳方式离开幻灯片等。
- 路径动画。路径动画是指对象按用户自己绘制的或系统预设的路径移动的动画，如对象按圆形路径移动等。

任务实现

（一）应用幻灯片模板

微课：应用幻灯片模板

模板是一组预设的背景、文本格式等的组合，在新建演示文稿时可以应用模板，对于已经创建好的演示文稿，也可应用模板。应用模板后，还可以修改搭配好的颜色方案。下面打开"市场分析.dps"演示文稿，应用"蓝色扁平清新通用"模板，配色方案为"复合"，具体操作如下。

（1）打开"市场分析.dps"演示文稿（配套文件:\素材文件\项目十\市场分析.dps），在"设计"选项卡中单击"更多设计"按钮⊞，在打开的界面的搜索栏中输入"市场分析 免费"文本，按【Enter】键。

（2）此时，在该界面中会显示搜索结果，单击"蓝色扁平清新通用"模板对应的 应用风格 按钮，如图10-2所示，为该演示文稿应用所选模板。

（3）在"设计"选项卡中单击"配色方案"按钮⊞，在打开的下拉列表中选择【预设颜色】/【复合】选项，如图10-3所示。

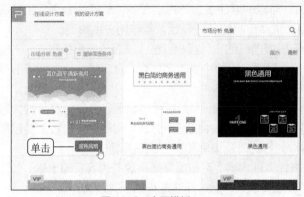

图10-2　应用模板

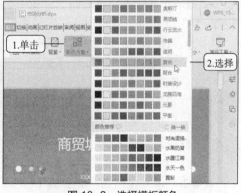

图10-3　选择模板颜色

（二）设置幻灯片背景

微课：设置幻灯片背景

幻灯片的背景可以是一种颜色，也可以是多种颜色，还可以是图片。设置幻灯片背景是快速改变幻灯片效果的方法之一。下面将"首页背景"图片设置成标题页幻灯片的背景，具体操作如下。

（1）选择标题幻灯片，在幻灯片的空白处单击鼠标右键，在弹出的快捷菜单中选择"更换背景图片"命令。

（2）打开"选择纹理"窗口，选择图片的保存位置后，选择"首页背景.png"选项（配套文件:\素材文件\项目十\首页背景.png），单击 打开(Q) 按钮，如图10-4所示。

（3）返回幻灯片编辑区，效果如图10-5所示。

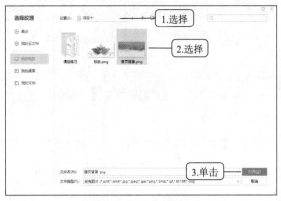

图 10-4　选择背景图片

图 10-5　设置标题幻灯片背景的效果

（三）制作并应用幻灯片母版

　　母版在幻灯片的编辑过程中使用频率非常高，在母版中编辑的每一项操作，都可能影响应用该版式的所有幻灯片。下面制作并应用幻灯片母版，具体操作如下。

微课：制作并应用幻灯片母版

　　（1）在"视图"选项卡中单击"幻灯片母版"按钮，进入幻灯片母版编辑状态。

　　（2）选择第 1 张幻灯片母版，表示在该幻灯片下的编辑将应用于整个演示文稿。选择标题占位符中的文本，在"开始"选项卡的"字体"下拉列表中选择"方正中倩简体"选项。

　　（3）选择正文占位符的第一项文本，在"开始"选项卡中将文本格式设置为"方正中倩简体，28"，如图 10-6 所示。

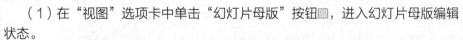

图 10-6　设置正文占位符的文本格式

　　（4）在"插入"选项卡中单击"图片"按钮，打开"插入图片"窗口，在"位置"栏中选择图片位置，在窗口工作区中选择"标志.png"图片（配套文件:\素材文件\项目十\标志.png），单击 按钮。

（5）将"标志"图片插入幻灯片，将其适当缩小后移动到幻灯片右上角，如图 10-7 所示。

（6）在"插入"选项卡中单击"艺术字"按钮Ａ，在打开的下拉列表中选择第一列的第二个艺术字效果。

（7）在艺术字占位符中输入"XXX"，在"开始"选项卡中的"字体"下拉列表中选择"Arial"选项，在"字号"下拉列表中选择"16"选项，在"字体颜色"下拉列表中选择"橙色"选项，然后将设置好的艺术字移动到"标志"图片下方，如图 10-8 所示。

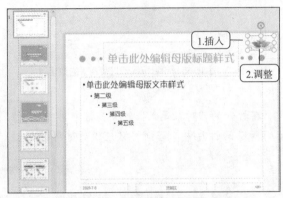
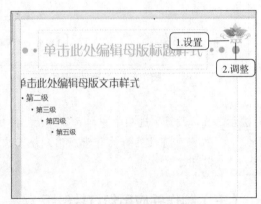

图 10-7　插入并调整"标志"图片　　　　　　　图 10-8　设置并调整艺术字

（8）在"插入"选项卡中单击"页眉和页脚"按钮▣，打开"页眉和页脚"对话框。

（9）单击"幻灯片"选项卡，选中"日期和时间"复选框，其中的"日期和时间"相关选项将自动激活。再选中"自动更新"单选按钮，使每张幻灯片下方显示日期和时间，并根据每次打开的日期自动更新日期。

（10）选中"幻灯片编号"复选框，将根据演示文稿幻灯片的顺序显示编号。

（11）选中"页脚"复选框，其下方的文本框将自动激活，在其中输入"市场定位分析"文本。

（12）选中"标题幻灯片不显示"复选框，表示所有的设置都不在标题幻灯片中生效，然后单击全部应用(Y)按钮。步骤（9）～（12）的操作如图 10-9 所示。

（13）在"幻灯片母版"选项卡中单击"关闭"按钮⊠，退出幻灯片母版视图，此时可发现设置已应用于各张幻灯片，图 10-10 所示为设置母版后的效果。

（14）依次查看每一张幻灯片，适当调整标题、正文和图片等对象的位置，使幻灯片中各对象的显示效果更和谐。

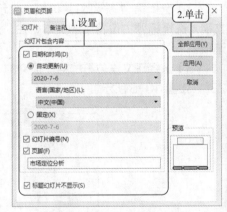

图 10-9　"页眉和页脚"对话框

提示　进入编辑幻灯片母版状态后，如果选择母版幻灯片中的第 1 张幻灯片，那么在母版中进行的设置将应用于所有幻灯片；如果想要单独设计一张母版幻灯片，则只有选择除第 1 张母版幻灯片以外的幻灯片进行设计，这样才不会将设置应用于所有幻灯片。

提示　在"视图"选项卡中，单击"讲义母版"按钮▣或"备注母版"按钮▣，将进入讲义母版视图或备注母版视图，可在其中设置讲义页面或备注页面的版式。

图 10-10 设置母版后的效果

（四）设置幻灯片切换动画

　　WPS 演示提供了多种预设的幻灯片切换动画，在默认情况下，上一张幻灯片和下一张幻灯片之间没有设置切换动画，但在制作演示文稿的过程中，用户可根据需要为幻灯片添加合适的切换动画。下面为所有幻灯片设置"擦除"切换动画，然后设置切换声音为"照相机"，具体操作如下。

微课：设置幻灯片切换动画

　　（1）在"幻灯片"浏览窗格中选择任意一张幻灯片，然后在"切换"选项卡中的"切换动画"下拉列表中选择"擦除"选项，如图 10-11 所示。

　　（2）在"切换"选项卡的"声音"下拉列表中选择"照相机"选项，将设置应用到所有幻灯片中，然后单击该选项卡中的"应用到全部"按钮 ，为所有幻灯片添加相同的切换效果。

图 10-11 选择切换动画

　　（3）在"切换"选项卡的第 4 栏中选中"单击鼠标时换片"复选框，表示在放映幻灯片时，单击将进行切换操作。

> **提示**　在"切换"选项卡中单击"效果选项"按钮 ，可以为添加的切换动画设置不同的显示效果，比如"擦除"动画，可以选择"向上""向下""向左""向右""左下""左上""右下""右上"8 种切换方式。需要注意的是，不同切换效果的效果选项中的参数是有所区别的。

（五）设置幻灯片动画效果

微课：设置幻灯
片动画效果

　　设置幻灯片动画效果即为幻灯片中的各对象设置动画效果，这样能够很大程度地改善演示文稿的放映效果。设置幻灯片动画效果的具体操作如下。

　　（1）选择第 1 张幻灯片的标题，在"动画"选项卡的"动画样式"下拉列表中选择"飞入"动画效果。

　　（2）选择副标题，在"动画"选项卡的"动画样式"下拉列表中，单击"进入"栏中的"更多选项"按钮 ，在展开的下拉列表中选择"温和型"栏中的"缩放"选项，如图 10-12 所示。

　　（3）选择添加的第一个动画，然后单击"动画"选项卡中的"自定义动画"按钮 ，打开"自定义动画"任务窗格，在"方向"下拉列表中选择"自右侧"选项，如图 10-13 所示，修改动画效果。

图 10-12　添加进入效果

图 10-13　修改动画效果

　　（4）继续选择副标题，在"自定义动画"任务窗格中单击 添加效果 按钮，在打开的下拉列表中选择"强调"栏中的"更改字体颜色"选项。

　　（5）在"自定义动画"任务窗格的"字体颜色"下拉列表中选择最后一个选项。

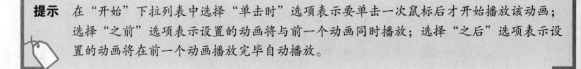

> **提示**　通过步骤（4）和步骤（5）操作，可为副标题再增加一个"更改字体颜色"动画，用户可根据需要为一个对象设置多个动画。设置动画后，在对象前方将显示一个数字，它表示动画的播放顺序。

　　（6）选择添加的第一个动画，在"自定义动画"任务窗格的"速度"下拉列表中选择"中速"选项，如图 10-14 所示。

　　（7）选择添加的第二个动画，在"自定义动画"任务窗格的"开始"下拉列表中选择"之后"选项，如图 10-15 所示。

> **提示**　在"开始"下拉列表中选择"单击时"选项表示要单击一次鼠标后才开始播放该动画；选择"之前"选项表示设置的动画将与前一个动画同时播放；选择"之后"选项表示设置的动画将在前一个动画播放完毕自动播放。

图 10-14　修改动画播放速度

图 10-15　修改动画开始时间

（8）选择"自定义动画"任务窗格中的第一个动画效果，单击其右侧的下拉按钮，在打开的下拉列表中选择"效果选项"，如图 10-16 所示。

（9）打开"飞入"对话框，在"声音"下拉列表中选择"打字机"选项，单击其后的 按钮，可在打开的列表中拖动滑块，调整音量大小；单击 确定 按钮，如图 10-17 所示。

图 10-16　设置动画效果

图 10-17　设置动画声音

> **提示**　幻灯片中各对象的动画播放顺序与对象添加动画的顺序一致，要改变播放顺序，只需单击"自定义动画"任务窗格中的"上移"按钮 或"下移"按钮 。

（10）为幻灯片中的对象添加动画后，可以单击"动画"选项卡中的"预览效果"按钮，预览动画效果。确认无误后，保存演示文稿（配套文件:\效果文件\项目十\市场分析.dps）。

任务二　放映并输出课件演示文稿

任务要求

刘一是一名刚参加工作的语文老师，作为新时代的老师，她深知实践教学的重要性。为提高学生的自主学习能力，刘一对教学形式做了改进，她使用 WPS 演示制作课件，将需要讲解的内容在课堂上以多媒体文件的形式演示出来，这样不仅能让学生感到新鲜，还更容易被学生接受。这次刘一准备对李清照的重点诗词进行赏析，课件内容已经制作完毕，只需在计算机上放映预演，以免出现意外情况。图 10-18 所示为创建好超链接，并准备放映的"课件"演示文稿，相关要求如下。

- 根据第 4 张幻灯片各项文本的内容创建超链接，并链接到对应的幻灯片中。
- 在第 4 张幻灯片右下角插入一个动作按钮，并链接到第 2 张幻灯片中；在动作按钮上方插入艺术字"作者简介"。
- 放映制作好的演示文稿，并使用超链接快速定位到"一剪梅"所在的幻灯片，然后继续放映幻灯片，依次查看各幻灯片和对象。
- 在最后一页使用黄色的"荧光笔"标记"要求:"下的文本，最后退出幻灯片放映视图。
- 隐藏最后一张幻灯片，然后进入幻灯片放映视图，查看隐藏幻灯片后的效果。
- 对演示文稿中的各动画进行排练，然后自定义演示设置。
- 将课件打印出来，要求只打印第 5~8 张幻灯片，并且需在幻灯片四周加框。
- 将设置好的课件打包到文件夹中，并命名为"课件"。

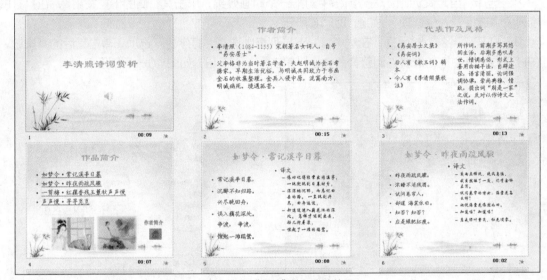

图 10-18 "课件"演示文稿效果

相关知识

（一）幻灯片放映类型

制作演示文稿的最终目的是放映，在 WPS 演示中，用户可以根据实际的演示场合选择不同的幻灯片放映类型。设置幻灯片放映类型的方法为：在"幻灯片放映"选项卡中单击"设置放映方式"按钮，打开"设置放映方式"对话框，在"放映类型"栏中选中需要的放映类型单选项，如图 10-19 所示，设置完成后单击 确定 按钮。WPS 演示提供了两种放映类型，各放映类型的作用和特点如下。

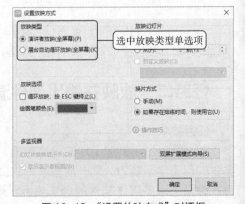

图 10-19 "设置放映方式"对话框

- 演讲者放映（全屏幕）。演讲者放映（全屏幕）是默认的放映类型，此类型将以全屏幕的方式放映演示文稿。在放映演示文稿的过程中，演讲者具有完全的控制权，演讲者可手动切换幻灯片和动画效果，也可以暂停放映演示文稿、添加细节等，还可以在放映过程中录下旁白。

- 展台自动循环放映（全屏幕）。这是比较简单的一种放映类型，不需要人为控制，系统将自动全屏幕循环放映演示文稿。使用这种放映类型时，不能通过单击切换幻灯片，但可以单击幻灯片中的超链接和动作按钮来进行切换，按【Esc】键可结束放映。

（二）幻灯片输出格式

在 WPS 演示中除了可以将制作的文件保存为演示文稿外，还可以将其输出为其他格式。设置幻灯片输出格式的方法为：选择【文件】/【另存为】/【其他格式】命令，打开"另存为"窗口，选择文件的保存位置，在"文件类型"下拉列表中选择需要输出的格式，如图 10-20 所示，单击 保存(S) 按钮即可。下面讲解 3 种常见的输出格式。

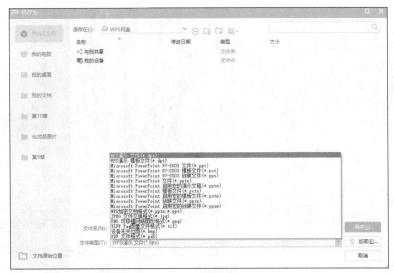

图 10-20　可供选择的文件类型

- 图片。选择"JPEG 文件交换格式（*.jpg）""PNG 可移植网络图形格式（*.png）"或"TIFF Tag 图像文件格式（*.tif）"选项，单击 保存(S) 按钮，根据提示进行操作，可将当前演示文稿中的幻灯片保存为对应格式的图片。如果要在其他软件中使用，还可以将这些图片插入对应的软件。
- 自动放映的演示文稿。选择"Microsoft PowerPoint 放映文件（*.ppsx）"选项，可将演示文稿保存为自动放映的演示文稿，以后双击该演示文稿将不再打开 WPS 演示的工作界面，而是直接启动放映模式，开始放映幻灯片。
- PDF 文件。选择"PDF 文件格式（*.pdf）"选项，可将演示文稿保存为 PDF 文件，生成的 PDF 文件是以图片格式呈现的，幻灯片中的文字、图形、图片以及插入幻灯片的文本框等内容均显示为图片。

任务实现

（一）创建超链接与动作按钮

在浏览网页的过程中，有时单击某段文本或某张图片，会自动弹出另一个相关的网页，通常这些被单击的对象称为超链接。在 WPS 演示中，也可为幻灯片

微课：创建超链接与动作按钮

中的图片和文本创建超链接。下面为演示文稿中第 4 张幻灯片的各项文本创建超链接，然后插入一个动作按钮，并链接到第 2 张幻灯片，最后在动作按钮下方插入艺术字"作者简介"，具体操作如下。

（1）打开"课件.dps"演示文稿（配套文件:\素材文件\项目十\课件.dps），选择第 4 张幻灯片，选择第 1 段正文文本，在"插入"选项卡中单击"超链接"按钮 🔗。

（2）打开"插入超链接"对话框，单击"链接到"中的"本文档中的位置"按钮🔲，在"请选择文档中的位置"列表框中选择要链接到的第 5 张幻灯片，单击 确定 按钮，如图 10-21 所示。

（3）返回幻灯片编辑区，可看到设置了超链接的文本颜色已发生变化，并且文本下方有一条蓝色的线。使用相同的方法，为剩余的 3 段文本设置超链接。

（4）在"插入"选项卡中单击"形状"按钮🔲，在打开的下拉列表中选择"动作按钮"栏的第 5 个选项，如图 10-22 所示。

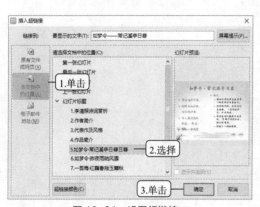

图 10-21　设置超链接

图 10-22　选择动作按钮

（5）此时鼠标指针变为＋，在幻灯片右下角空白处拖动鼠标，绘制一个动作按钮。

（6）绘制动作按钮后，会自动打开"动作设置"对话框，选中"超链接到"单选按钮，在其下方的下拉列表中选择"幻灯片…"选项，如图 10-23 所示。

（7）打开"超链接到幻灯片"对话框，选择第 2 张幻灯片，单击 确定 按钮，如图 10-24 所示，依次对超链接进行设置，使超链接生效。

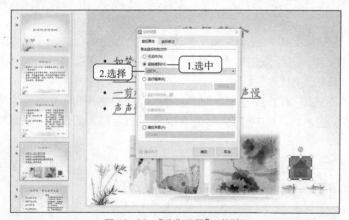

图 10-23　"动作设置"对话框

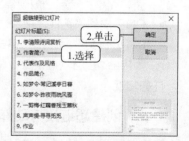

图 10-24　选择超链接到的目标

（8）选择绘制的动作按钮，在"绘图工具"选项卡中的样式列表框中选择"纯色填充-培安紫，强调颜色4"选项。

（9）在"插入"选项卡中单击"艺术字"按钮，在打开的下拉列表中选择第2排的第3个样式，如图10-25所示。

（10）在艺术字占位符中输入文本"作者简介"，设置字号为"24"，然后将设置好的艺术字移动到动作按钮上方，如图10-26所示。

> **提示** 进入幻灯片母版，在其中绘制动作按钮，并创建好超链接，该动作按钮将应用到该幻灯片版式对应的所有幻灯片中。

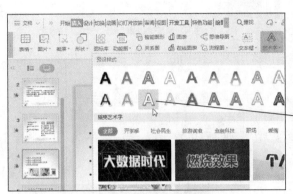

图 10-25　选择艺术字样式

图 10-26　输入文本并设置艺术字

（二）放映幻灯片

微课：放映
幻灯片

制作演示文稿的最终目的是将制作完成的演示文稿展示给观众欣赏，即放映幻灯片。放映幻灯片的具体操作如下。

（1）在"幻灯片放映"选项卡中，单击"从头开始"按钮，进入幻灯片放映视图。

（2）从演示文稿的第1张幻灯片开始放映，如图10-27所示，单击或利用滚动条依次放映下一个动画或下一张幻灯片，如图10-28所示。

图 10-27　开始放映

图 10-28　放映动画

（3）播放到第4张幻灯片时，将鼠标指针移动到"一剪梅"文本上，此时鼠标指针变为，单击，如图10-29所示。

（4）此时切换到超链接的目标幻灯片，单击或利用滚动条可继续放映幻灯片。在幻灯片上单击鼠标右键，在弹出的快捷菜单中选择"最后一页"命令，如图 10-30 所示。

图 10-29　单击超链接

图 10-30　选择"最后一页"命令

（5）播放幻灯片中的最后一张幻灯片，单击该幻灯片左下角的"笔"按钮，在弹出的菜单中选择"荧光笔"选项，如图 10-31 所示。

（6）此时鼠标指针变为，拖动鼠标，标记"要求："下的文本，播放完最后一张幻灯片后，单击会打开一个黑色页面，提示"放映结束，单击鼠标退出。"，单击即可退出。

（7）由于前面标记了内容，所以会打开是否保留墨迹注释的提示框。单击 放弃(D) 按钮，删除绘制的标注，如图 10-32 所示。

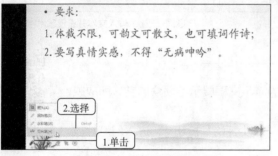

图 10-31　选择标记使用的笔

图 10-32　删除绘制的标注

> **提示**　单击"从当前开始"按钮或在状态栏中单击"幻灯片放映"按钮，可从选择的幻灯片开始放映。在放映过程中，通过右键快捷菜单，可快速定位到上一张、下一张或具体某张幻灯片。

微课：隐藏
幻灯片

（三）隐藏幻灯片

放映幻灯片时，系统将自动按设置的放映方式依次放映每张幻灯片，但在实际放映过程中，可以将暂时不需要放映的幻灯片隐藏起来，等到需要时再显示出来。下面隐藏最后一张幻灯片，然后放映查看隐藏幻灯片后的效果，具体操作如下。

（1）在"幻灯片"浏览窗格中选择第 9 张幻灯片，单击"幻灯片放映"选项卡中的"隐藏幻灯片"按钮，隐藏幻灯片，如图 10-33 所示。

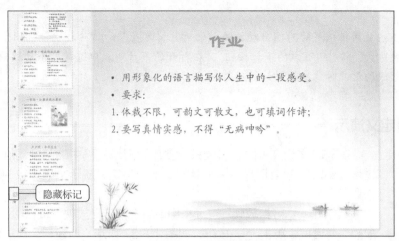

图 10-33　隐藏幻灯片

（2）此时，在"幻灯片"浏览窗格中选择的幻灯片上会出现 标记，单击"幻灯片放映"选项卡中的"从头开始"按钮，开始放映幻灯片，此时隐藏的幻灯片将不再被放映。

> **提示**　若要显示隐藏的幻灯片，可在放映幻灯片时，单击鼠标右键，在弹出的快捷菜单中选择"定位"命令，然后在弹出的子菜单中选择已隐藏的幻灯片的名称。如要取消隐藏幻灯片，可在"幻灯片放映"选项卡中再次单击"隐藏幻灯片"按钮 。

（四）排练计时

对于某些需要自动放映的演示文稿，用户在设置动画效果后，可以设置排练计时，在放映时可根据排练的时间和顺序进行放映。下面在演示文稿中对各动画进行排练计时，具体操作如下。

微课：排练计时

（1）在"幻灯片放映"选项卡中单击"排练计时"按钮，进入放映排练状态，同时会打开"预演"工具栏自动为该幻灯片计时，如图 10-34 所示。

（2）单击或按【Enter】键控制幻灯片中下一个动画出现的时间，如果用户可确认该幻灯片的播放时间，则可直接在"预演"工具栏的时间框中输入时间值。

（3）一张幻灯片播放完后，单击切换到下一张幻灯片，"预演"工具栏将从头开始为该张幻灯片的放映计时。

（4）放映结束后，会打开提示框，提示排练时间，并询问是否保留新的幻灯片排练时间，单击 按钮进行保存，如图 10-35 所示。

（5）打开"幻灯片浏览"视图样式，每张幻灯片的左下角会显示幻灯片的播放时间，图 10-36 所示为第 1 张幻灯片在"幻灯片浏览"视图中显示的播放时间。

图 10-34　"预演"工具栏

图 10-35　设置保留新的幻灯片排练时间

图 10-36　显示播放时间

> **提示** 如果不想使用排练好的时间自动放映该幻灯片，可在"幻灯片放映"选项卡中单击"设置放映方式"按钮▣下方的下拉按钮▾，在打开的下拉列表中选择"手动放映"选项，这样在放映幻灯片时就能手动切换幻灯片。

（五）自定义演示

微课：自定义演示

在放映演示文稿时，可能只需要放映演示文稿中的部分幻灯片，此时可通过设置幻灯片的自定义演示来实现。下面自定义演示文稿的放映顺序，具体操作如下。

（1）在"幻灯片放映"选项卡中单击"自定义放映"按钮▣，打开"自定义放映"对话框，单击 新建(N)... 按钮，如图 10-37 所示，新建一个放映项目。

（2）打开"定义自定义放映"对话框，在"在演示文稿中的幻灯片"框中同时选择第 2 张和第 5～8 张幻灯片，单击 添加(A) >> 按钮，将幻灯片添加到"在自定义放映中的幻灯片"框中。

（3）在"在自定义放映中的幻灯片"框中通过"上调"按钮▲和"下移"按钮▼调整幻灯片的放映顺序，调整后的效果如图 10-38 所示。

图 10-37 新建放映项目

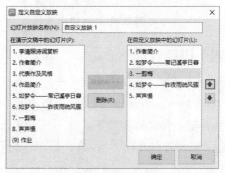

图 10-38 调整放映顺序

（4）单击 确定 按钮返回"自定义放映"对话框，在"自定义放映"框中会显示新建的自定义名称，单击 关闭(C) 按钮完成设置。

> **提示** 在"自定义放映"对话框中选择自定义的放映项目，单击 编辑(E)... 按钮，在打开的"定义自定义放映"对话框中可重新调整幻灯片的放映顺序和内容，以及幻灯片放映名称。

（六）打印演示文稿

微课：打印演示文稿

演示文稿不仅可以现场演示，还可以被打印在纸张上，便于演讲人手执演讲或分发给观众作为演讲提示等。下面将前面制作并设置好的课件打印出来，要求一页纸上显示两张幻灯片，具体操作如下。

（1）选择【文件】/【打印】/【打印】命令，打开"打印"对话框，在"份数"栏中的"打印份数"数值框中输入"2"，即打印两份。

（2）在"打印范围"栏中选中"幻灯片"单选按钮，在其后的文本框中输入要打印的幻灯片编码。

（3）选中对话框右下角的"幻灯片加框"复选框，最后单击 [确定] 按钮，如图 10-39 所示，开始打印指定范围内的幻灯片。

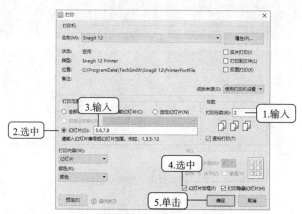

图 10-39　设置打印参数

（七）打包演示文稿

演示文稿制作好后，有时需要在其他计算机上放映，若想一次性传输演示文稿及其相关的音频、视频文件，可将制作好的演示文稿打包。下面将前面制作好的课件打包到文件夹中，并命名为"课件"，具体操作如下。

微课：打包
演示文稿

（1）选择【文件】/【文件打包】/【将演示文档打包成文件夹】命令，打开"演示文件打包"对话框，在其中设置文件夹名称和位置，单击 [确定] 按钮，如图 10-40 所示。

（2）此时会打开提示框，提示文件打包已完成，单击 [关闭] 按钮，如图 10-41 所示，完成打包操作（配套文件:\效果文件\项目十\课件.dps）。

图 10-40　演示文件打包

图 10-41　提示打包已完成并单击按钮

提示　WPS 演示除了可以将演示文稿打包成文件夹外，还可以将其打包成压缩文件，方法为：在编辑好的演示文稿中选择【文件】/【文件打包】/【将演示文档打包成压缩文件】命令，打开"演示文件打包"对话框，在其中设置好压缩文件名和文件的保存位置，单击 [确定] 按钮。

课后练习

1. 打开"古诗赏析.dps"演示文稿（配套文件:\素材文件\项目十\课后练习\古诗赏析.dps），按照下列要求对演示文稿进行操作，参考效果如图 10-42 所示。

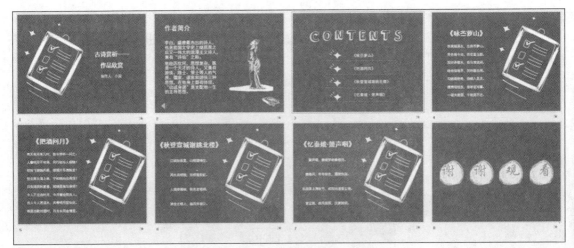

图 10-42 "古诗赏析"演示文稿效果

查看"古诗赏析"
具体操作

（1）为演示文稿中的所有幻灯片应用"百叶窗"幻灯片切换效果。

（2）隐藏第 2 张幻灯片后，从头开始放映幻灯片，在放映过程中，利用鼠标右键快速定位幻灯片，利用鼠标对幻灯片中的重点内容进行标注，注意不需要保存注释。

（3）进入幻灯片母版编辑状态，将第 1 张和第 2 张幻灯片的背景设置为纹理填充，纹理样式为"有色纸 1"。

（4）将制作好的演示文稿打包成压缩文件后，将其以 PDF 格式进行输出（配套文件:\效果文件\项目十\课后练习\古诗赏析.dps）。

2. 打开"电话营销培训.dps"演示文稿（配套文件:\素材文件\项目十\课后练习\电话营销培训.dps），按照下列要求对演示文稿进行编辑，参考效果如图 10-43 所示。

查看"电话营销
培训"具体操作

（1）为幻灯片中的对象添加并设置动画效果，并为所有幻灯片添加"溶解"幻灯片切换效果，然后将切换声音设置为"单击"。

（2）在第 3 张幻灯片中，为标题和图片添加"飞入"动画，为两个文本框添加"出现"动画，将动画播放顺序设置为标题→图片→文本框，并设置动画选项。

（3）在"自定义动画"任务窗格中为第 4 张幻灯片的标题添加"飞入"动画效果，为文本框添加"放大/缩小"强调动画效果。

（4）进入幻灯片母版编辑状态，在第 1 张幻灯片右下角插入"前进"和"后退"两个动作按钮。

（5）对设置好的幻灯片进行自定义放映，完成后设置幻灯片的放映时间以方便查看。

（6）将幻灯片打包成文件并进行保存，最后查看打包后的效果（配套文件:\效果文件\项目十\课后练习\电话营销培训.dps）。

3. 打开"企业资源分析.dps"演示文稿（配套文件:\素材文件\项目十\课后练习\企业资源分析.dps），按照下列要求对演示文稿进行编辑并保存，参考效果如图 10-44 所示。

查看"企业资源
分析"具体操作

（1）在第 1 张幻灯片右下角绘制"开始""结束""后退或前一项""前进或下一项"4 个动作按钮。

（2）打开"动作设置"对话框，将"开始"按钮的超链接设置为"幻灯片 4"；将"后退或前一项"按钮的超链接设置为"幻灯片 6"；将"前进或下一项"按钮的超链接设置为"幻灯片 8"。

图 10-43 "电话营销培训"演示文稿效果

（3）将绘制的 4 个动作按钮的高度设置为"0.6 厘米"，宽度设置为"1 厘米"。将对齐方式调整为"横向分布""底端对齐"。

（4）将设置好的 4 个动作按钮复制到除最后一张幻灯片外的所有幻灯片的右下角。

（5）从头开始放映幻灯片，并通过右下角的动作按钮来控制幻灯片的放映（配套文件:\效果文件\项目十\课后练习\企业资源分析.dps）。

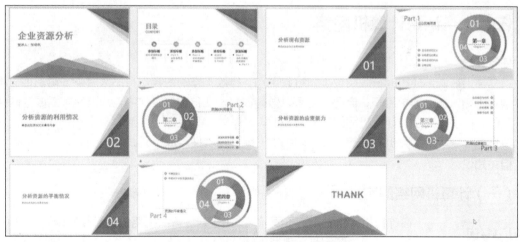

图 10-44 "企业资源分析"演示文稿效果

项目十一

认识并使用计算机网络

11

　　随着信息技术的不断发展，计算机网络应用成为计算机应用的重要领域。计算机网络将计算机连入网络，然后共享网络中的资源并进行信息传输。现在常用的网络是因特网（Internet），它是一个全球性的网络，将全世界的计算机联系在一起，用以实现资源共享和信息传递等多种功能。本项目将通过 3 个典型任务来介绍计算机网络的基础知识、Internet 的基础知识，以及在 Internet 中浏览信息、下载文件、收发邮件、使用流媒体文件、远程登录、网上求职等。

课堂学习及素养目标

- 认识计算机网络。
- 认识 Internet。

- 应用 Internet。
- 培养良好的信息素养和社会责任感。

任务一　认识计算机网络

任务要求

　　肖磊最近被调到公司的行政岗位上做行政工作。行政工作的内容本身不太复杂，肖磊相信用在大学学习的知识加上勤学苦干，自己一定可以做得很好。在日常的工作中，肖磊经常需要与网络接触，因此，他决定先了解计算机网络的基础知识。

　　本任务要求了解计算机网络的定义、网络中的硬件和软件，以及无线局域网。

相关知识

（一）计算机网络的定义

微课：计算机网络的发展

　　在计算机网络发展的不同阶段，由于对计算机网络的理解和应用侧重点不同，人们提出了不同的定义。就目前的计算机网络来看，从资源共享的观点出发，通常将计算机网络定义为以能够相互共享资源的方式连接起来的独立计算机系统的集合。也就是说，将相互独立的计算机系统用通信线路连接，按照全网统一的网络协议进行数据通信，从而实现网络资源共享。

　　从计算机网络的定义可以看出，构成计算机网络有以下 4 点要求。

- 计算机相互独立。从分布的地理位置来看，它们是独立的，既可以相距很近，也可以相隔千里；从数据处理功能上来看，它们是独立的，既可以联网工作，也可以脱离网络独立工作，而且联网工作时没有明确的主从关系，即网内的一台计算机不能强制性地控制另一台计算机。

- 通信线路相连接。各计算机系统必须用传输介质和互联设备实现互联，传输介质可以是双绞线、同轴电缆、光纤、微波和无线电等。
- 采用统一的网络协议。全网中的各计算机在通信过程中必须共同遵守"全网统一"的通信规则，即网络协议。
- 资源共享。计算机网络中一台计算机的资源（包括硬件、软件和信息）可以与全网其他计算机系统共享。

（二）网络中的硬件

要形成一个能传输信号的网络，必须要有硬件设备的支持。由于网络的类型不一样，使用的硬件设备可能有所差异。总体说来，网络中的硬件设备有传输介质、网卡、路由器和交换机等。

1. 传输介质

传输介质是连接网络中各节点的"物理通路"。目前，常用的网络传输介质有双绞线、同轴电缆、光缆与无线传输介质等。对其分别介绍如下。

- 双绞线。双绞线由 2 根、4 根或 8 根绝缘导线组成，2 根绝缘导线绞合为 1 根线来作为一条通信链路。为了减少各线对之间的电磁干扰，各线对以均匀对称、螺旋状的方式扭绞在一起。线对的绞合程度越高，抗干扰能力越强。
- 同轴电缆。同轴电缆由内导体、外屏蔽层、绝缘层及外部保护层组成。同轴电缆可连接的地理范围较双绞线更大，抗干扰能力更强，使用与维护也更方便，但其价格较双绞线更高。
- 光缆。一条光缆中包含多根光纤。每根光纤由玻璃或塑料拉成极细的、能传导光波的纤芯和包层构成，外面再包裹多层保护材料。光纤通过内部的全反射来传输经过编码的光信号。光缆因其数据传输速率高、抗干扰能力强、误码率低及安全保密性好的特点，被认为是一种非常有前途的传输介质。光缆价格一般高于同轴电缆与双绞线。
- 无线传输介质。无线传输介质使用特定频率的电磁波作为传输介质，可以"挣脱"有线介质（双绞线、同轴电缆、光缆）的束缚，组成无线局域网。目前计算机网络中常用的无线传输介质有无线电波（信号频率为 30 MHz～1 GHz）、微波（信号频率为 2GHz～40 GHz）、红外线（信号频率为 3×10^{11}Hz～2×10^{14} Hz）。

2. 网卡

网卡的全称是网络接口卡（Network Interface Card，NIC），用于连接计算机和传输介质，从而实现信号传输。网卡具备帧的发送与接收、帧的封装与拆封、介质访问控制、数据的编码与解码及数据缓存等功能。网卡是计算机连接到局域网的必备设备，一般分为有线网卡和无线网卡两种。

3. 路由器

路由器（Router，意为"转发者"）是各局域网、广域网连接 Internet 的设备，它会根据信道的情况自动选择和设定路由，以最佳路径，按前后顺序发送信号。由此可见，选择最佳路径的策略是路由器发送信号的关键所在。路由器保存着各种传输路径的相关数据（这些数据构成路径表），供选择时使用。路径表可以由系统管理员固定设置好，也可以由系统动态修改；路径表可以由路由器自动调整，也可以由主机控制。

4. 交换机

交换机（Switch，意为"开关"）是一种用于转发电信号的网络设备。它可以为接入交换机的任意两个网络节点提供独享的电信号通路，支持端口连接节点之间的多个并发连接（类似于电路中的"并联"效应），从而增加网络带宽，改善局域网的性能。交换机的主要功能包括物理编址、网络拓扑结构、错误校验、帧序列及流控等。交换机分为以太网交换机、电话语音交换机和光纤交换机等。

> **提示** 路由器和交换机之间的主要区别就是交换机发生在开放系统互连（Open System Interconnection，OSI）参考模型第 2 层（数据链路层），而路由器发生在第 3 层（网络层）。这一区别决定了路由器和交换机在移动信息的过程中需使用不同的控制信息，所以两者实现其各自功能的方式是不同的。

（三）网络中的软件

与硬件相对的是软件，要在网络中实现资源共享及一些需要的功能就必须得到软件的支持。网络软件一般是指网络操作系统、网络通信协议和应用级的提供网络服务功能的专用软件。下面对它们分别进行讲解。

- 网络操作系统。网络操作系统用于管理网络软、硬件资源，常见的网络操作系统有 UNIX、NetWare、Windows NT 和 Linux 等。
- 网络通信协议。网络通信协议是网络中计算机交换信息时的约定，规定了计算机在网络中互通信息的规则。Internet 采用的协议是 TCP/IP。
- 应用级的提供网络服务功能的专用软件。该类软件用于提供一些特定的网络服务功能，如文件的上传与下载服务、信息传输服务等功能。

（四）无线局域网

随着技术的发展，无线局域网（Wireless Local Area Network，WLAN）已逐渐代替有线局域网，成为现在家庭和小型公司主流的局域网组建方式。无线局域网利用射频技术，使用电磁波取代由双绞线构成的局域网络。

无线局域网的实现技术有很多，其中应用很广泛的是无线保真技术（Wi-Fi）。它是一种能够使各种终端都使用无线互联的技术，可为用户屏蔽各种终端之间的差异性。要实现无线局域网功能，目前一般需要一台无线路由器，以及多台有无线网卡的计算机和手机等可以上网的智能移动设备。

无线路由器可以被看作一个转发器，它将宽带网络信号通过天线转发给附近的无线网络设备，同时它还具有其他网络管理功能，如动态主机配置协议（Dynamic Host Configuration Protocol，DHCP）服务、网络地址转换（Network Address Translation，NAT）防火墙、介质访问控制（Medium Access Control，MAC）地址过滤和动态域名等。

任务二　认识 Internet

任务要求

肖磊在学习了一些基本的计算机网络知识后，同事告诉他，计算机网络不等同于 Internet。Internet 是目前使用最广泛的一种网络，也是当今世界上最大的一种网络，在该网络上可以实现很多特有的功能。于是，肖磊决定再好好补补 Internet 的基础知识。

本任务要求认识 Internet 与万维网，了解 TCP/IP，认识 IP 地址和域名系统，掌握连入 Internet 的各种方法。

相关知识

（一）认识 Internet 与万维网

Internet 和万维网是两种不同类型的网络，其功能各不相同。

1. Internet

Internet 俗称互联网，也称国际互联网，它是目前全球最大、连接能力最强、由遍布全世界的众多大大小小的网络相互连接而成的计算机网络。它是由美国的阿帕网（ARPANet）发展起来的。目前，Internet 可通过全球的信息资源和覆盖全世界多个国家和地区的海量网点，提供软件分发、商业交易、视频会议及视频节目点播等服务。一旦连接到 Web 节点，就意味着你的计算机已经进入 Internet。

Internet 将全球范围内的网站连接在一起，形成了一个资源十分丰富的信息库。Internet 在人们的工作、生活和社会活动中起着越来越重要的作用。

2. 万维网

万维网（World Wide Web，WWW）又称环球信息网、环球网和全球浏览系统等。WWW 是一种基于超文本的、方便用户在 Internet 上搜索和浏览信息的信息服务系统，起源于瑞士日内瓦的欧洲粒子物理实验室。它通过超链接把世界各地不同 Internet 节点上的相关信息有机地组织在一起，用户只需发出搜索要求，它就能自动进行定位并找到相应的搜索信息。用户可用 WWW 在 Internet 上浏览、传递和编辑超文本格式的文件。WWW 是 Internet 上极受欢迎、极为流行的信息搜索工具，它能把各种类型的信息（文本、图像、声音和影像等）集成起来供用户查询。可以说，WWW 为全世界的人们提供了查找和共享知识的手段。

WWW 还具有连接文件传送协议（File Transfer Protocol，FTP）和公告板系统（Bulletin Board System，BBS）等的能力。总之，WWW 的应用和发展已经远远超出网络技术的范畴，影响着新闻、广告、娱乐、电子商务和信息服务等诸多领域。甚至可以说，WWW 的出现是 Internet 应用历史上一个革命性的里程碑。

（二）了解 TCP/IP

计算机网络要有网络协议支持。网络中每个主机系统都应配置相应的协议软件，以确保网络中不同系统之间能够可靠、有效地相互通信和合作。TCP/IP（Transmission Control Protocol/Internet Protocol）是 Internet 中基本的协议，它被译为传输控制协议/互联网协议，又名网络通信协议，也是国际互联网络的基础。TCP/IP 由网络层的 IP 和传输层的 TCP 组成。它定义了电子设备如何连入 Internet，以及数据在它们之间传输的标准。

TCP 即传输控制协议，位于传输层，负责向应用层提供面向连接的服务，确保网上发送的数据包可以被完整接收。如果发现传输有问题，则要求重新传输，直到所有数据被安全、正确地传输到目的地。IP 即互联网协议，负责给 Internet 的每一台联网设备规定一个地址，即常说的 IP 地址。同时，IP 还有另一个重要的功能，即路由选择功能，用于选择从网上一个节点到另一个节点的传输路径。

TCP/IP 共分为 4 层——网络接口层、互连网络层、传输层和应用层，分别介绍如下。

- 网络接口层（Host-to-Network Layer）。网络接口层用于规定数据包从一台设备的网络层传输到另一台设备的网络层的方法。
- 互连网络层（Internet Layer）。互连网络层负责提供基本的数据封包传送功能，让每一个数据包都能够到达目标主机，使用 IP、互联网控制报文协议（Internet Control Message Protocol，ICMP）。
- 传输层（Transport Layer）。传输层用于为两台联网设备提供端到端的通信，在这一层有 TCP 和用户数据报协议（User Datagram Protocol，UDP）。其中 TCP 是面向连接的协议，它能提供可靠的报文传输和对上层应用的连接服务；UDP 是面向无连接的不可靠传输的协议，主要用于不需要 TCP 的排序和流量控制等功能的应用程序。

- 应用层（Application Layer）。应用层包含所有的高层协议，用于处理特定的应用程序数据，为应用软件提供网络接口，包括 FTP、简单邮件传送协议（Simple Mail Transfer Protocol，SMTP）、域名服务（Domain Name Service，DNS）和网联新闻传送协议（Network News Transfer Protocol，NNTP）等。

（三）认识 IP 地址和域名系统

Internet 连接了众多的计算机，要想有效地分辨这些计算机，则需要通过 IP 地址和域名来实现。

1. IP 地址

微课：设置 IP 地址

IP 地址即网络协议地址。连接在 Internet 上的每台主机都有一个在全世界范围内唯一的 IP 地址。一个 IP 地址由 4 字节（32 bit）组成，通常用小圆点分隔，其中每字节可用一个十进制数来表示。例如，192.168.1.51 就是一个 IP 地址。IP 地址通常可分成两个部分：第一部分是网络号；第二部分是主机号。

Internet 的 IP 地址可以分为 A、B、C、D 和 E 这 5 类。其中，0～127 为 A 类地址；128～191 为 B 类地址；192～223 为 C 类地址；D 类地址留给 Internet 体系结构委员会使用；E 类地址保留在今后使用。也就是说，每字节的数字由 0～255 组成，大于或小于该数字的 IP 地址都不正确，通过数字所在的区域可判断该 IP 地址的类别。

> **提示** 由于网络发展迅速，第 4 版互联网协议（Internet Protocol Version 4，IPv4）规定的 IP 地址已不能满足用户的需要。第 6 版互联网协议（Internet Protocol Version 6，IPv6）采用 128 位地址长度，几乎可以不受限制地提供地址。IPv6 除解决了地址短缺问题以外，还解决了在 IPv4 中存在的其他问题，如端到端 IP 连接、服务质量（Quality of Service，QoS）、安全性、多播、移动性和即插即用等方面的问题。IPv6 已成为新一代的网络协议标准。

2. 域名系统

数字形式的 IP 地址难以记忆，故在实际使用时常采用字符形式来表示 IP 地址，即域名系统（Domain Name System）。域名系统由若干子域名构成，子域名之间用小圆点来分隔。

域名的层次结构为"……三级子域名.二级子域名.顶级子域名"。

每一级的子域名都由英文字母和数字组成（不超过 63 个字符，并且不区分大小写字母），级别最低的子域名写在最左边，级别最高的顶级子域名写在最右边。一个完整的域名不超过 255 个字符，其子域级数一般没有限制。

> **提示** 在顶级子域名下，二级子域名又分为类别域名和行政区域名两类。类别域名共 6 个，包括用于科研机构的 ac、用于工商金融企业的 com、用于教育机构的 edu、用于政府部门的 gov、用于互联网络信息中心和运行中心的 net、用于非营利组织的 org。我国的行政区域名有 34 个。

（四）连入 Internet

用户的计算机连入 Internet 的方法有多种，一般都是先联系因特网服务提供方（Internet Service Provider，ISP），对方派专人进行实际查看、连接后，分配 IP 地址、设置网关及域名系统等，从而实现上网。

目前，连入 Internet 的方法主要有非对称数字用户线（Asymmetric Digital Subscriber Line，ADSL）拨号上网和光纤宽带上网两种，下面对其分别介绍。

- ADSL。ADSL 可直接利用现有的电话线路，通过 ADSL Modem 传输数字信息，理论上 ADSL 连接速率可达到 1Mbit/s～8Mbit/s。它具有速率稳定、带宽独享、语音数据不干扰等优点，能满足家庭、个人等用户的大多数网络应用需求。ADSL 可以与普通电话线共存于一条线上，接听、拨打电话的同时又能进行 ADSL 传输，且互不影响。
- 光纤宽带。光纤宽带是多种传输媒介宽带网络中非常理想的一种，它具有传输容量大、传输质量高、损耗小、中继距离长等优点。光纤连入 Internet 一般有两种方法：一种是通过光纤接入小区节点或楼道，再由网线连接到各个共享点；另一种是"光纤到户"，即将光缆扩展到每一台终端设备上。

任务三　应用 Internet

任务要求

通过一段时间的基础知识的学习，肖磊迫不及待地想进入 Internet 的神奇世界。老师告诉他，Internet 可以实现的功能很多，不仅可以查看和搜索信息，还可以下载资料等。在信息技术如此发达的今天，不管是办公工作还是日常生活，都离不开 Internet。肖磊决定系统地学习 Internet 的使用方法。

本任务需要掌握常见的 Internet 操作，包括使用 Microsoft Edge 浏览器、使用搜索引擎、下载资源、使用流媒体、远程登录桌面和网上求职等。

相关知识

（一）Internet 的相关概念

Internet 可以实现的功能很多，在使用 Internet 之前，用户应先了解 Internet 的相关概念，以方便后期学习。

1. 浏览器

浏览器是用于浏览 Internet 显示信息的工具，Internet 中的信息内容繁多，有文字、图像、多媒体，还有连接到其他网址的超链接等。通过浏览器，用户可迅速浏览各种信息，并将用户反馈的信息转换为计算机能够识别的命令。在 Internet 中，这些信息一般都集中在 HTML 格式的网页上显示。

浏览器的种类众多，一般常用的有 Microsoft Edge 浏览器、Internet Explorer、QQ 浏览器、Firefox、Safari、Opera、百度浏览器、搜狗浏览器、360 浏览器和 UC 浏览器等。

2. URL

URL（Uniform Resource Locator，统一资源定位符）用于表示网页地址，简称网址，是 Internet 上标准的资源的地址。URL 由资源类型、主机域名、资源文件路径和资源文件名 4 个部分组成，其格式是"资源类型://主机域名/资源文件路径/资源文件名"。

3. 超链接

超链接是超级链接的简称，网页中包含的信息众多，这些信息不可能在一个页面中全部显示出来，因此出现了超链接。超链接是指从一个网页指向一个目标的连接关系，这个目标可以是另一个网页，也可以是相同网页上的不同位置，还可以是一张图片、一个电子邮件地址、一个文件，甚至可以是一个应用程序等。而在一个网页中用来实现超链接的对象，可以是一段文本或者是一张图片等。

在一些大型的综合网站中，首页一般都是超链接的集合，单击这些超链接，即可一步步指定具体可以阅读的网页。

4. FTP

FTP可将一个文件从一台计算机传送到另一台计算机中，而不管这两台计算机使用的操作系统是否相同，相隔的距离有多远。

在使用FTP的过程中，经常会遇到两个概念，即下载（Download）和上传（Upload）。下载就是将文件从远程主机复制到本地计算机上；上传就是将文件从本地计算机复制到远程主机上。用Internet语言来说，用户可通过客户机程序向（从）远程主机上传（下载）文件。

> **提示** 百度云是百度公司提供的公有云平台，于2015年正式开放运营。百度云是一种网盘，类似于计算机中安装的硬盘，通过百度云不仅可以把文件上传到互联网中保存，还可以将保存在互联网中的文件下载到计算机中。

（二）认识Microsoft Edge浏览器窗口

Microsoft Edge浏览器是目前主流的浏览器。单击"开始"按钮⊞，在打开的菜单中选择【所有程序】/【Microsoft Edge】命令启动该程序，打开图11-1所示的窗口。

图11-1　Microsoft Edge浏览器窗口

Microsoft Edge浏览器界面中的前进/后退按钮的作用与前面介绍的应用程序窗口的类似，下面介绍Microsoft Edge浏览器窗口的特有部分。

- 地址栏。地址栏用来显示用户当前所打开网页的地址，也就是常说的网址，单击地址栏右边的☆按钮，可将当前网址添加到收藏夹中，单击▦按钮，可快速进入阅读模式浏览当前网页。
- 网页选项卡。通过网页选项卡可以使用户在单个浏览器窗口中查看多个网页，即当打开多个网页时，单击不同的选项卡可以在打开的网页间快速切换。
- 工具栏。工具栏包含浏览网页时所需的常用工具按钮，单击相应的按钮可以快速对浏览的网页进行相应的设置或操作。
- 网页浏览窗口。所有的网页文字、图片、声音和视频等信息都显示在网页浏览窗口中。

（三）流媒体

流媒体是一种以"流"的形式在网络中传输音频、视频和多媒体文件的方式。它将视频和音频等多媒体文件经过特殊的压缩方式分成一个个压缩包，由服务器连续、实时地向用户的计算机传送。在使用流媒体传输方式的系统中，用户只需要很短的时间，便可在计算机上播放正在下载中的视频、音频等流媒体文件。

1. 实现流媒体的条件

实现流媒体需要两个条件，一是传输协议，二是缓存，其作用分别如下。

- 传输协议。流式传输有实时流式传输和顺序流式传输两种。实时流式传输适合现场直播，需要另外使用实时流协议（Real-Time Streaming Protocol，RTSP）或多媒体消息业务（Multimedia Messaging Service，MMS）传输协议；顺序流式传输适合已有媒体文件，这时用户可观看已下载的那部分文件，但不能跳到还未下载的部分。由于标准的 HTTP 服务器可以直接发送这种形式的文件，所以无须使用其他特殊协议。
- 缓存。流媒体技术可以实现，是因为它首先在用户的计算机上创建了一个缓冲区。通过流媒体技术传输视频、音频等多媒体文件时，会在播放文件前预先下载一段数据作为缓存，在网络实际连接速度小于播放所耗用数据的速度时，播放程序会取用缓冲区内的数据，从而避免播放中断，以达到流媒体连续不断的目的。

2. 流媒体传输过程

通过流媒体传输方式在服务器和客户端之间进行文件传输的过程如下。

（1）客户端 Web 浏览器与媒体服务器之间交换控制信息，检索出需要传输的实时数据。

（2）Web 浏览器启动客户端的音频/视频程序，并初始化该程序，包括识别目录信息、音频/视频数据的编码类型和相关的服务地址等信息。

（3）客户端的音频/视频程序和媒体服务器之间运行流媒体传输协议，交换音频/视频传输所需的控制信息，实时流协议提供播放、快进、快退和暂停等功能。

（4）媒体服务器通过传输协议将音频/视频数据传输给客户端，当数据到达客户端时，客户端程序即可播放正在通过流媒体传输方式传输的音频/视频。

任务实现

（一）使用 Microsoft Edge 浏览器

Microsoft Edge 浏览器的最终目的是浏览 Internet 的信息，并实现信息交换功能。Microsoft Edge 浏览器作为 Windows 操作系统集成的浏览器，具有浏览网页、保存网页中的资料、使用历史记录和使用收藏夹等多种功能。

1. 浏览网页

下面使用 Microsoft Edge 浏览器打开网易的网页，然后进入"旅游"专题，查看其中的内容。

（1）单击任务栏上的 Microsoft Edge 图标 启动浏览器，在上方的地址栏中输入网易网址的关键部分，按【Enter】键确认，Microsoft Edge 浏览器系统会自动补充剩余部分，并打开该网页。

微课：浏览网页

（2）网页中有很多目录索引，将鼠标指针移动到"旅游"超链接上时，鼠标指针变为 🖑，单击超链接，如图 11-2 所示。

> **提示** 启动 Microsoft Edge 浏览器后，自动打开的网页称为主页，用户可修改浏览器的主页，方法是：在工具栏中单击"设置及其他"按钮…，在打开的下拉列表中选择"设置"选项，在打开的面板中将"显示主页按钮"设置为"开"状态，在下方的"设置您的主页"下拉列表中选择"特定页"选项，在下方的文本框中输入需要设置为主页的网址，单击 🖫 保存。

（3）打开"旅游"专题，滚动鼠标滚轮上下移动网页，在该网页中找到自己感兴趣的内容的超链接后，再次单击该超链接，如图 11-3 所示，打开的网页中会显示其具体内容，如图 11-4 所示。

图 11-2　打开网页

图 11-3　单击超链接

图 11-4　浏览具体内容

2. 保存网页中的资料

微课：保存网页
中的资料

Microsoft Edge 浏览器提供了信息保存功能，当浏览的网页中有自己需要的内容时，用户可将其长期保存在计算机中，以备使用。

下面保存打开的网页中的文字信息和图片信息，然后保存整个网页的内容，具体步骤如下。

（1）打开需要保存资料的网页，选择需要保存的文字，在选择的文字区域中单击鼠标右键，在弹出的快捷菜单中选择"复制"命令或按【Ctrl+C】组合键。

（2）启动记事本程序或 Word 软件，按【Ctrl+V】组合键，把从网页中复制的文字信息粘贴到新建的记事本文档或 Word 文档中。

（3）在快速启动工具栏中单击"保存"按钮，在打开的对话框中进行相应的设置后，将文档保存在计算机中。

（4）在需要保存的图片上单击鼠标右键，在弹出的快捷菜单中选择"将目标另存为"命令，打开"另存为"对话框。

（5）在"地址栏"设置图片的保存位置，在"文件名"文本框中输入要保存图片的名称，这里输入"杜甫草堂"，单击　保存(S)　按钮，即可将图片保存在计算机中，如图 11-5 所示。

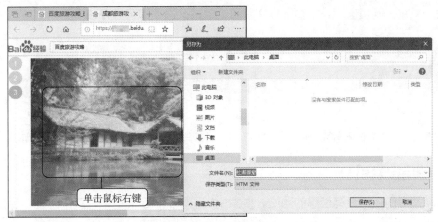

图 11-5　保存图片

3. 使用历史记录

用户使用 Microsoft Edge 浏览器查看过的网页，都会被记录在 Microsoft Edge 浏览器中，当需要再次打开该网页时，可通过历史记录找到该网页并打开。

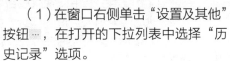

下面使用历史记录查看今天打开过的一个网页。

（1）在窗口右侧单击"设置及其他"按钮…，在打开的下拉列表中选择"历史记录"选项。

（2）在下方将展示出在不同时间段使用该浏览器浏览查看的所有网页列表。

（3）选择一个"过去 1 小时"文件夹，即可显示出过去 1 小时内查看过的所有网页的列表，选择一个网页选项，即可在网页浏览窗口中显示该网页的内容，如图 11-6 所示。

微课：使用
历史记录

图 11-6　使用历史记录

提示　在打开的窗格中单击右上角的"清除历史记录"超链接，可将当前的历史记录清除；单击"固定此窗格"按钮，可将当前窗格固定到浏览器中一直显示。

4. 使用收藏夹

可以将经常浏览的网页添加到收藏夹中，以便快速打开。下面将"京东"网页添加到收藏夹的"购物"文件夹中，具体操作步骤如下。

（1）在地址栏中输入京东网页的网址，按【Enter】键打开该网页，在地址栏右侧单击"收藏夹"按钮。

（2）在网页右侧会打开"收藏夹"窗格，单击上方的"创建新的文件夹"按钮，在添加的文本框中输入"购物"文本，修改文件夹名称，如图 11-7 所示。

微课：使用
收藏夹

（3）单击"收藏"按钮，在"保存位置"下拉列表中选择"购物"选项，单击 添加 按钮，如图 11-8 所示。

（4）再次打开收藏夹，会发现多了一个"购物"文件夹，选择该文件夹，下面会显示保存在该文件夹中的"京东"网页选项，如图 11-9 所示，单击该选项即可打开该网页。

图 11-7　创建文件夹并修改名称　　图 11-8　添加到收藏夹　　图 11-9　收藏后的网页

（二）使用搜索引擎

搜索引擎是专门用来查询信息的网站，搜索引擎可以提供全面的信息查询功能。目前，常用的搜索引擎有百度、搜狗、必应、360 搜索等。使用搜索引擎搜索信息的方法有很多，下面介绍常用的方法。

1. 只搜索标题含有关键词的信息

微课：只搜索标题含有关键词的信息

输入关键词后，搜索引擎会拆分输入的词语。只要网页信息中包含所拆分的关键词，不管是标题还是内容，都会被显示出来，因此会导致用户搜索到很多无用的信息。这种情况可通过输入括号来避免。

下面在百度搜索引擎中搜索只包含"计算机等级考试"的内容。

（1）在地址栏中输入百度的网址，按【Enter】键打开"百度"网站首页。

（2）在文本框中输入关键词"（计算机等级考试）"文本，单击 百度一下 按钮，如图 11-10 所示。

（3）打开的网页中会列出搜索到的结果，如图 11-11 所示，单击任意一个超链接，即可在打开的网页中查看具体内容。

图 11-10　输入关键词　　　　　　　　　图 11-11　搜索结果

提示　在搜索引擎网页的上部单击不同的按钮，可在对应板块的网页下搜索信息，如搜索视频信息和搜索地图信息等，这样可以帮助用户更加精确地搜索需要的信息。

微课：避免同音字干扰搜索结果

2. 避免同音字干扰搜索结果

用户在使用搜索引擎搜索默认输入的关键字信息时，搜索引擎还会搜索出与它同音的关键字的信息，这时可通过输入双引号的方式来避免这一情况。

下面在百度搜索引擎中搜索"李白"的相关资料，具体操作如下。

（1）打开百度网站首页，在文本框中输入关键字——李白，单击 百度一下 按钮，出现同音字"李白"的相关信息，如图 11-12 所示。

（2）在搜索框中输入关键字——"李白"，然后单击 百度一下 按钮，即可查找到李白的相关信息，如图 11-13 所示。

图 11-12　出现同音字信息

图 11-13　搜索结果

3. 只搜索标题含有关键字的内容

搜索文献或文章时，如果通过直接输入关键字的方式搜索就会出现很多无用的信息，此时可通过"intitle:标题"的方法只搜索标题含有关键字的内容。例如，在文本框中输入关键字"intitle:人间四月天"，单击 百度一下 按钮，即可搜索出标题含有"人间四月天"这几个关键字的相关信息，如图 11-14 所示。

微课：只搜索标题
含有关键字的
内容

图 11-14　搜索结果

（三）下载资源

Internet 的网站中有很多资源，除了可以在 FTP 站点中下载之外，用户还可以在普通的网站中下载。

下面将"搜狗输入法"软件下载到本地计算机中，具体操作如下。

（1）在 Microsoft Edge 浏览器的地址栏中输入百度的网址，按【Enter】键打开百度网站首页，输入"搜狗输入法下载"文本，然后单击"ZOL 软件下载"超链接，在打开的页面中单击 ZOL高速下载 按钮。

微课：下载资源

（2）在浏览器的下方会打开提示框，在其中单击 保存 按钮右侧的按钮 ∧，在打开的下拉列表中选择"另存为"选项，如图 11-15 所示。

（3）打开"另存为"对话框，设置文件的保存位置和文件名，单击 保存(S) 按钮，如图 11-16 所示。开始下载软件，下载完成后，即可在保存位置查看下载的资源。

图 11-15　搜索下载资源

图 11-16　设置保存位置和文件名

（四）使用流媒体

微课：使用
流媒体

　　现在很多网站都提供了在线播放音频/视频的服务，如优酷和爱奇艺网站等。它们的使用方法基本相同，但每个网站保存的音频/视频文件各有不同。

　　在爱奇艺中欣赏一部视频文件（动画片）的具体操作如下。

　　（1）在浏览器中打开爱奇艺网站，单击首页的"儿童"超链接，打开儿童频道。

　　（2）依次单击超链接，选择喜欢看的视频文件，视频文件将在网页的窗口中显示，如图 11-17 所示。

　　（3）还可以在窗口右侧选择需要播放的视频文件，在视频播放窗口下方拖动进度条或单击进度条上的某一个点，从该点对应的时间开始播放视频，如图 11-18 所示。在进度条下方有一个时间表，表示当前视频的播放时长和总时长。

图 11-17　视频文件

图 11-18　播放任意时间点的视频

　　（4）单击 ▮▮ 按钮可暂停播放视频，单击 ▶ 按钮可继续播放视频，单击"全屏"按钮 ▣ 将以全屏模式播放视频。

（五）远程登录桌面

微课：远程
登录桌面

　　设置远程登录桌面可以在两台计算机之间进行桌面连接，便于查阅资料。下面介绍设置远程登录桌面的具体操作。

　　（1）在桌面上的"计算机"图标上单击鼠标右键，在弹出的快捷菜单中选择"属性"命令，打开"系统"窗口，在左侧单击"高级系统设置"超链接，如图 11-19 所示。

　　（2）打开"系统属性"对话框，单击"远程"选项卡，在"远程桌面"栏中选中"允许远程连接到此计算机"单选按钮，如图 11-20 所示，单击 ▭确定▭ 按钮。

　　（3）在桌面右下角单击"网络"图标 ▣，在打开的面板中单击"打开网络和共享中心"选项，在打开的"设置"窗口右侧单击"更改适配器选项"选项，如图 11-21 所示。

图 11-19　单击"高级系统设置"超链接

图 11-20　选中单选按钮

（4）在打开的窗口中的"本地连接"上单击鼠标右键，在弹出的快捷菜单中选择"属性"命令，如图 11-22 所示。

图 11-21　"设置"窗口

图 11-22　选择"属性"命令

（5）打开"本地连接属性"对话框，双击"Internet 协议版本 4"复选框。在打开的对话框中可查看当前计算机的 IP 地址，如图 11-23 所示。

（6）在另外一台计算机上选择【开始】/【所有程序】/【Windows 附件】/【远程桌面连接】命令，打开"远程桌面连接"对话框，在其中输入需要连接的 IP 地址，如图 11-24 所示。

（7）单击 连接(N) 按钮，打开"远程桌面连接"提示框，其中会显示连接进度，稍等片刻，即可连接到远程计算机桌面，如图 11-25 所示。

图 11-23　查看 IP 地址

图 11-24　输入计算机 IP 地址

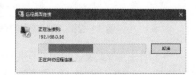

图 11-25　"远程桌面连接"提示框

（六）网上求职

微课：注册并
填写简历

随着互联网的发展，许多企业选择了通过互联网平台来开展招聘工作，这样不但可以节约成本，而且人员的选择范围更广。

1. 注册并填写简历

互联网平台上的招聘求职网站非常多，如智联招聘、前程无忧和猎聘网等。要通过这些网站求职，首先需要注册成为相应网站的用户，并创建电子简历，下面以前程无忧网站为例，介绍具体操作。

（1）在浏览器中打开前程无忧网站，在网页右侧单击"邮箱注册"选项，在其下方的文本框中输入邮箱名称和密码，如图 11-26 所示，单击 免费注册 按钮。

（2）在打开的页面中根据提示输入相关的注册信息，如图 11-27 所示，然后单击 注册 按钮。

图 11-26　输入邮箱名称和密码

图 11-27　填写注册信息

（3）稍等片刻即可完成注册，并会打开提示框提示创建简历，单击"马上创建简历"超链接，在打开的窗口中根据提示填写基本信息，如图 11-28 所示。

（4）单击 下一步 按钮，在打开的窗口中根据提示填写工作经验信息，如图 11-29 所示。

图 11-28　填写基本信息

图 11-29　填写工作经验信息

（5）单击 下一步 按钮，在打开的窗口中根据提示填写求职意向，完成后单击 创建完成 按钮，完成简历的创建，如图 11-30 所示。

图 11-30　完成简历的创建

2. 投递简历

用户在网站中创建简历后，就可以搜索感兴趣的职位，然后投递简历，下面介绍具体操作。

（1）打开前程无忧网站首页，在网页右侧单击"已有账号，去登录"超链接，输入登录信息，然后单击　　　登录　　　按钮登录网站。在网页中的导航栏中选择"地区频道"选项，在打开的界面中单击"成都"超链接，如图 11-31 所示。

微课：投递简历

（2）在打开的页面搜索框中输入"编辑"文本，单击　搜索　按钮，如图 11-32 所示。

图 11-31　选择求职城市

图 11-32　搜索职位

（3）显示搜索的结果，从中单击需要求职的职位超链接，如图 11-33 所示。

（4）在打开的页面左侧可浏览该职位的相关介绍，在右侧单击　⇧申请职位　按钮，如图 11-34 所示。

图 11-33　单击职位超链接

图 11-34　申请职位

（5）稍等片刻，"申请职位"按钮将变为"已申请"状态，如图 11-35 所示。

（6）在网页上方的用户名处单击，在打开的下拉列表中选择"我的 51Job"选项，在打开的界面中可以查看职位的申请情况和反馈意见等，如图 11-36 所示。

图 11-35　完成申请

图 11-36　查看申请情况和反馈意见

课后练习

1. 选择题

（1）以下 IP 地址正确的是（　　　）。

    A. 323.112.0.1 　　　　　　　　　　　B. 134.168.2.10.2

    C. 202.202.1 　　　　　　　　　　　　D. 202.132.5.168

（2）以下选项中，不属于网络传输介质的是（　　　）。

    A. 电话线　　　　　B. 光纤　　　　　　C. 网桥　　　　　　D. 双绞线

（3）以下各项中，不能作为域名的是（　　　）。

    A. www.ryjiaoyu.com 　　　　　　　　B. www,baidu.com

    C. www.ptpress.com.cn 　　　　　　　D. mail.ptpress.com.cn

（4）不属于 TCP/IP 层次的是（　　　）。

    A. 网络访问层　　　B. 交换层　　　　　C. 传输层　　　　　D. 应用层

（5）未来的 IP 是（　　　）。

    A. IPv4　　　　　　B. IPv5　　　　　　C. IPv6　　　　　　D. IPv7

（6）下面关于流媒体的说法，错误的是（　　　）。

    A. 流媒体将视频和音频等多媒体文件通过特殊的压缩方式分成一个个压缩包，由服务器向用户计算机连续、实时地传送

    B. 使用流媒体技术观看视频，用户只有将文件全部下载完毕才能看到其中的内容

    C. 实现流媒体需要两个条件，一是传输协议的支持，二是缓存

    D. 使用流媒体技术观看视频，用户可以执行播放、快进、快退和暂停等功能

2. 操作题

（1）打开网易的主页，进入体育频道，浏览其中的任意一条新闻。

（2）在百度搜索引擎中搜索"流媒体"的相关信息，然后将流媒体的信息复制到记事本文档中，并将记事本文档保存到桌面。

（3）将百度首页添加到收藏夹中。

（4）在百度搜索引擎中搜索"FlashFXP"的相关信息，然后将该软件下载到计算机的桌面上。

（5）将家里的计算机设置为可以远程登录，然后在办公室等地方使用远程登录方式登录家里的计算机。

（6）在智联招聘网站注册账号，然后创建简历，在网站中搜索"行政"职位，并投递简历。

项目十二
做好计算机维护与安全防护

12

计算机的功能虽然强大，但也容易遭受各种病毒、木马等的威胁，增加了个人信息被非法利用的可能性，因此，提高网络安全意识，做好计算机的维护与安全防护十分重要。本项目将通过两个典型任务，介绍计算机磁盘和系统维护的基础知识、磁盘的常用维护操作、设置虚拟内存、管理自启动程序、自动更新系统、计算机病毒的特点和分类、计算机感染病毒的表现、计算机病毒的防治方法、启动 Windows 防火墙以及使用第三方软件保护系统等内容。

课堂学习及素养目标

- 维护磁盘与计算机系统。
- 防治计算机病毒。

- 增强信息安全意识。

任务一　维护磁盘与计算机系统

任务要求

肖磊使用计算机办公也有一段时间了，他深知计算机的磁盘和系统对工作的重要性，于是决定学好磁盘与系统维护的相关知识，以后遇到简单的问题也可以自行处理，不用再求助于系统管理员。

本任务要求了解磁盘维护和系统维护的基础知识，如认识常见的系统维护的场所；可以进行简单的磁盘与系统维护操作，包括硬盘分区与格式化、清理磁盘、整理磁盘碎片、检查磁盘、关闭程序、设置虚拟内存、管理自启动程序和自动更新系统等。

相关知识

（一）磁盘维护基础知识

磁盘是计算机中使用频率非常高的一种硬件设备，在日常使用中，应注意维护磁盘。下面讲解磁盘维护过程中需要了解的基础知识。

1. 认识磁盘分区

一个磁盘由若干个磁盘分区组成，磁盘分区可分为主分区和扩展分区。

- 主分区。主分区通常位于硬盘的第一个分区中，即 C 磁盘。主分区主要用于存放当前计算机操作系统的内容，其中的主引导程序用于检测硬盘分区的正确性，确定活动分区，并负责把引导权移交给活动分区的 Windows 或其他操作系统。一个硬盘最多存在 4 个主分区。

- 扩展分区。除主分区以外的分区都是扩展分区，扩展分区不是实际意义上的分区，而是指向下一个分区的"指针"。扩展分区中可建立多个逻辑分区，逻辑分区可以被理解为实际存储数据的 D 盘、E 盘等。

2. 认识磁盘碎片

计算机使用时间长了之后，磁盘上会保存大量文件，并分散在不同的磁盘空间上，这些零散的文件被称作"磁盘碎片"。由于硬盘读取文件需要在多个磁盘碎片之间跳转，因此磁盘碎片过多会降低硬盘的运行速度，从而降低整个 Windows 的运行性能。磁盘碎片产生的原因主要有以下两项。

- 下载。在下载电影之类的大文件时，用户可能也在使用计算机处理其他工作，因此下载的文件就会被迫分割成若干个碎片存储于硬盘中。
- 操作文件。在删除文件、添加文件和移动文件时，如果文件空间不够大，就会产生大量的磁盘碎片，随着对文件的频繁操作，磁盘碎片会日益增多。

（二）系统维护基础知识

计算机安装操作系统后，用户需要时常对其进行维护。操作系统的维护一般有固定的设置场所，下面讲解 4 个常用的系统维护场所。

- "系统配置"对话框。系统配置可以帮助用户确定可能阻止 Windows 正确启动的问题，通过它可以在禁用服务和程序的情况下启动 Windows，从而提高系统运行速度。在任务栏的搜索框中输入"msconfig"，按【Enter】键确认，即可打开"系统配置"对话框，如图 12-1 所示。
- "计算机管理"窗口。"计算机管理"窗口中集合了一组管理本地或远程计算机的 Windows 管理工具，如任务计划程序、事件查看器、设备管理器和磁盘管理等。在桌面的"此电脑"图标📃上单击鼠标右键，在弹出的快捷菜单中选择"管理"命令，或在任务栏的搜索框中输入"compmgmt.msc"，按【Enter】键确认，即可打开"计算机管理"窗口，如图 12-2 所示。

图 12-1 "系统配置"对话框

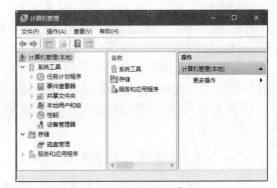

图 12-2 "计算机管理"窗口

- "任务管理器"窗口。"任务管理器"窗口提供了计算机性能的信息和在计算机上运行的程序和进程的详细信息，如果连接到网络，还可查看网络状态。按【Ctrl+Shift+Esc】组合键或在任务栏的空白处单击鼠标右键，在弹出的快捷菜单中选择"任务管理器"命令，均可打开"任务管理器"窗口，如图 12-3 所示。
- "注册表编辑器"窗口。注册表是 Windows 操作系统的一个重要数据库，用于存储系统和应用程序的设置信息，在整个系统中起着核心作用。在任务栏的搜索框中输入"regedit"，按【Enter】键确认，即可打开"注册表编辑器"窗口，如图 12-4 所示。

图 12-3 "任务管理器"窗口

图 12-4 "注册表编辑器"窗口

任务实现

（一）硬盘分区与格式化

微课：硬盘分区
与格式化

一个新硬盘默认只有一个分区，若要使硬盘能够储存数据，就必须为硬盘分区并进行格式化。下面通过"计算机管理"窗口将 E 盘划分出一部分，新建一个 H 分区，然后对其进行格式化，具体操作如下。

（1）在桌面的"此电脑"图标 上单击鼠标右键，在弹出的快捷菜单中选择"管理"命令，打开"计算机管理"窗口。

（2）展开左侧的"存储"目录，选择"磁盘管理"选项，打开磁盘列表，在 E 盘上单击鼠标右键，在弹出的快捷菜单中选择"压缩卷"命令，如图 12-5 所示。

（3）打开"压缩 E:"对话框，在"输入压缩空间量"数值框中输入划分出的空间的大小，单击 压缩(S) 按钮，如图 12-6 所示。

图 12-5 选择"压缩卷"命令

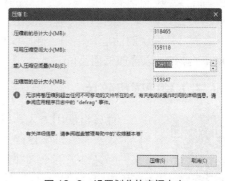

图 12-6 设置划分的空间大小

（4）返回"计算机管理"窗口，此时会增加一个可用空间，单击要创建简单卷的动态磁盘上的可用空间，一般显示为绿色，然后选择【操作】/【所有任务】/【新建简单卷】命令，或在要创建简单卷的动态磁盘的可分配空间上单击鼠标右键，在弹出的快捷菜单中选择"新建简单卷"命令，打开"指定卷大小"对话框。在该对话框中指定简单卷大小，并单击 下一步(N) > 按钮，如图 12-7 所示。

（5）分配驱动器号和路径后，继续单击 下一步(N) > 按钮。

（6）设置所需参数，格式化新建分区后，继续单击 下一步(N) > 按钮，如图 12-8 所示。

图 12-7　指定简单卷大小

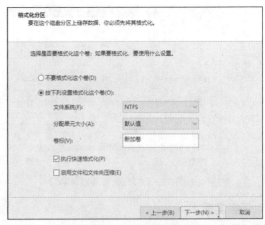

图 12-8　格式化分区

（二）清理磁盘

微课：清理磁盘

在使用计算机的过程中会产生一些垃圾文件和临时文件，这些文件会占用磁盘空间，定期清理磁盘可提高系统运行速度。下面清理 C 盘中已下载的程序文件和 Internet 临时文件，具体操作如下。

（1）选择【开始】/【所有程序】/【Windows 管理工具】/【磁盘清理】命令，打开"磁盘清理：驱动器选择"对话框。

（2）在对话框中选择需要清理的 C 盘，单击 确定 按钮，系统计算可以释放的空间后会打开"（C:）的磁盘清理"对话框，在"要删除的文件"列表框中选中"已下载的程序文件"和"Internet 临时文件"复选框，然后单击 确定 按钮，如图 12-9 所示。

（3）打开确认对话框，单击"删除文件"按钮，系统将执行磁盘清理操作，以释放磁盘空间。

图 12-9　"（C:）的磁盘清理"对话框

（三）整理磁盘碎片

微课：整理
磁盘碎片

计算机使用太久，系统运行速度会慢慢降低，其中有一部分原因是系统磁盘碎片太多，整理磁盘碎片可以让系统运行更流畅。整理磁盘碎片是指系统将碎片文件与文件夹的不同部分移动到卷的相邻位置，使其在一个独立的连续空间中。对磁盘进行碎片整理需要在"磁盘碎片整理程序"窗口中进行。下面整理 C 盘中的碎片，具体操作如下。

（1）选择【开始】/【所有程序】/【Windows 管理工具】/【碎片整理和优化驱动器】命令，打开"优化驱动器"对话框。

（2）选择要整理的 C 盘，单击 分析(A) 按钮，开始对所选的磁盘进行分析，分析结束后，单击 优化(O) 按钮，开始对所选的磁盘进行碎片整理，如图 12-10 所示。在"优化驱动器"对话框中，还可以同时选择多个磁盘进行分析和优化。

图 12-10　对 C 盘进行碎片整理

（四）检查磁盘

当计算机出现频繁死机、蓝屏或者系统运行速度变慢的情况时，可能是磁盘出现了逻辑错误。这时可以使用 Windows 10 自带的磁盘检查程序检查磁盘是否存在逻辑错误，当通过磁盘检查程序检查出逻辑错误时，还可以使用该程序修复逻辑错误。下面对 E 盘进行磁盘检查，具体操作如下。

微课：检查磁盘

（1）双击"此电脑"图标，打开"此电脑"窗口，在需检查的 E 盘上单击鼠标右键，在弹出的快捷菜单中选择"属性"命令。

（2）打开"本地磁盘（E:）属性"对话框，单击"工具"选项卡，再单击"查错"栏中的 [🔧检查(C)] 按钮，如图 12-11 所示。

（3）打开"错误检查（本地磁盘（E:））"对话框，选择"扫描驱动器"选项，如图 12-12 所示，程序开始自动检查磁盘逻辑错误。

（4）扫描结束后，系统会打开提示框提示已成功扫描，单击 [关闭(C)] 按钮完成磁盘检查操作，如图 12-13 所示。

图 12-11　"本地磁盘（E:）属性"对话框

图 12-12　选择"扫描驱动器"选项

图 12-13　提示已成功扫描的提示框

（五）关闭程序

在使用计算机的过程中，可能会遇到某个应用程序无法操作的情况，即程序无响应，此时通过正常的方法已无法关闭程序，程序也无法继续使用。在这种情况下，可以使用任务管理器关闭

微课：关闭程序

该程序。

下面使用任务管理器关闭程序，具体操作如下。

（1）按【Ctrl+Shift+Esc】组合键，打开"任务管理器"窗口。

（2）单击"进程"选项卡，在"应用"栏中选择需要关闭的程序选项，单击 结束任务(E) 按钮关闭程序，如图 12-14 所示。

图 12-14　关闭程序

（六）设置虚拟内存

微课：设置
虚拟内存

计算机中的程序均需经由内存执行，若执行的程序占用内存过多，就会导致计算机运行缓慢甚至死机。设置 Windows 的虚拟内存，可将部分硬盘空间划分出来充当内存。下面为 C 盘设置虚拟内存，具体操作如下。

（1）在"此电脑"图标上单击鼠标右键，在弹出的快捷菜单中选择"属性"命令，打开"系统"窗口，单击左侧导航窗格中的"高级系统设置"超链接。

（2）打开"系统属性"对话框，单击"高级"选项卡，再单击"性能"栏中的 设置(S)... 按钮，如图 12-15 所示。

（3）打开"性能选项"对话框，单击"高级"选项卡，再单击"虚拟内存"栏中的 更改(C)... 按钮，如图 12-16 所示。

（4）打开"虚拟内存"对话框，取消选中"自动管理所有驱动器的分页文件大小"复选框，在"每个驱动器的分页文件大小"栏中选择"C:"选项。选中"自定义大小"单选按钮，在"初始大小"文本框中输入"1000"，在"最大值"文本框中输入"5000"，如图 12-17 所示，依次单击 设置(S) 按钮和 确定 按钮完成设置。

图 12-15　"系统属性"对话框

图 12-16　"性能选项"对话框

图 12-17　设置 C 盘虚拟内存

（七）管理自启动程序

在安装软件时，有些软件会自动被设置为随计算机启动时一起启动，这种方式虽然方便了用户，但是如果随计算机启动的软件过多，开机速度就会变慢，而且即使开机成功，也会消耗过多的内存。下面设置相关软件在开机时不自动启动，具体操作如下。

微课：管理自
启动程序

（1）在任务栏中单击鼠标右键，在弹出的快捷菜单中选择"任务管理器"命令，打开"任务管理器"对话框。

（2）单击"启动"选项卡，在其中选择不需要开机启动的软件，然后单击 禁用(A) 按钮即可，如图 12-18 所示。

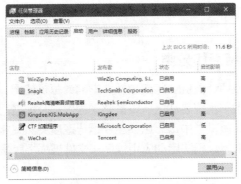

图 12-18　设置开机时不自动启动程序

（八）自动更新系统

微软每隔一段时间都会发布系统的更新文件，以完善和加强系统功能。Windows 的更新功能可实现自动下载和安装更新文件，当然用户也可以设置手动检查和更新系统。下面使用 Windows 更新功能检查并更新系统，具体操作如下。

微课：自动
更新系统

（1）选择【开始】/【设置】命令，打开"设置"窗口，在其中单击"更新和安全"超链接，在打开的界面中单击"Windows 更新"选项，打开 Windows 更新设置窗口，单击"高级选项"超链接，如图 12-19 所示。

（2）在打开的高级选项设置界面中可设置系统更新的方式，如图 12-20 所示。

图 12-19　单击"高级选项"超链接

图 12-20　设置更新方式

任务二　防治计算机病毒

任务要求

通过前面的学习，肖磊对磁盘和系统的维护有了一定的认识，简单的问题也可以自行解决了。同时，他明白了计算机中存储的文件非常重要，维护计算机的信息安全是非常重要的工作。肖磊工作时，很多事情都需要在网上处理，一方面，Internet 给了他广阔的空间，不但有很多资源可以共享，还可以拉近朋友之间的距离；另一方面，Internet 也让计算机面临被攻击和被病毒感染的风险。如何在享用 Internet 带来的便捷的同时，又让计算机不受到病毒的侵害，是肖磊面临的新问题。

本任务要求认识计算机病毒的特点和分类、计算机感染病毒的表现，以及计算机病毒的防治方法，然后通过实际操作，了解防治计算机病毒的各种途径，如启动 Windows 防火墙、使用第三方软件保护系统等。

相关知识

（一）计算机病毒的特点和分类

计算机病毒是一种具有破坏计算机功能或数据、影响计算机使用，并且能够自我复制和传播的计算机程序代码，它常常寄生于系统启动区、设备驱动程序以及一些可执行文件内，并能利用系统资源进行自我复制和传播。计算机"中毒"后会出现运行速度突然变慢、自动打开不知名的窗口或者对话框、突然死机、自动重启、无法启动应用程序和文件被损坏等情况。

1. 计算机病毒的特点

计算机病毒虽然是一种程序，但是它和普通的计算机程序有很大的区别，计算机病毒通常具有以下特点。

- 传染性。计算机病毒具有极强的传染性，病毒一旦侵入计算机，就会不断地自我复制，占据磁盘空间，寻找适合其传染的介质，向与该计算机联网的其他计算机传播，达到破坏数据的目的。
- 危害性。计算机病毒的危害性是显而易见的，计算机一旦感染上病毒，将会影响系统正常运行，导致运行速度减慢，存储数据被破坏，甚至系统瘫痪等。
- 隐蔽性。计算机病毒具有很强的隐蔽性，它通常是没有文件名的程序，计算机感染上病毒一般是无法事先知道的，因此只有定期对计算机进行病毒扫描和查杀才能最大限度地减小病毒入侵的风险。
- 潜伏性。当计算机系统或数据被病毒感染后，有些病毒并不会立即发作，而是等达到引发病毒条件（如到达发作的时间等）时才开始破坏系统。
- 诱惑性。计算机病毒会充分利用人们的好奇心理通过网页或邮件等多种途径进行传播，因此一些看似免费或内容不安全的超链接不可贸然点击。

2. 计算机病毒的分类

计算机病毒从产生之日起到现在，发展了多年，也产生了很多不同类型的病毒，总体说来，病毒的类型可根据病毒名称的前缀判断，病毒主要有以下 9 种。

- 系统病毒。系统病毒是指可以感染 Windows 操作系统中扩展名为*.exe 和 *.dll 的文件，并且还可以通过这些文件进行传播的病毒，如 CIH 病毒。系统病毒的前缀名有 Win32、PE、Win95、W32 和 W95 等。
- 蠕虫病毒。蠕虫病毒可通过网络或者系统漏洞传播，很多蠕虫病毒都有向外发送带毒邮件、阻塞网络的特性，如冲击波病毒和小邮差病毒。蠕虫病毒的前缀名为 Worm。

- 木马病毒、黑客病毒。这二者通常一起出现，木马病毒负责入侵用户的计算机，即通过网络或者系统漏洞进入用户的系统，然后向外界泄露用户信息；黑客病毒则通过该木马病毒来对用户的计算机进行远程控制。木马病毒的前缀名为 Trojan，黑客病毒的前缀名一般为 Hack。
- 脚本病毒。脚本病毒是使用脚本语言编写，通过网页传播的病毒，如红色代码（Script.Redlof）。脚本病毒的前缀名一般为 Script，有时还会有表明以何种脚本编写的前缀名，如 VBS、JS 等。
- 宏病毒。宏病毒主要用于感染 Office 系列文档，然后通过 Office 模板进行传播，如美丽莎（Macro.Melissa）。宏病毒也属于脚本病毒的一种，其前缀名为 Macro、Word、Word 97、Excel 和 Excel 97 等。
- 后门病毒。后门病毒可通过网络传播找到系统，会给用户的计算机带来安全隐患。后门病毒的前缀名为 Backdoor。
- 病毒种植程序病毒。该病毒的特征是运行时，从病毒体内释放出一个或几个新的病毒到系统目录下，由释放出来的新病毒进行破坏，如冰河播种者（Dropper.BingHe2.2C）、MSN射手（Dropper.Worm.Smibag）等。病毒种植程序病毒的前缀名为 Dropper。
- 破坏性程序病毒。该病毒可通过好看的图标来引诱用户单击，从而破坏用户计算机，如格式化 C 盘（Harm.formatC.f）、杀手命令（Harm.Command.Killer）等。破坏性程序病毒的前缀名为 Harm。
- 捆绑机病毒。该病毒能使用特定的捆绑程序将病毒与应用程序捆绑起来，当用户运行这些应用程序时，表面上看只是运行一个正常的应用程序，实际上同时还运行了捆绑在一起的病毒，从而给用户的计算机造成危害，如捆绑 QQ（Binder.QQPass.QQBin）、系统杀手（Binder.killsys）等。捆绑机病毒的前缀名为 Binder。

 提示 按其寄生场所不同，计算机病毒可分为引导型病毒和文件型病毒两大类；按对计算机的破坏程度的不同，计算机病毒可分为良性病毒和恶性病毒两大类。

（二）计算机感染病毒的表现

计算机在感染病毒之后，不一定会立刻影响到计算机的正常工作，这时可以通过计算机在运行方面的细微变化，来判断计算机是否感染病毒。计算机感染病毒后的症状很多，以下几种是很常见的。

- 磁盘文件的数量无故增多。
- 计算机系统的内存空间明显变小，运行速度明显减慢。
- 文件的日期或时间被修改。
- 经常无缘无故死机或重新启动。
- 丢失文件或文件被损坏。
- 打开某网页后弹出大量对话框。
- 文件无法正常读取、复制或打开。
- 以前能正常运行的软件经常发生内存不足的错误，甚至死机。
- 出现异常对话框，要求用户输入密码。
- 显示器屏幕出现花屏、奇怪的信息或图像。
- 浏览器自动链接到一些陌生的网站。
- 鼠标或键盘不受控制等。

（三）计算机病毒的防治方法

预防计算机病毒是保护计算机的主要方式。一旦计算机出现了感染病毒的症状，就要清除计算机病毒。

1. 预防计算机病毒

计算机病毒通常是通过移动存储介质（如 U 盘、移动硬盘等）和计算机网络两大途径传播的。对计算机病毒的防治，以预防为主，从而堵塞病毒的传播途径。预防计算机病毒应遵循以下原则。

- 安装杀毒软件，并进行安全设置。及时升级杀毒软件的病毒库，开启病毒实时监控。
- 扫描系统漏洞，及时更新系统补丁。
- 下载文件、浏览网页时选择正规的网站。
- 禁用远程功能，关闭不需要的服务。
- 分类管理数据。
- 尽量使用具有查毒功能的电子邮箱，尽量不要打开陌生的、可疑的邮件。
- 关注目前流行的计算机病毒的感染途径、发作形式及防范方法，做到预先防范，感染后及时查毒，以避免更大的损失。
- 有效管理系统内创建的 Microsoft 账户、来宾账户以及用户创建的账户，包括管理密码、权限等。
- 修改浏览器中与安全相关的设置。
- 未经过病毒检测的文件、光盘、U 盘及移动存储设备在使用前，应首先使用杀毒软件查毒。
- 按照反病毒软件的要求制作应急盘/急救盘/恢复盘，以便恢复系统时急用。
- 不要使用盗版软件。
- 有规律地制作备份，养成备份重要文件的习惯。
- 注意计算机有没有异常现象，发现可疑情况及时通报以获取帮助。
- 若硬盘资料已经遭到破坏，不必急着格式化，可利用"灾后重建"程序加以分析和重建。

2. 清除计算机病毒

清除计算机病毒的方法有用防病毒软件清除病毒、重载系统并格式化硬盘清除病毒和手工清除病毒 3 种。用防病毒软件清除病毒是当前比较流行的方法，下面分别对这 3 种方法进行介绍。

- 用防病毒软件清除病毒。如果发现计算机感染了计算机病毒，需要立即关闭计算机，因为如果继续使用则会使更多的文件被感染。对于已经感染病毒的计算机，最好使用防病毒软件全面杀毒，此类软件都具有清除病毒并恢复原有文件内容的功能。杀毒后，被破坏的文件有可能会被恢复成正常的文件。对于未感染的文件，用户可以打开系统中防病毒软件的"系统监控"功能，从注册表、系统进程、内存、网络等多方面对各种操作进行主动防御。一般来说，使用杀毒软件是能清除病毒的，但考虑到病毒在正常模式下比较难清理，所以需要重新启动计算机，然后在安全模式下查杀。若遇到比较顽固的病毒，可下载专杀工具来清除，再恶劣点儿的病毒就只能通过重装系统来彻底清除。
- 重装系统并格式化硬盘清除病毒。因为对硬盘进行格式化会破坏硬盘上的所有数据，包括病毒，所以重装系统并格式化硬盘是一种比较彻底的清除计算机病毒的方法。但是，在格式化硬盘之前，必须确定硬盘中的数据是否还需要保留，对于重要的文件要先做好备份工作。另外，一般建议进行高级格式化，最好不要轻易进行低级格式化，因为低级格式化是一种损耗性操作，它对硬盘寿命有一定的负面影响。

- 手工清除病毒。手工清除计算机病毒对技术要求高，需要熟悉机器指令和操作系统，难度比较大，一般只能由专业人员操作。

任务实现

（一）启用 Windows 防火墙

防火墙是协助用户确保信息安全的硬件或者软件，使用防火墙可以过滤不安全的网络访问服务，提高上网的安全性。Windows 10 操作系统提供了防火墙功能，用户应将其开启。

微课：启用
Windows 防火墙

下面启用 Windows 10 的防火墙，具体操作如下。

（1）选择【开始】/【设置】命令，打开"设置"窗口，在其中单击"更新和安全"超链接，在打开的界面中单击"Windows 安全中心"选项，打开"Windows 安全中心"窗口，在右侧选择"防火墙和网络保护"选项。

（2）打开防火墙和网络保护设置窗口，单击需要设置的网络超链接，这里单击"公用网络（使用中）"超链接，如图 12-21 所示。

（3）在打开的界面中使"Windows Defender 防火墙"按钮保持在"开"状态，如图 12-22 所示。

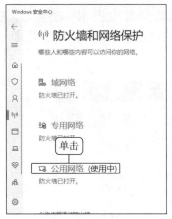

图 12-21 单击超链接

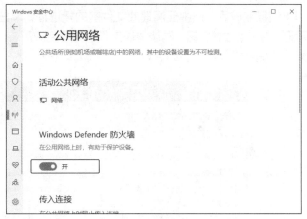

图 12-22 开启 Windows 防火墙

（二）使用第三方软件保护系统

对于普通用户而言，防范计算机病毒、保护计算机有效、直接的措施是使用第三方软件。一般使用两类软件即可满足用户保护计算机的需求，一是安全管理软件，如 QQ 电脑管家、360 安全卫士等；二是杀毒软件，如 360 杀毒和百度杀毒等。这些杀毒软件的使用方法类似，下面以 360 杀毒软件为例介绍如何使用杀毒软件，具体操作如下。

微课：使用第三
方软件保护系统

使用 360 杀毒软件快速扫描计算机中的文件，然后清理有威胁的文件；接着在 360 安全卫士（旗舰版）软件中对计算机进行体检，修复后再扫描计算机，检查计算机中是否存在木马病毒。

（1）安装 360 杀毒软件后，在启动计算机的同时会默认自动启动该软件，其图标会在状态栏右侧的通知栏中显示。

（2）单击"360 杀毒"图标，打开 360 杀毒工作界面，选择扫描方式，这里选择"快速扫描"

选项，如图 12-23 所示。

（3）程序开始扫描指定位置的文件，会将疑似病毒的文件和对系统有威胁的文件都扫描出来，并显示在打开的窗口中，如图 12-24 所示。

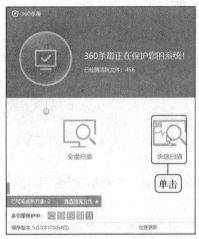

图 12-23　选择扫描方式

图 12-24　扫描文件

（4）扫描完成后，选中要清理的文件前的复选框，单击 立即处理 按钮，如图 12-25 所示，在打开的提示框中单击 确认 按钮，确认清理文件。清理完成后，打开的对话框会提示本次扫描和清理文件的结果，并提示需要重新启动计算机，单击 立即重启 按钮。

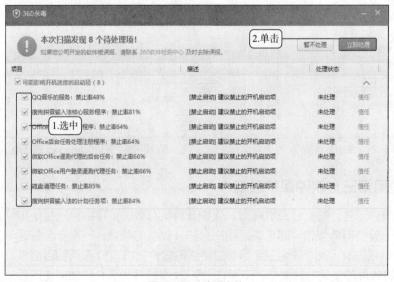

图 12-25　清理文件

（5）单击状态栏中的"360 安全卫士"图标 ，启动 360 安全卫士并打开其工作界面，单击中间的 立即体检 按钮，如图 12-26 所示，软件会自动运行并扫描计算机中的各个位置。

（6）360 安全卫士会将检测到的不安全的选项列在窗口中显示出来，单击 一键修复 按钮，即可对其进行修复，如图 12-27 所示。

（7）返回 360 安全卫士工作界面，单击左下角的"查杀修复"按钮 ，在打开的界面中单击"快速扫描"按钮⊛，开始扫描计算机中的文件，查看其中是否存在木马文件，如存在，则可根据提示单击相应的按钮进行清除。

图 12-26　单击按钮

图 12-27　修复系统

提示　在使用杀毒软件杀毒时，用户若怀疑某个位置可能有病毒，可只针对该位置查杀病毒，方法是：在软件工作界面单击"自定义扫描"按钮◙，打开"选择扫描目录"对话框，选中需要扫描的文件前的复选框，单击▌扫描▐按钮。

课后练习

1. 选择题

（1）下列关于计算机病毒的说法中，正确的是（　　　）。

A. 计算机病毒发作后，将给计算机硬件造成损坏

B. 计算机病毒可通过计算机传染计算机操作人员

C. 计算机病毒是一种有编写错误的程序

D. 计算机病毒是一种影响计算机使用并能够自我复制、传播的计算机程序代码

（2）硬盘的（　　　）不是实际意义上的分区，而是指向下一个分区的指针。

A. 主分区　　　　　B. 扩展分区　　　　　C. 逻辑分区　　　　　D. 活动分区

（3）计算机执行的程序占用内存过多时，可将部分硬盘空间划分出来充当内存，划分出来的内存叫作（　　　）。

A. 借用内存　　　　B. 假内存　　　　　C. 调用内存　　　　D. 虚拟内存

（4）（　　　）是木马病毒名称的前缀。

A. Worm　　　　　B. Script　　　　　C. Trojan　　　　　D. Dropper

2. 操作题

（1）清理 C 盘中的无用文件，然后整理 D 盘的磁盘碎片。

（2）设置虚拟内存的"初始大小"为"2000"，"最大值"为"7000"。

（3）开启计算机的自动更新功能。

（4）扫描 F 盘中的文件，如有病毒则将其清理。

（5）使用 360 安全卫士对计算机进行体检，修复有问题的部分。